俄罗斯自然资源和生态部　矿产资源署　联邦国有企业
格兰贝格院士全俄海洋地质与矿产资源研究所

俄罗斯北极地质大断面

地质和地球物理研究成果

[俄] V. D. Kaminsky　主编
吕文正　朱　瑛　季有俊　译

海洋出版社
2016年 · 北京

图书在版编目（CIP）数据

俄罗斯北极地质大断面：地质和地球物理研究成果/（俄）维·德·卡敏斯基（V. D. Kaminsky）主编；吕文正，朱瑛，季有俊译. —北京：海洋出版社，2016. 12
书名原文：RUSSIAN ARCTIC GEOTRANSECTS：results of geological and geophysical studies
ISBN 978-7-5027-9658-7

Ⅰ. ①俄…　Ⅱ. ①维…　②吕…　③朱…　④季…　Ⅲ. ①北极-地质-研究-俄罗斯　Ⅳ. ①P561. 662

中国版本图书馆 CIP 数据核字（2016）第 317532 号

V. A. Poselov, G. P. Avetisov, I. A. Andreeva, K. G. Astafurova, V. A. Basov, G. I. Batova, V. V. Butsenko, V. V. Verba, V. B. Glebov, V. Y. Glebovsky, N. V. Glinskaya, O. J. Daragan, S. M. Zholondz, A. G. Zinchenko, V. N. Ivanov, V. Y. Kaban'kov, V. D. Kaminsky, T. A. Korotkova, N. V. Kupriyanova, A. V. Kursheva, I. V. Litvinenko, V. K. Palamarchuk, V. I. Petrova, A. L. Piskarev, E. I. Razuvaeva, Y. G. Firsov, A. A. Chernyh.
本书中文版由格兰贝格院士全俄海洋地质与矿产资源研究所（FSUE "I. S. Gramberg VNIIOkeangeologia"）授权出版，谨致谢忱。

责任编辑：杨传霞
责任印制：赵麟苏
海洋出版社　出版发行
http：//www. oceanpress. com. cn
北京市海淀区大慧寺路 8 号　邮编：100081
北京朝阳印刷厂有限责任公司印刷　新华书店发行所经销
2016 年 12 月第 1 版　2016 年 12 月北京第 1 次印刷
开本：880mm×1230mm　1/16　印张：10. 25
字数：320 千字　定价：88. 00 元
发行部：62147016　邮购部：68038093　总编室：62114335
海洋版图书印、装错误可随时退换

本书简介

本书介绍了全俄海洋地质矿产资源研究所（VNIIOkeangeologia）和极地海洋地质科学考察队（PMGRE）为划定俄罗斯北冰洋大陆架外部界限分别于1989—1992年、2000年、2005年和2007年开展的地质和地球物理调查成果。调查研究内容包括广角反射/折射地震（WAR）测量、反射地震测量、航空物探、水深测量、重力观测和地质取样（拖网、箱式取样器和配有远距照相机的10 m活塞取样器）。飞机在浮冰观测站冰上着陆，海上调查由“费多罗夫院士（Akademik Fedorov）”号海洋调查船和核动力破冰船“罗斯（Rossiya）”号执行。航空物探测量由伊尔-18飞行实验室完成。

通过多次调查，对多种底质岩石样本进行了分析研究，并绘制完成了沿地质断面覆盖约100 km宽的深地壳位场图，从而得到关于北冰洋不同构造区地质特征的一些重要结论。本书的重点是阐述实地观测的结果。

本书致力于协助从事北冰洋地质学研究的学者和外大陆架划界专家。全书共包含107幅图、13个表格和112条参考文献。

主编：V. D. Kaminsky

科技编辑：V. A. Poselov, G. P. Avetisov

参加编著本书的作者有：V. A. Poselov, G. P. Avetisov, I. A. Andreeva, K. G. Astafurova, V. A. Basov, G. I. Batova, V. V. Butsenko, V. V. Verba, V. B. Glebov, V. Y. Glebovsky, N. V. Glinskaya, O. J. Daragan, S. M. Zholondz, A. G. Zinchenko, V. N. Ivanov, V. Y. Kaban'kov, V. D. Kaminsky, T. A. Korotkova, N. V. Kupriyanova, A. V. Kursheva, I. V. Litvinenko, V. K. Palamarchuk, V. I. Petrova, A. L. Piskarev, E. I. Razuvaeva, Y. G. Firsov, A. A. Chernyh.

编译说明

北冰洋大陆架地区蕴藏着极其丰富、尚未开发的油气资源。随着全球气候变暖、海冰消融、北极航道通航时间的延长以及科学技术水平的提升，北极地区开发利用的可能性增大，北冰洋的探索与开发研究再次成为热点。

北冰洋是一个大陆环绕、近于封闭的椭圆形海洋，被五个环北极国家——俄罗斯、加拿大、美国、挪威和丹麦所包围，沿短轴方向相间排列着三条洋脊（加克尔海岭、罗蒙诺索夫海岭和阿尔法—门捷列夫海岭）和两大海盆（欧亚海盆和美亚海盆）。

划定大陆架外部界限是《联合国海洋法公约》（以下简称《公约》）赋予沿海国扩展管辖海域的最后机遇。扩展 200 海里以外延伸大陆架，不仅需要法律依据，更需要充分的科学技术资料的支持。

俄罗斯大陆架划界案于 2001 年 11 月 20 日提交，是大陆架界限委员会审议的第一个沿海国大陆架划界案。大陆架界限委员会审议“建议”未批准俄划界案的北冰洋部分，其主要原因是：①委员会不接受合成的地形剖面；②确定的大陆坡脚位置精度存在问题；③将罗蒙诺索夫海岭和阿尔法—门捷列夫海岭作为《公约》定义的“海底高地”扩展大陆架缺乏足够的科学依据；④在巴伦支海与挪威存在海洋划界争端。

为完成北极地区大陆架划界，俄罗斯在外交上做了很多努力，于 2010 年与挪威签订《巴伦支海划界协定》。与此同时，在科学证据采集上也付出了巨大努力。自 2003 年起，俄罗斯历时 10 年，耗资 2 亿美元，在北极严酷的自然条件下开展了 5 个航次北极地质、地球物理综合调查，在门捷列夫海岭（2005，2012）和罗蒙诺索夫海岭（2007）开展了深地震测深调查；对俄罗斯大陆架主张区进行了多波束水深测量（2010）；在门捷列夫海岭、罗蒙诺索夫海岭和波德福德尼科夫海盆进行反射地震调查和岩石钻探取样，研究其沉积盖层和基底结构（2011—2012）。同时，还进行了航空重磁调查，利用浮冰科学考察站进行重力测量。由于北极问题具有的国际性，还组织实施了 3 个环北极地质研究国际合作计划：①北极地质大断面国际合作研究计划；②环北极地质构造图编图国际合作研究计划；③新西伯利亚岛地质国际合作调查。所获成果极其丰富，大大深化了对北极地质和构造演化的认识，为环北极地质构造图国际编图计划提供了大量科学佐证资料。俄罗斯所获得的地貌学、地质学、地球化学的最新证据证实门捷列夫海岭、罗蒙诺索夫海岭保留了与俄罗斯大陆地块类似的地质特征和相同地质历史。俄罗斯据此认为这些证据支持门捷列夫海岭、罗蒙诺索夫海岭可认为是其大陆边缘的自然组成——“海底高地”。

本书介绍了全俄海洋地质矿产资源研究所（VNIIOkeangeologia）和极地海洋地质科学考察队（PMGRE）分别于 1989—1992 年、2000 年、2005 年和 2007 年开展的地质和地球物理调查成果。本书的重点主要是阐述其实地观测的结果，是目前见到的有关北极地质地球研究内容最丰富的一本专著，翻译此书希望对从事北极研究的研究人员和大专院校师生有所裨益。

本书的翻译得到中国极地研究中心和国家海洋局第二海洋研究所、国家海洋局海底科学重点实验室的大力支持。全书由朱瑛和季有俊翻译，吕文正负责全书统稿。因本书内容涉及学科面广、专业性强，以及对《公约》大陆架制度的认识理解诸多方面，对译文中存在的错误请予以谅解并欢迎批评指正。

最后我们要感谢全俄海洋地质矿产资源研究所所长 V. A. Poselov 和俄委员 I. Glumov 教授的大力支持，免费授予我们中文版版权。还要感谢中国极地研究中心张侠和屠景芳对本书翻译工作的支持，在“北极沿海国扩张 200 海里大陆架合理性研究项目”中安排经费支持本书的翻译出版。国家海洋局第二海洋研究所承担的北极研究课题（CHINARE03-03）也提供了部分出版经费。中国地质大学（北京）苏新教授也对翻译工作提供了帮助。在此，对所有为本书出版做出过贡献的同仁和俄罗斯朋友们的友好合作一并表示最诚挚的感谢。

编译组

2016 年 10 月

前　言

对俄罗斯而言，北冰洋海盆一直具有特殊的地缘政治、科学、军事和经济意义。相比其他北极沿岸国家，俄罗斯具有更为宽广的北冰洋边界，但直到今天俄罗斯在北冰洋海盆的边界仍未取得合法地位。

按照 1983 年 5 月 23 日苏联地质部副部长 V. A. Yarmoluk 的指示，全俄海洋地质矿产资源研究所从 1983 年开始一直致力于研究苏联北冰洋大陆架外部界限的确定及根据 1982 年《联合国海洋法公约》提出大陆架外部界限划界案。

为此，1983 年 6 月 23 日在地球物理勘探局（PGO）海洋地质勘探公司内专门成立了以全俄海洋地质矿产资源研究所副所长 B. H. Egiazarov 为领导的特别委员会，由苏联地质部全球海洋矿产资源管理局制订工作时间计划并全权负责实施。

在苏联海军的导航、海洋学和制图中心等部门的大力合作和支持下，大陆架项目取得了里程碑式的发展。北冰洋大陆架外部界限划界案的准备也得到了苏联天然气工业部和渔业部的支持和认可，在苏联部长会议上作为国家科学和技术委员会的头号议程予以讨论，并获得以俄罗斯海军航保部（HDNO）A. I. Rassokha 上将为领导的跨部门委员会的批准。在包括所有相关科研机构现有资料的分析报告提交给苏联部长理事会讨论后，理事会于 1986 年 2 月 27 日签署颁布法令，要求所有相关科研机构提供地质和海洋数据以支持大陆架外部界限的划定方案。

北冰洋大陆架外部界限项目的任务之一是搜集所有可用的地质、地球物理和水深数据，编制位场、地壳厚度、沉积盖层和水深图等系列图件作为进一步开展北冰洋野外实地调查工作的基础。

项目的第二条战线则是海洋地质和地球物理大断面调查研究。为了更好地完成此项工作，专门设立了一项横跨北极（TransArctic）项目，即在 100 km 宽的地质断面带内开展广角折射和反射地震剖面测量、航空重力测量和航空磁力测量。调查区域的选择则是基于满足北冰洋美亚海盆中部海隆区地质性质资料搜集的需求。

1989—2000 年期间俄罗斯极地海洋地质科学考察队开展了 3 次地质大断面调查，分别为 TransArctic 1989—1991、TransArctic-1992 和 TransArctic-2000。前两个地质断面调查都是通过浮冰站完成的，后一个则是在“罗斯（Rossiya）”号核动力破冰船的协助下由“费多罗夫院士（Akademik Fedorov）”号海洋调查船完成的。2000 年由于技术难题及后勤保障困难，航磁测量未完成。

以上所有的北极考察均由经验丰富的北极科学家 M. Y. Sorokin 组织和领导。全俄海洋地质矿产资源研究所的科学家 B. H. Egiazarov，G. P. Avetisov，V. D. Kaminsky 和 V. A. Poselov 为项目的开展提供了科学技术支持。虽然调查所要解决的问题决定了这是一项非常基础性的工作，但所取得的成果是北冰洋调查史无前例的。俄罗斯获得了部分能够反映波德福德尼科夫（Podvodnikov）和马卡洛夫（Makarov）海盆、罗蒙诺索夫（Lomonosov）海岭和门捷列夫（Mendeleev）海岭深部构造的唯一资料，证实了早前有关北冰洋中部海隆区大陆地壳性质的推论。

作为地质大断面项目的一部分，1989—1992 年期间俄罗斯极地海洋地质科学考察队（PMGRE）还开展了 TransArctic 项目的冰上调查，此项工作的顺利开展应归功于俄罗斯海军航保部的通力协助和 A. P. Makorta 的指导。

1983—2001 年期间开展的调查促成全俄海洋地质与矿产资源研究所（科研项目领导：V. A. Poselov，A. D. Pavlenkin，Y. E. Pogrebitsky，M. Y. Sorokin，V. V. Butsenko，G. D. Naryshkin，S. P. Maschenkov，

V. Y. Glebovsky）会同极地海洋地质科学考察队（PMGRE）、海军航保部（HDNO）和海洋地质勘探公司（Sevmorgeo）合作完成了俄罗斯联邦北冰洋大陆架外部界限划界案的准备。

划界案是依照 1997 年 6 月 16 日俄罗斯联邦政府第 717 号法令和 2000 年 3 月 24 日俄罗斯联邦政府条例第 144 条精神制定的。2001 年 12 月 18 日，俄罗斯联邦外交部向联合国秘书长提交了俄罗斯 200 海里以外大陆架外部界限划界案。俄罗斯划界案符合联合国大陆架界限委员会（以下简称“委员会”）的技术要求，联合国秘书长将其在联合国网站上予以公布。俄罗斯依据《联合国海洋法公约》的有关规定正式向国际社会表明其大陆架主张，主张该国大陆架包括罗蒙诺索夫海岭和门捷列夫海岭并延伸至北极点。

俄罗斯大陆架外部界限是根据《联合国海洋法公约》第 76 条第 4 至第 6 款（图 1），将罗蒙诺索夫海岭和门捷列夫海岭作为大陆边缘的自然组成部分确定的。

由于巴伦支海—喀拉海大陆边缘陆架和南森海盆的连接处，沉积物厚度可达 4~6 km，因此此处大陆架外部界限的确定使用了“沉积厚度公式”，即由沉积物厚度不小于该点至大陆坡脚最短距离的 1%的点组成。同样，在沉积物厚度达 3~5 km 的阿蒙森海盆和罗蒙诺索夫海岭陆缘高地间连接地带，以及美亚海盆的波德福德尼科夫海盆都使用了“沉积厚度公式”。在马卡洛夫海盆则兼用“距离公式”，即用距离大陆坡脚 60 海里的点组成和“沉积厚度公式”两种不同的方法来划定海盆的大陆架外部界限。

促使俄罗斯坚决维护其北冰洋大陆架权益的另一个关键因素是对于 200 海里外大陆架潜在油气资源的评价。目前，北极外大陆架油气资源估计相当于四五十亿吨至 100 亿吨石油当量。当然由于该地区还未全部勘探，这仅仅是根据现有数据作出的评估。全俄海洋地质矿产资源研究所根据北海和北极考察所获得的仅有的地震数据绘制了一幅沉积物厚度图，富含碳氢化合物的沉积盆地主要集中在北冰洋深海盆。

大陆架界限委员会对俄罗斯大陆架外部界限划界案审议后，认为罗蒙诺索夫海岭和门捷列夫海岭的陆缘性质及作为大陆边缘自然组成部分的证据不充分，建议俄罗斯开展相关科考调查，以提供更多的证据来证明上述两个海岭与东北欧亚大陆边缘有紧密联系，并建立一个较为合理的北冰洋演化模型来解释它们的地质性质。

在缺乏证据的情况下，根据《联合国海洋法公约》第 76 条第 6 段，美亚海盆大陆架外部界限不能超过从基线量起 350 海里，即，俄罗斯在该地区的外大陆架主张不能超过 40×10^4 km^2。换言之，《联合国海洋法公约》所制定的第二条外大陆架限制线（2 500 m 等深线外 100 海里）并不适用于海底洋脊（submarine ridge）。但如果这些洋脊是大陆边缘的自然组成部分，俄罗斯的大陆架则可延伸至欧亚海盆直至北极点，这将使俄罗斯的外大陆架主张增加到 120×10^4 km^2。

按照委员会的建议，2005 年全俄海洋地质矿产资源研究所在门捷列夫海岭和楚科奇海台连接地带开展了地质和地球物理综合调查（R/V Akademik Fedorov 号），2007 年开展了横跨罗蒙诺索夫海岭和东西伯利亚海连接地带的地质断面调查（核动力破冰船 Rossiya 号）。

俄罗斯于 2007 年完成北冰洋地质大断面调查，所取得的研究成果无疑非常重要，获得了美亚海盆隆起带，即罗蒙诺索夫海岭、门捷列夫海岭及其与北冰洋东部大陆架连接区域的最新的地质和地球物理资料，包括各种物理参数及多级分层地壳结构。以这些数据资料为基础，可建立一个新的北冰洋地质演化模型来解释俄罗斯外大陆架的诸多难题。

以下这些人名将永远与俄罗斯北冰洋大陆架外部界限项目联系在一起：I. S. Gramberg（俄罗斯科学院院士）、Y. E. Pogrebitsky（俄罗斯科学院联系会员）、Y. G. Kiselev 博士、B. H. Egiazarov 博士、M. Y. Sorokin 博士、Y. N. Kulakov 博士、V. S. Golubkov、S. S. Raevsky 和 A. P. Makorta（海军航保部）。他们已经离我们远去，但他们将永远活在我们心中。他们是俄罗斯大陆架外部界限项目的先行者，为俄罗斯的北极地质科考做出了杰出的贡献。

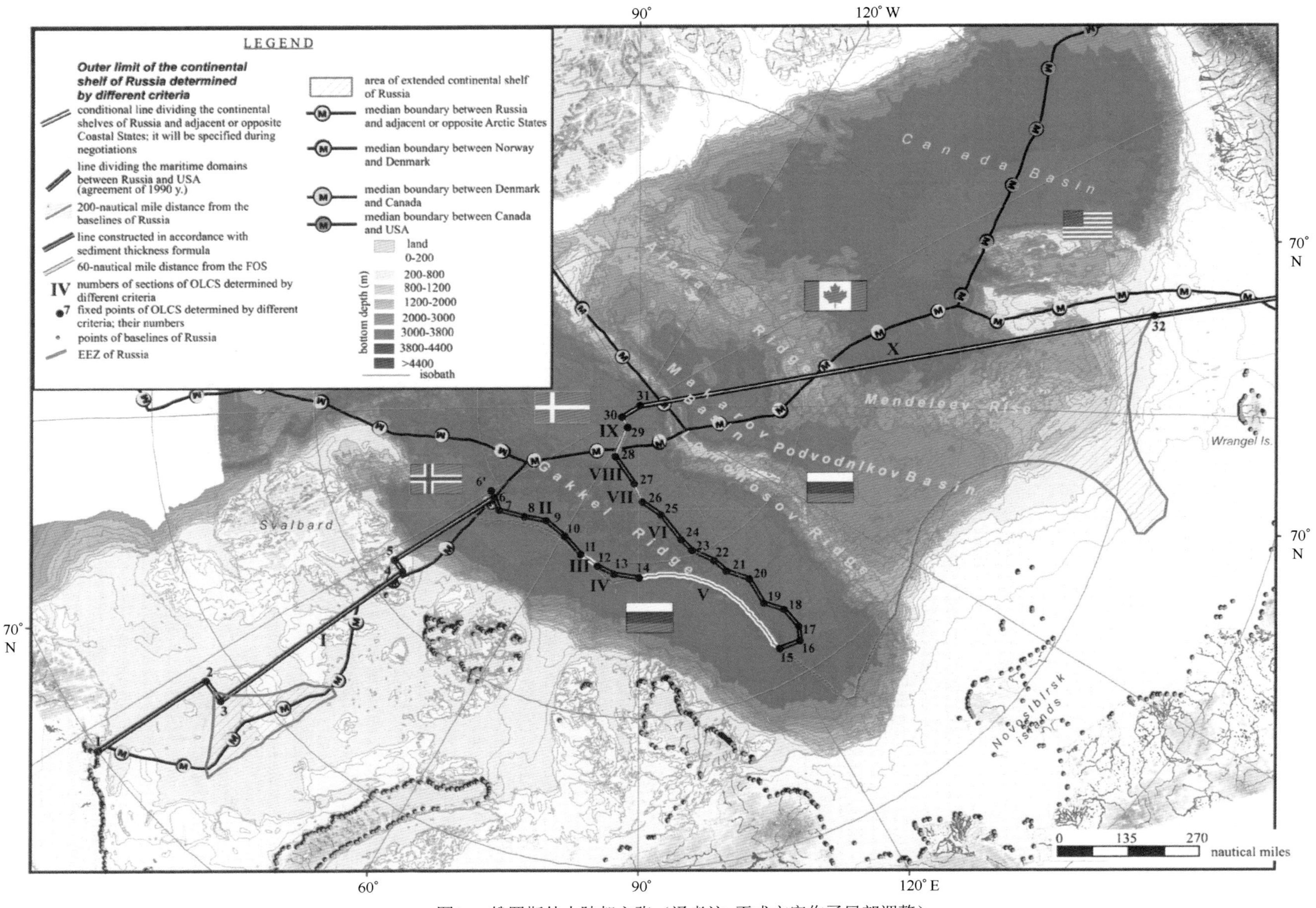

图1　俄罗斯外大陆架主张（译者注：正式方案作了局部调整）

缩略词

CCE	俄罗斯制图公司
CRI	俄罗斯中央研究院
FSUE	俄罗斯联邦国有企业
GAF	重力异常场
HDNO	海军航保部
LO IZMIRAN	俄罗斯科学院地磁和辐射研究所圣彼得堡分所
MAF	磁异常场
MIS	海洋同位素期
OEP	奇偶优势指数
OLCS	大陆架外部界限
OM	有机物
PGO	地球物理勘探局
PMGRE	极地海洋地质科学考察队
RAS	俄罗斯科学院
rmsd	均方根差
rmse	均方根误差
R/V	调查船
SCST	国家科学技术委员会
SNIIGTiMS	西伯利亚地质地球物理与矿产资源研究所
UNO	联合国组织
USSR	苏联
WAR	广角反射/折射地震

目　录

第1章　地质大断面调查概况

第一个需要解决的困难是在研究区域选择一种方法来建立科考基地。有两种选择：一种是建立浮冰基地；另一种是在船上扎营。两者各有利弊。

浮冰站的优点是海军在北极地区开展大规模水文测量时已很好地掌握此项技术。北极科考的水文测量是在4月，浮冰坚固、24 h光照、天气晴好，这些都对航行安全至关重要。潜在的负面因素是可能找不到合适的浮冰，更别说恶劣极寒的天气对工作人员和机器设备的挑战。

船载基地可对测量回路随意操控，但仅在夏季可行。这就出现了另外一个困难：冰块一方面必须能够足够坚硬来支撑直升机和爆破装置的重量，另一方面还要让船只可通行。此外，北极的夏季常有大雾，不利于安全飞行。当缺乏重要工作经验时船载基地的这些不利因素将变得更为糟糕。

缺乏经验最终成为1989年选择浮冰站方式的决定性因素，后续的发展也证明最好和最坏的预期都变成了现实。所找到的最适合的浮冰距离测量区域150~200 km，科研人员和仪器设备面临酷寒天气的考验，好在天气好得出奇非常适合飞行。

随后3年，尽管海军已经结束了在此区域的水文测量调查并将所有设备均投入极地海洋地质科学考察工作，但浮冰站通常仍是首选，即使天气情况并不太好的时候亦如此。

由于财政困难，极地海洋地质科学考察于1992年暂时搁置，直至2000年重启。2005年和2007年由全俄海洋地质矿产资源研究所组织继续开展。

在调查的第二阶段，由于极地航空网络不再存在，船载基地成为了唯一的选择，好在破冰船更易停留并方便开展科考活动。

1.1　浮冰地球物理调查

1989—1992年，由苏联地质部海洋地质勘探公司牵头的极地海洋地质科学考察队（PMGRE）在浮冰上开展了北极地质断面调查——跨北极研究计划的一部分。研究区域位于北冰洋罗蒙诺索夫海岭和门捷列夫海岭之间海域，沿两条测线分别进行：一条为德隆海底高地—马卡洛夫海盆（1989—1991年）；另一条为罗蒙诺索夫海岭（1992年）（图1.1）。

调查开始前，海洋地质勘探公司的科学家们基本上都没有参加过俄罗斯航保部组织的高纬度北极探险，缺乏在浮冰上工作的经验。服务于海军发展需要，自20世纪60年代开展了大规模探险活动，有几百名不同领域的专家参加，动用了多达10余架安-2飞机和米-8直升机，以及无数的装备器材。为确保北极探险计划的顺利进行，俄罗斯海军航保部承担了所有艰巨的后勤任务，保证浮冰站的物资供应，并在浮冰站安置了整整一个城镇的工作人员专门修筑重载货运飞机跑道。

地质断面调查最重要、最大的技术难题是为建造浮冰机场搜寻和选择合适的浮冰用以修建跑道和野外基地，以及保障科考所需的物资供应。

1989年，海洋地质勘探公司的M. Y. Sorokin和俄罗斯航保部A. P. Makorta负责浮冰站的野外和后勤保障工作。高纬度北极探险结束后由M. Y. Sorokin一人负责。多年来浮冰站由安-12和安-16飞机经由陆地机场转运和撤离，这些陆地机场建立在科舍思地（Kosisty）海角、斯瑞德利（Sredniy）和佐霍夫

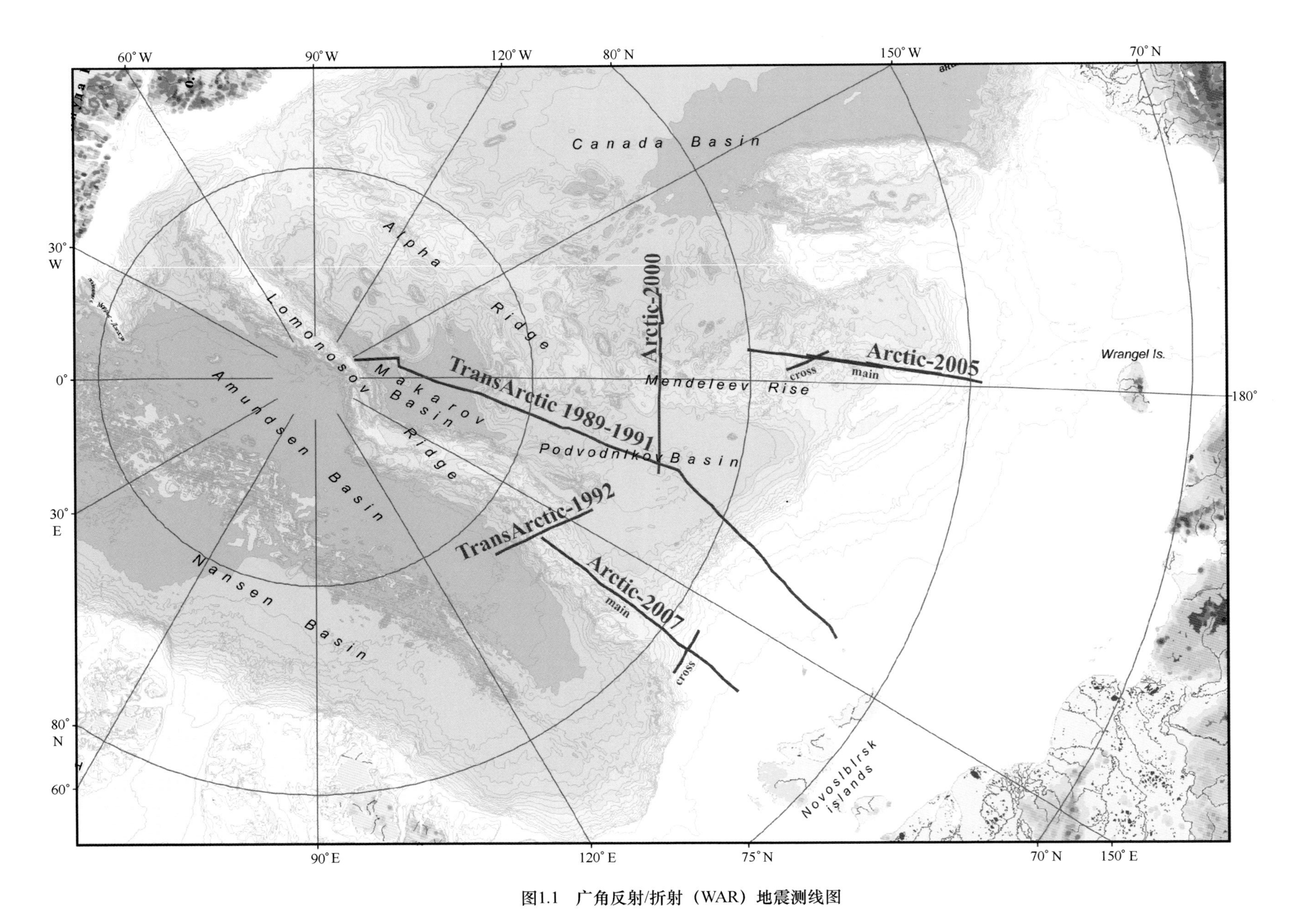

图1.1　广角反射/折射（WAR）地震测线图

（Zhohov）群岛及哈坦加（Khatanga）镇。

调查项目包括广角反射/折射地震（WAR）和反射地震（沿空中降落地和浮冰漂移轨迹）测量，剖面重力测量（除 1992 年外）以及沿地质断面宽 100 km 条带的航磁测量。

1989—1991 年跨北极科考近南北向地质断面调查从波德福德尼科夫（Podvodnikov）海盆中部，沿 81°—85°N 向北延伸（1990 年），再向南延伸（1991 年）。所有野外调查都在 2 月至 5 月进行，测线总长约 1 500 km。

2 月至 5 月间，北极的天气和浮冰都极具挑战性，这是北极的特色。1989 年，浮冰站发现浮冰自身漂移，因此基地和跑道不得不迁移。迁移工作直到 1990 年 4 月中旬才得以开始，此时的浮冰已经向北漂移，因此 1989 年跑道的位置与 1990 年相比发生了很大的变化，两者相差约 100 km。1991 年多数情况下从佐霍夫岛基地起飞，因此不再如以前那样严重依赖于天气条件。

1992 年，在距斯瑞德利岛东北约 850~900 km 的浮冰上建立了新的浮冰站。考虑到浮冰漂移导致科考工作期间跑道无法使用，因此在距离浮冰站 15 km 的另外一块浮冰上重新修建了跑道。

1.2 船载地质和地球物理调查

2000 年 8—9 月在 M. Y. Sorokin 和 V. D. Kaminsky 领导下、2007 年 5—6 月在 V. D. Kaminsky 和 V. A. Poselov 领导下，开展了两次船载地质和地球物理调查。科学小组由 V. V. Fedynsky 区域地球物理和地球生态研究中心 A. V. Maukhi 领衔，全俄海洋地质矿产资源研究所合作参与。该项调查开始的前两年，科考活动主要在“费多罗夫院士（Akademik Fedorov）”号调查船上开展，“Rossiya”号和“Sovietsky Soyuz”号核动力破冰船仅偶尔提供支援，2007 年开始调查工作则完全依靠“Rossiya”号核动力破冰船开展。

研究工作包括广角反射/折射地震（WAR）、反射地震调查、重力测量和航磁调查（2000 年除外）以及底质地质取样。

2000 年地质断面长约 500 km，与门捷列夫海岭走向垂直（沿 82°N），2005 年和 2007 年地质断面长约 600 km，分别穿越罗蒙诺索夫海岭和门捷列夫海岭与大陆的连接带。通过这几次科考活动，船载基地相较于浮冰站的优势逐渐显现；基地和断面之间的飞行距离大大缩短；大气温度不低于零下 3~5℃；此外，科考人员的住宿条件也大为改善。

1.3 航空地球物理调查

基于浮冰站开展的航空地球物理调查仅限于航磁测量，调查队与其他科考人员驻扎在同一块浮冰上。

转移到船载基地后，航空地球物理调查组（也包括航空重力调查）成为了一个独立的调查小组驻扎在距研究区最近的飞机场，如 2005 年 Pevek 飞机场、2007 年 Tiksi 飞机场。2000 年由于资金短缺，航空地球物理调查暂停。

图 1.2 为航空地球物理调查路线。

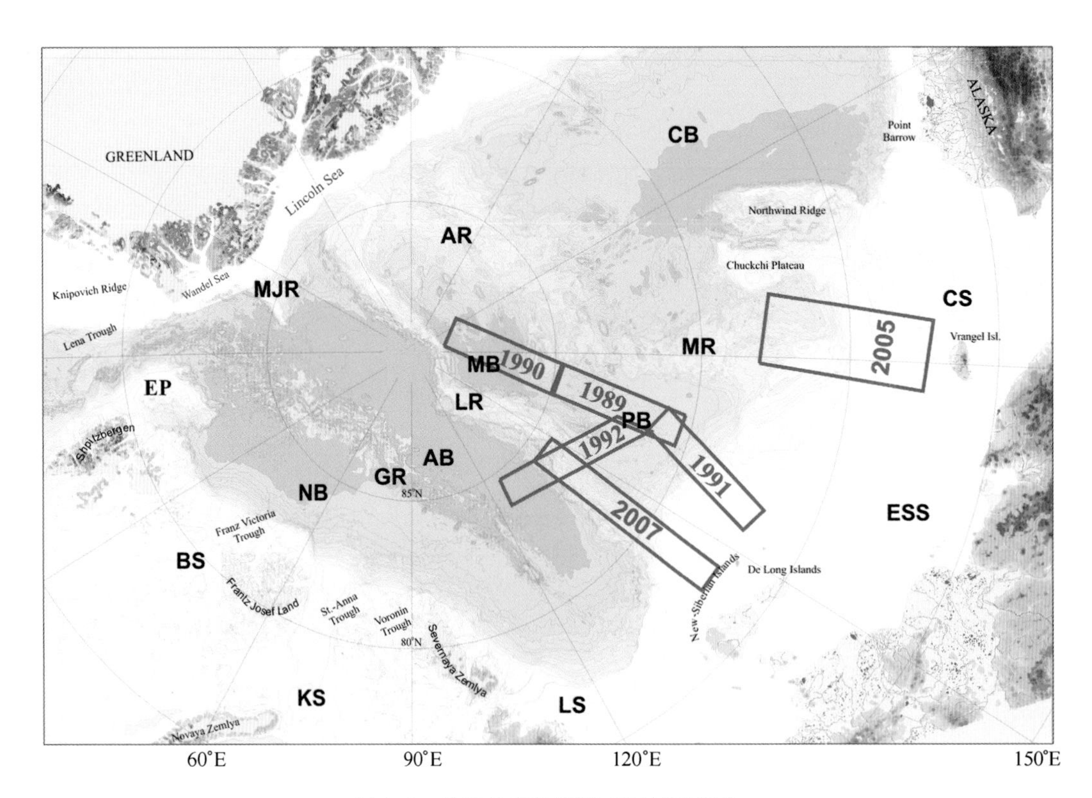

图 1.2　航空地球物理调查区域和年代

GR—贾克尔洋脊；NB—南森海盆；AB—阿蒙森海盆；LR—罗蒙诺索夫海岭；PB—波德福德尼科夫海盆；MB—马卡洛夫海盆；MR—门捷列夫海岭；AR—阿尔法海岭；CB—加拿大海盆；EP—叶尔马克海底高原；MJR—莫里斯·耶苏普海隆；BS—巴伦支海陆架；KS—喀拉海陆架；LS—拉普帖夫陆架；ESS—东西伯利亚陆架；CS—楚科奇陆架

第2章　野外调查方法和技术

2.1　冰站运行

2.1.1　广角反射/折射数据

广角反射/折射（WAR）工作开始阶段遇到的困难是单程时距曲线系统不适用，随后开发了采集双程时距曲线的新系统代替，该系统经调整和放大后广泛应用于1989—1992年的调查。每年的调查活动都安排一个400~600 km长的地质断面，三个排列。

当1989年开始WAR调查时，一个排列长110 km，记录器间距10~15 km，5个炮点：1个中心，2个侧翼，2个偏移点。炮点间距45~70 km。长500 m 6通道的地震排列组合使用了11个Taiga型自动远程控制记录器（ARCC）。时距曲线最大长度为170 km。地震波由通过冰缝放置于水下50~100 m的100~500 kg TNT炸药爆炸形成。

在随后的1990—1992年，使用18个记录器，间距减少至5 km。每35~45 km的炮点数增加到8个，TNT最大用量达1~1.2 t。

2~3架米-8直升机和1架安-2飞机参加调查活动。

从技术角度出发，调查可以分为以下4个步骤：

（1）地震仪电缆组装和天线布设；

（2）记录仪安装和连接；

（3）炸药运输和引爆（在炮点爆炸前，每架米-8直升机或安-2飞机的控制面板会发射一个特殊的无线电信号，以打开设备从待命到运行状态）；

（4）设备拆除。

2.1.2　地震反射探测数据

高分辨率反射地震用于探测大洋深度和沉积盖层的结构和厚度。可通过两种方式采集所需的数据资料：一种是通过飞机沿广角反射/折射（WAR）测线航行测量；另一种是沿浮冰基地漂流的轨迹。由于技术限制，1989年还无法实现航空测量。

目前，通过多年的北极科考，地震反射方法和技术已相当成熟。

2.1.2.1　机载测量

WAR调查完成后，机载测量可以在安置有Taiga记录器的任何地方开展。

米-8直升机上设有地震台站。在不同年份，使用3-6-12通道组合、记录器间隔50 m。3~10根雷管放置在冰层下方8 m制造地震波。一旦TNT被取代，必须注意爆炸后引起的气泡脉动问题。由于主波与冰块底部反射的相干合并，8 m的深度足以保证地震加强效应。

2.1.2.2　浮冰站测量

为了减少技术干扰，地震台站经常设置在离主浮冰基地约400~500 m处。使用24道记录检波器按

575 m×575 m “十”字形排列、中心炮点，根据冰块浮动速度每 1.5~4 h 采集一次地震数据。

为了获取剖面速度数据，在“十”字形的肩部绑定一个额外的检波器拖缆。该拖缆登记来自 3 个炮点的数据，每 6 h 采集一次，这样可使记录偏移距达到 2~3 km。

与机载测量相似，在冰块下面 8 m 放置 3~10 根雷管用来产生地震波。

2.1.3 航空重力观测

直升机完成 WAR 探测工作后开展冰上重力观测，在地震记录仪安置点放置 3 台陆地石英重力计来完成此项工作。

每次飞行配备 AMP-1 摆式重力仪从船上的基站出发，最后再回到船上。1989 年采用 NEL-6 回声测深仪测量重力观测点的水深，以后采用回声测深仪和地震反射数据来确定。数据处理则在浮冰基站完成，包括自由空间重力异常的计算和误差评估。早期科考中某些测量点进行的重复测量用于精度控制。测量点间距随测量时间的不同有所改变，从 5 km 至 20 km 不等。

2.1.4 航空磁力测量

采用安-2 飞机（滑雪橇降落模式）和 MMC-214 型高频质子航空磁力仪。传感器固定在飞机尾部的非磁性条上。磁场和辅助数据都记录在纸带和磁带上，每秒读取 1 次。航行沿主向和横向航线，离地 100 m 高度飞行。主测线长 500 km，互相平行，间隔 5 km（图 2.1 至图 2.4）。横向测线与主向测线相互垂直，作为扩展的控制点，用于后期磁力剖面数据校正。

在所有季节磁性传感器的航向偏差都小于±6 nT。航次测量的同时也伴随着地磁场变化，通过两种地面磁力检测装置 M-33（1989 年）和 MMP-203（1990—1992 年）来记录。大部分航磁数据测量是在地磁场无大的变化时段进行。

2.1.5 导航和大地测量支持

调查使用的仪器设备如下：接收器（RI）MX-4400、GPS Navstar、MX-1502、SNS Transit、KPF-6、RSDN Marshrut；个人电脑 DZ-28；经纬仪 THEO-01 OB。

导航和大地测量工作主要取决于研究调查的类型。

2.1.5.1 WAR 航空测量、地震反射探测和重力观测

直升机前往地球物理观测点；地球物理调查坐标定位的均方根误差小于 200 m；沿测线布置的地震拖缆误差范围小于 5°。直升机使用 RI-4400 提供的导航数据前往观测点。如果卫星数据缺失，则使用 RI KPF-6 RDSN Marshrut 无线电导航数据代替。提供的位置数据输入 RI，RI 可为项目提供高精确度的经纬度数据。为了将记录器放置在浮冰上尽可能靠近爆破点，以下工作需要使用额外的定位工具：地震拖缆和地震接收器的放置、地震记录仪的放置、爆破点附近航行、仪器设备拆除。

调查中，观测点坐标根据数据插入法和外推法来确定。

DZ-28 将采集的 WGS-84 坐标系数据转换为 Pulkovo-42 坐标系。

地震拖缆在冰块上的定向主要依靠天文学和 THEO-01 OB 经纬仪或直升机回转定向罗盘辅助。一旦直升机飞过电缆上空，RI MX-4400 就会控制方位，并完成接收数据的最后处理。

剖面绘制的比例尺为 1∶500 000 和 1∶1 000 000，使用球面投影。

2.1.5.2 沿浮冰漂流轨迹的地震反射数据

包括每日基本地震位置；定位均方根误差小于 300 m；方位角计算误差控制在 5°以内。

实际操作中，PI MX-1502 SNS 坐标转换器将在爆炸期间转换计算地震阵列位置的中心炮点的位置。

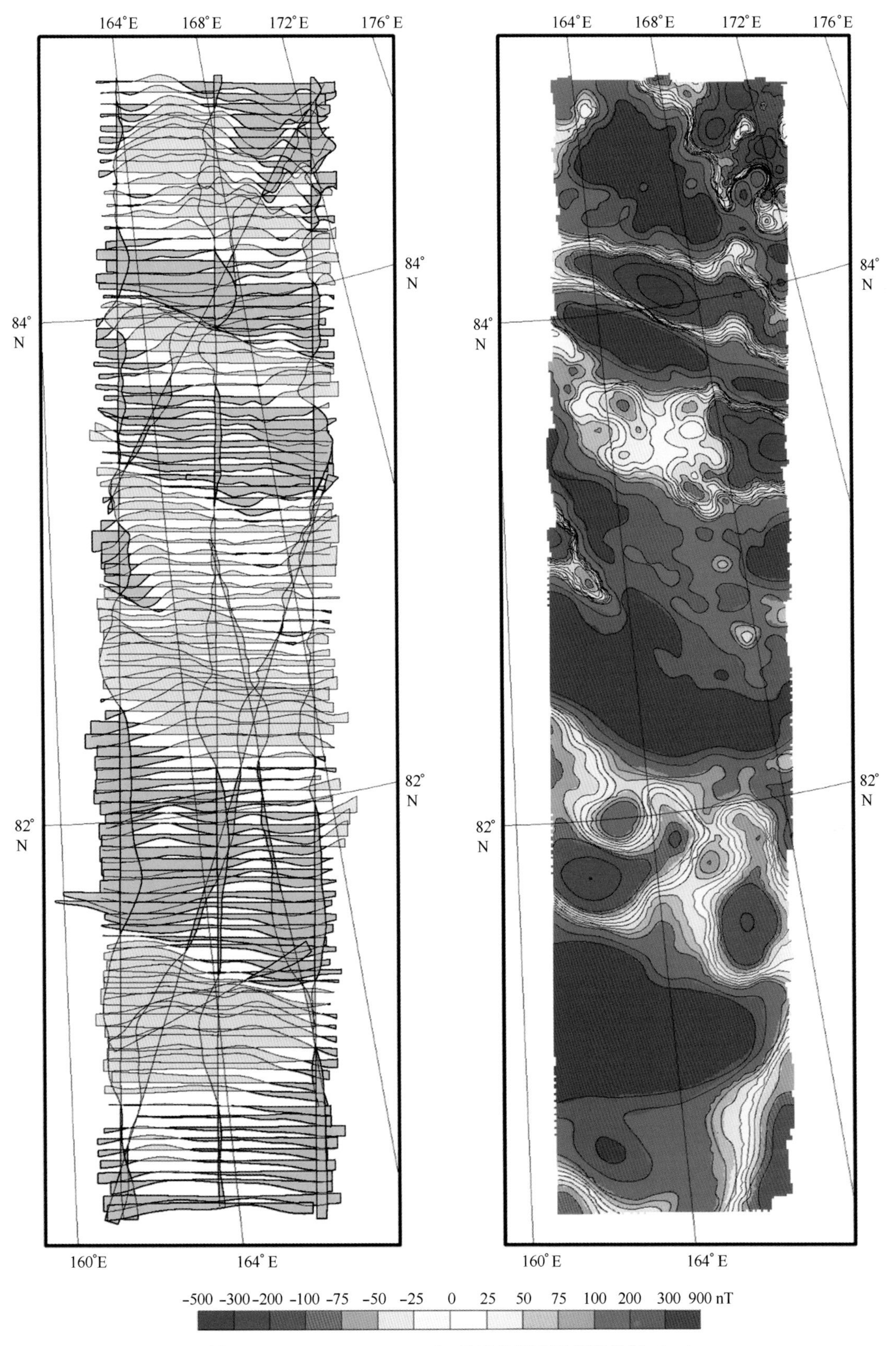

图 2.1 “TransArctic-1989”磁异常剖面及等值线图（nT）

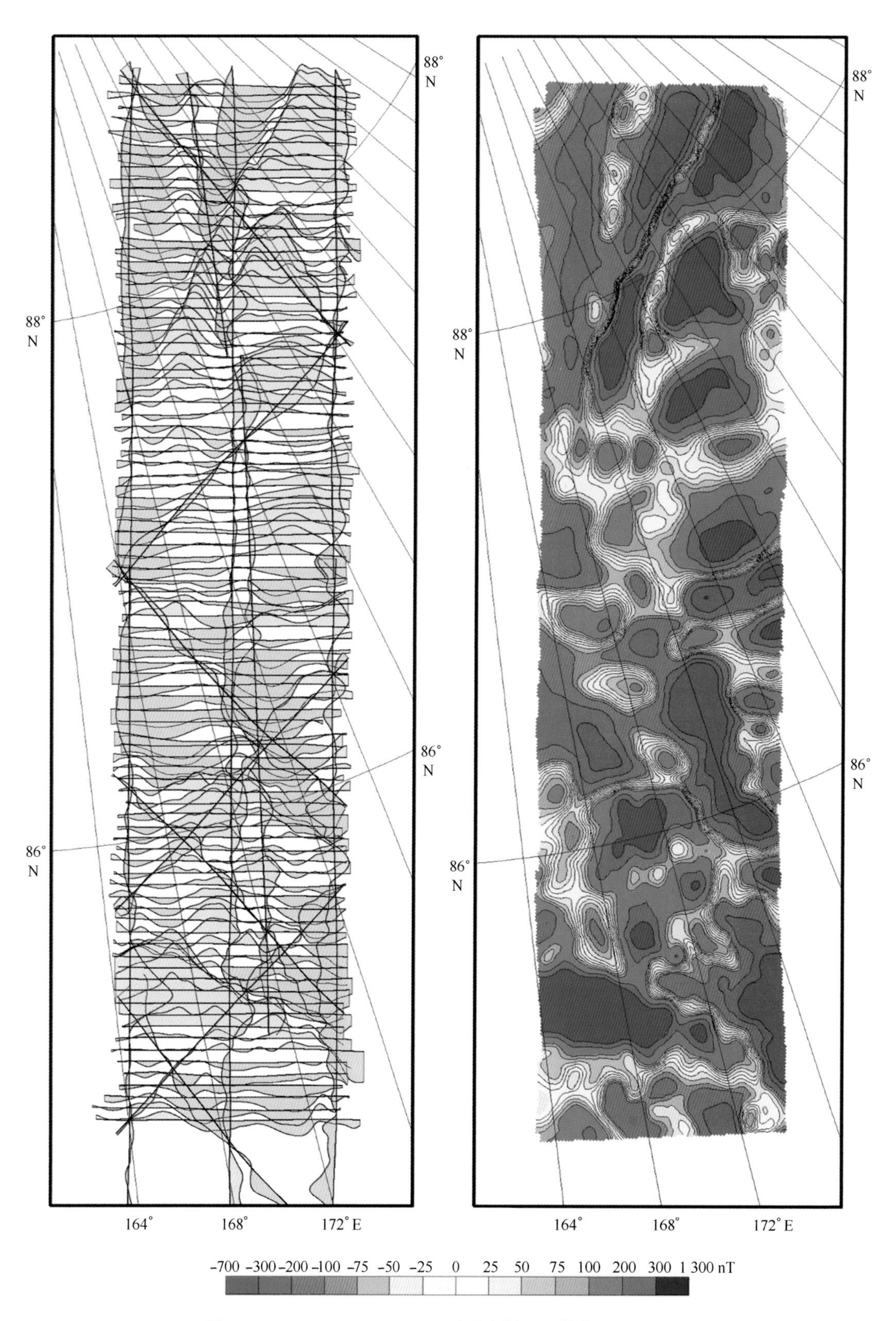

图 2.2 "TransArctic-1990"磁异常剖面及等值线图（nT）

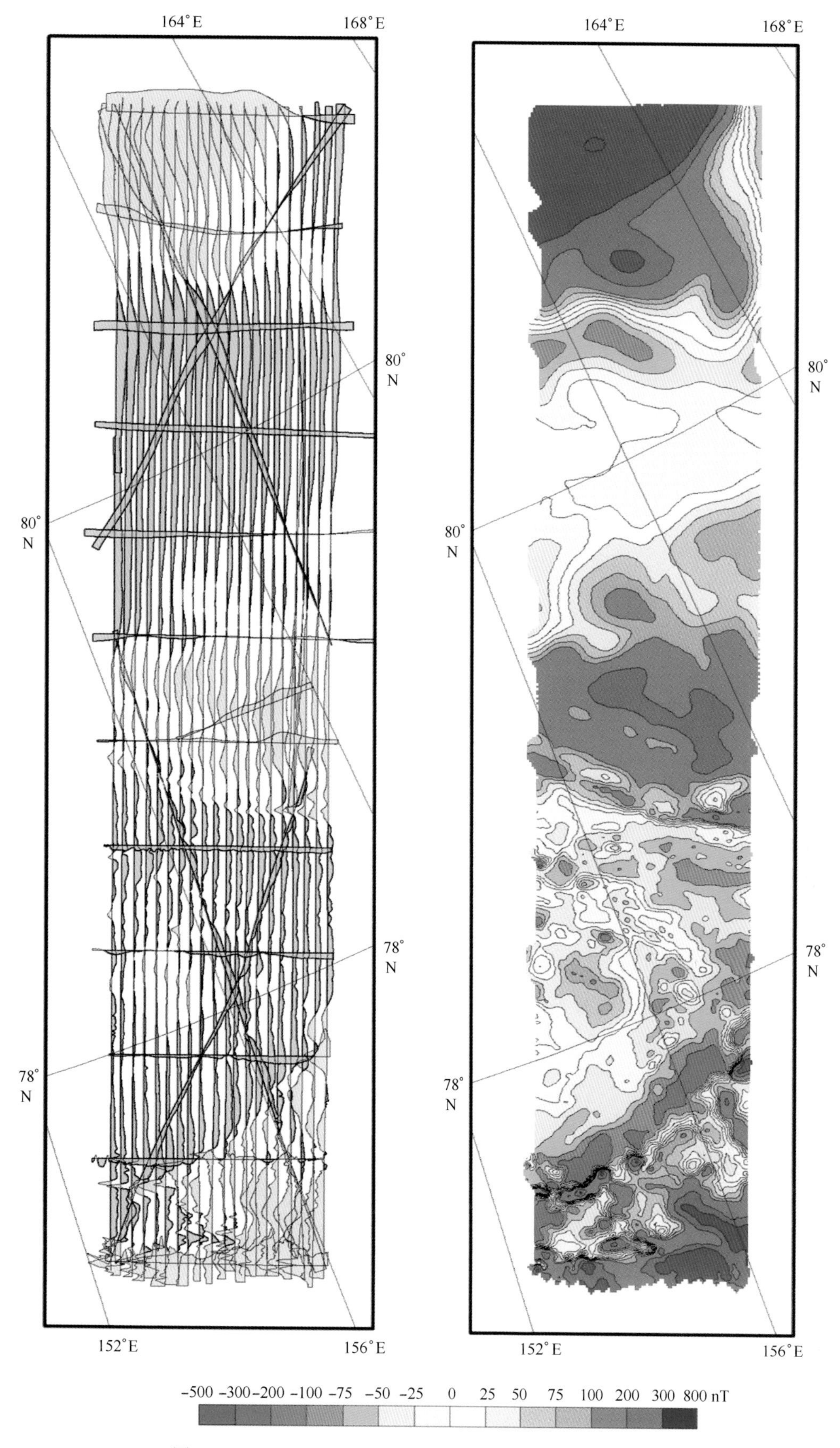

图 2.3 “TransArctic-1991”磁异常剖面及等值线图（nT）

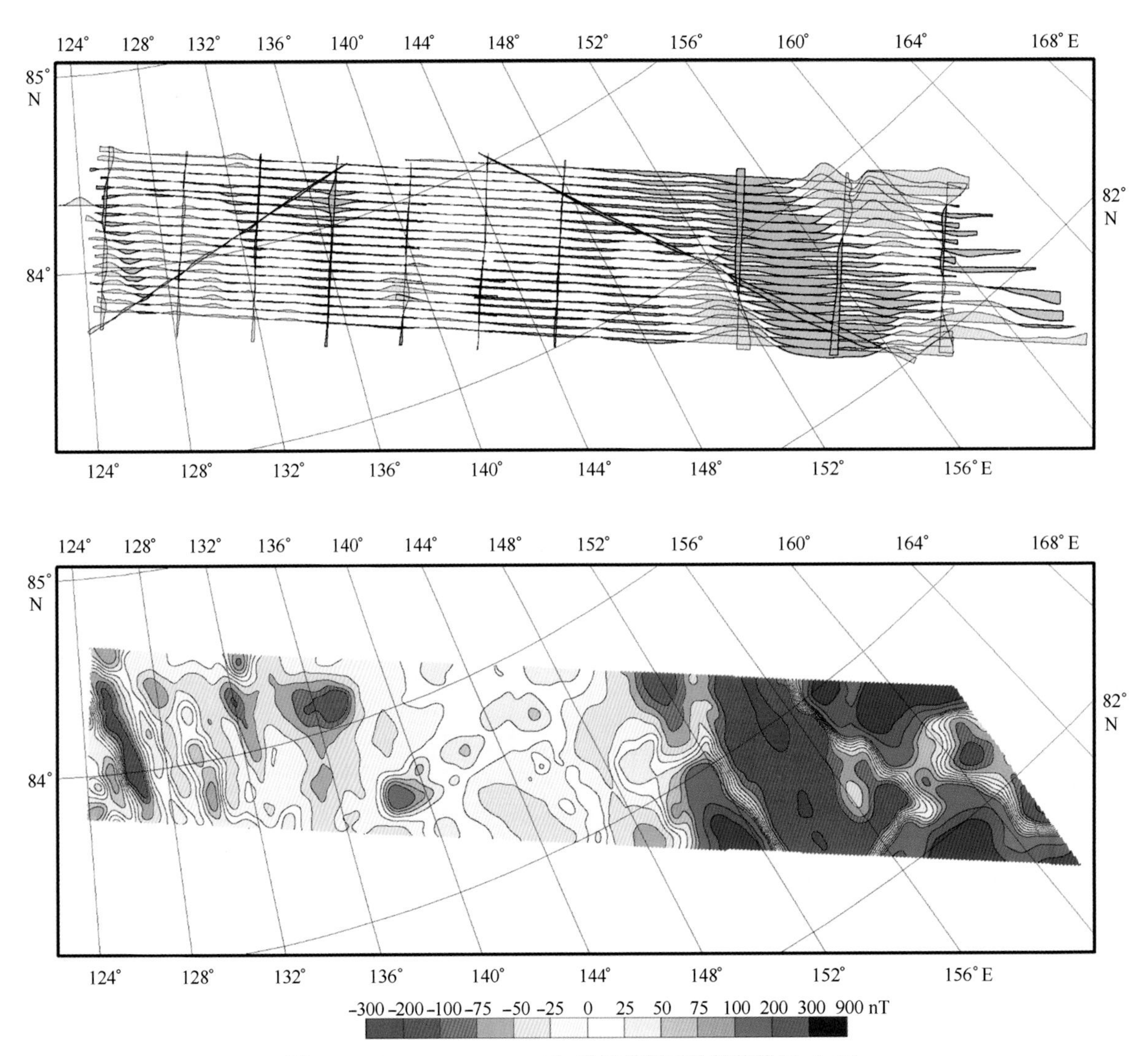

图 2.4 “TransArctic-1992”磁异常剖面及等值线图（nT）

浮冰基地漂移的轨迹绘制使用 1∶200 000 比例尺，球面投影。

2.1.5.3 航磁测量

事先设计好飞机航行线路；沿线各点坐标定位均方根误差小于 200 m；卫星观测预处理和提供现场室外数据资料；测量控制和误差估算；提供地形图进行地球物理数据投影，比例尺 1∶500 000 和 1∶1 000 000，球面投影。

2.2 船载研究

2.2.1 广角反射/折射数据

考虑适合在调查船上开展的 WAR 方法和技术，采用冰山基站类似的科研调查方法。

每个断面都由具备以下条件的 3 条测线组成：

（1）由采样间隔 5~6 km 覆盖 150 km 的 30 个记录点组成；

（2）每 40 km（2000 年）和每 50 km（2005 年和 2007 年）设置一个炮点。在记录覆盖范围设置 4 个炮点，两边各 2 个补偿点，一共 8 个炮点，时距曲线最长达 250 km；

（3）地震波由 0.2~1.2 t TNT 炸药爆炸产生；每个炮点共使用 6 t 炸药，每条剖面 18 t。这些炸药被放置在冰缝中。

EDG-8G 导火索和引爆电线用于引爆炸药。

所使用的 Delta-Geon-1 数字接收器具有以下性能指标：3 通道；频率范围在 0.2~1.5 Hz 之间；动态范围为 100 dB；最大离散频率为 140 Hz（离散间隔 7 ms）；可编程模式。

记录器将 CK-1P 地震仪中的图像数据利用 1 Hz 频率记录。

两架米-8 直升机（2007 年一架米-8，一架卡-32）都装有 NAVSTAR 系统，能够在调查期间实时传输数据。

每个阵列都经如下操作：

（1）第一次飞行：放置记录器

第一架直升机携带 15 个记录器（约 300 kg）和 5~6 人，停 15 次，每次距离 5~6 km，返回调查船；

第二架直升机从测线的另一端开始与第一架直升机进行相同的工作；

一旦以上布置完成，炮点和阵列布置就开始。

（2）第二次飞行：端点炮点处理

第一架飞机回船携带 2 t 炸药和 6~7 人：

去端点的飞行距离为 175 km；回船途中降落两次。在飞机降落时卸载炸药，炸药爆炸期间飞机撤到安全区域。

第二架飞机在阵列的另一端开始与第一架飞机进行相同的工作。

（3）第三次飞行：最近炮点处理

第一架飞机携带 0.8 t 炸药和 8~10 人；距最近炮点的飞行距离 25 km，再增加 50 km 到第二个炮点。返回船上途中停 15 次采集记录数据。

第二架飞机从阵列的另一端开始与第一架飞机相同的工作。

考虑到调查人员的专业技能有差异，整个飞行时间 14~15 h。

除 WAR 主阵列外，折射波信息（图 2.5）也被记录，最终获得沉积盖层数据。

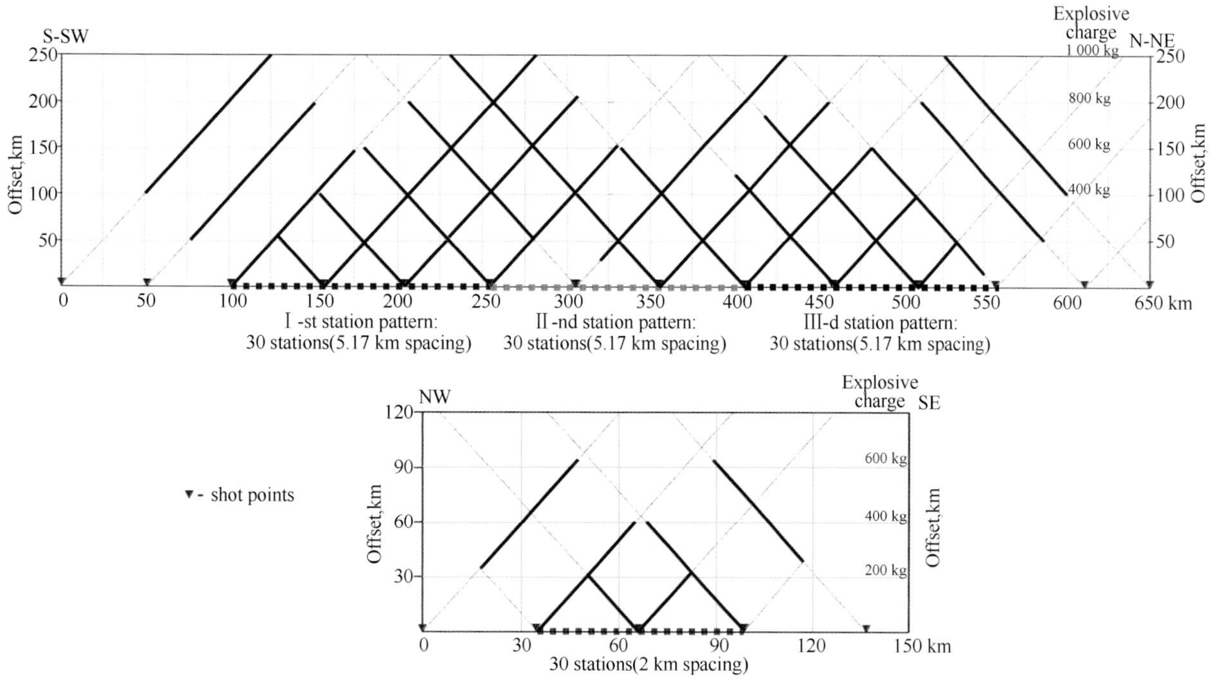

图 2.5　WAR 测线上炮点/检波器位置

2.2.2 反射地震探测数据

广角反射/折射地震数据采集完成后，在测线的每个测点使用全俄海洋地质矿产资源研究所的 SM22 记录仪采集反射地震探测数据：

（1）6 通道；

（2）频率范围为 0.2~150 Hz；

（3）动态范围为 130 dB；

（4）最大离散频率为 1 kHz；

（5）可编程模式。

沿测线的 6 道长 100 m 电缆组合采集数据，地震波由放置在专门钻孔里的雷管引发 5~10 次爆炸形成。

2.2.3 航空重力观测

Arctic-2000、Arctic-2005 和 Arctic-2007 3 次断面调查开展的冰上重力测量都采用相同的步骤，包括参考点和由米-8 和卡-32 直升机提供支持的冰上重力观测。下列设备用于冰上测量和参考点测量：5 个 AMP-1 摆锤重力仪和 7 个地面重力仪（GAK-7SH，GK/K2，GNK-KS）。

参考点测量采用 SNS Navsta 定位，V-2600P 采样频率 1 s 的数据记录在硬盘上。

冰上重力测量使用 GeoExplorer3 和 GPS map60CSx 定位，采样频率同为 1 s，但与前一种不同的是将数据记录在闪存盘。沿宽角反射/折射剖面的所有地震记录仪位置点在爆破作业后立即开始采集数据。船上摆锤重力仪采集的数据结果传送到由 3 个地面重力仪组成的冰上观测站。因此，每次冰上航空重力路线调查的开始和结束都在船载重力实验室附近。

2.2.4 地质采样

地质采样主要是采集和分析数据用于研究区域地质结构和地质构造性质。岩芯和底质取样器采集到的底部粗颗粒沉积物具有特殊的意义。地质采样点的选择基于所在区域的最新水深图及以下信息的综合考量：最薄的松散沉积物、海底崎岖地形、陡坡和基岩露头、冰况及将多个研究任务相融合的可行性。研究潜艇（译者注：即所谓的深海空间站）、地震声学剖面和视像剖面的应用有助于更准确地确定采样点。

取样使用液压岩芯取样器、箱式取样器和拖网、无螺旋桨控制 PKN-3.5E 型测井仪。

2.2.4.1 绞车系统

（1）KGP-1 缆：长 3 200 m；

（2）牵引功率：60 kN；

（3）电缆回收速度：0.8~1.2 m/s；

（4）电缆下降速度：2.5 m/s；

（5）电功率：380 V，50 Hz，<60 kW；

（6）尺寸：3 000 mm×2 590 mm×2 438 mm；

（7）缆重：<6 000 kg。

2.2.4.2 液压岩芯取样器

岩芯取样器由摩尔曼斯克国有企业 Morgeo 技术公司生产，岩芯取样器被取样器的内外压力差压入海底，其特性如下所示。

（1）工作水深：最大 5 km；

（2）外径：129 mm；

（3）内径：116 mm；

（4）样品大小：3.0 mm、3.5 mm、4.0 mm、6.5 mm、7.0 mm、7.5 mm、10.5 mm；

（5）样品室体积：110 L；

（6）下降速度：2 m/s。

样品被提取后，每 100 mm 用数字温度计采集温度信息，随后对整个岩芯使用船载 Barrington MS2 系统每 25 mm 测量磁化率曲线。测量结果用于寻找相隔较远的岩芯之间的联系，由此确定沉积物搬运到北冰洋的重要时期。所有采集的样品都在船上直接分析以了解沉积区的结构特征。样品被分为不同的地质层用于后期的样品分析处理。样品登记完成或存放以备进一步研究后，剩下的一半样品将会清理和拍照。最后，样本的一部分被送到专门机构做古地磁分析，剩下的样品将被保存至样品库。

2.2.4.3 箱式取样器采样（抓斗型）

箱式采样器携带一个电子数码摄像头以获取未被扰动的底质样品。采样器性能如下所示。

（1）重量：850 kg；

（2）工作水深：5 km；

（3）采集样品尺寸：50 cm×50 cm×60 cm；

（4）回收样品量：145 L。

完成整个样品分析后，得到合成的表面样及温度测量数据，部分样品（通常是四分之一）用于冲洗分选以分析底部硬质岩石的成分。

2.2.5 导航及大地测量支持

以下设备和软件为浮冰和船上作业提供导航和大地测量支持：

（1）Trimble 公司船载 PRO XR 同步卫星定位系统；

（2）Trimble 公司安装在科考直升机上的便携式 GeoExplorer 3 卫星定位系统；

（3）Trimble 公司 GeoExplorer 3 配套 PathFinder Office 软件；

（4）Nabat2005 导航和水文学软件（自主研发）；

（5）dKartNavigator 电子制图软件（由 Morinteh 租赁）。

全俄海洋地质矿产资源研究所专门设计的软件可用于浮冰上炮点和地震记录仪位置计算。

GPS Navstar 导航直升机飞至测线点误差不超过 100 m。航空测量定位精度达 30 m，炮检距测量精度沿顺行方向达 50 m，海底测量精确度为深度的 1%。

2.3 航空地球物理调查

在整个航空地球物理调查过程中，以磁力测量为主，重力观测为辅。航空的最优条件选择（如高度、速度、航迹线方向）和工作流程都取决于地磁测量。调查使用伊尔-18D 飞机，比例尺 1∶1 000 000。2005 年和 2007 年所采用的技术设备及精度参数有所差异。

2.3.1 航空磁力测量

2.3.1.1 2005 年调查

2005 年调查（图 2.6）从 佩韦克机场出发，调查区域为门捷列夫海岭和东西伯利亚陆架之间海域。

研究区域呈长方形，240 km×640 km，Arctic-2005 断面离机场 500 km 远。飞行高度由一个标准的无线电高度仪控制在离地面 500 m，平均速度 500 km/h。沿近南北向、间隔 10 km 的测线方向完成主测线测

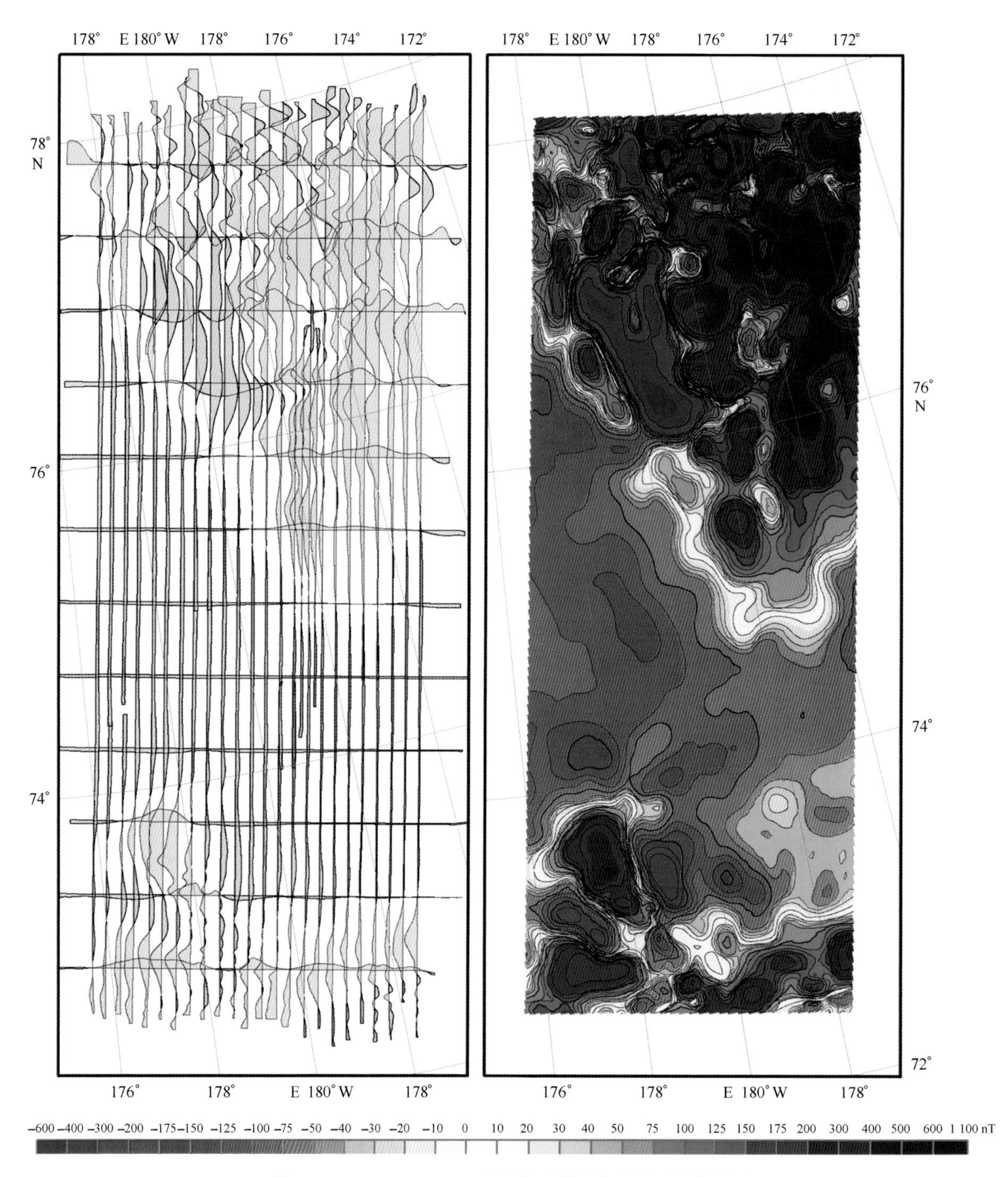

图 2.6 “Arctic-2005”地质断面磁异常剖面、等值线图

量工作。每 20~30 km 布置控制测量精度的垂直交叉测线。在研究区域中心相隔 5 km 布置两条详细剖面。

AKM 铷量子磁力计作为航磁测量的主要仪器。与机载观测同步，佩韦克机场附近地面基地对地磁场日变进行测量。

2.3.1.2 2007 年调查

2007 年调查（图 2.7）在罗蒙诺索夫海岭与周边陆架的连接区域展开。Arctic-2007 断面研究区约 100 km 宽，70 km 长，距季克西机场 900 km。飞行使用伊尔-18D 型飞机，平均飞行高度 500 m，速度 450 km/h。测线分别间隔 10 km、沿近南北方向和近东西方向测量。

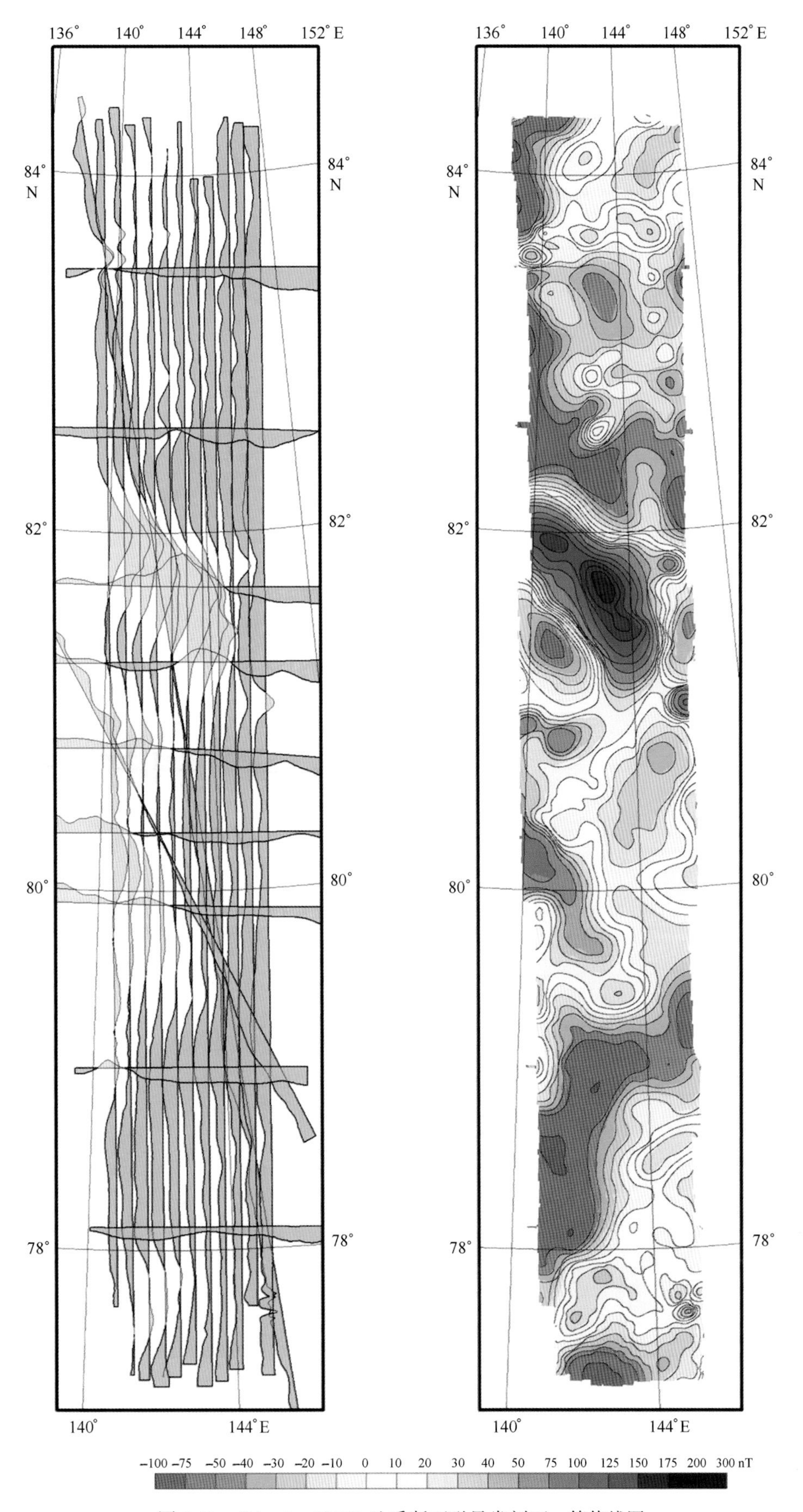

图 2.7 “Arctic-2007”地质断面磁异常剖面、等值线图

调查设备包括2台铷量子磁力仪（1台作备用）及记录设备和安装在飞机尾部的磁力传感器。与机载观测同时，在季克西机场附近地面基地进行地磁场测量。在地磁场强烈变化期间，飞机会暂停飞行。

2.3.2 航空重力测量

2.3.2.1 2005年调查

在研究区（图2.8）重力观测使用的设备大多由VNIIGeofizika的A. M. Lozinskaya博士完成改良，包括3台GAMS和GSD-M弦式重力仪及安装在飞机平衡架上的CGV-4水平加速计。3台测量飞机垂直加速度字符显示器和1个BS-3气压计用于校正垂直加速度，此外还包括2个电子温度计和RB-21高度计。由Sistemnaya Elektronika公司1991—1992年研发的SIEL-1300作为记录仪，拥有15位数字模拟转换器，能将记录数据以5 Hz的频率从重力仪传输到PC电脑硬盘。

GPS NAVSTAR系统将时间和所有重磁设备工作同步，航行误差小于±50 m。

调查数据（数据、坐标、航行高度、总磁场和重力数据）都被数字化并记录在磁带上。每次航行调查结束后，这些数据资料会在基地办公室进行分析和处理。

2.3.2.2 2007年调查

2007年调查（图2.9）在2005年调查的基础上展开。2005年使用弦式重力仪完成重力观测，气压计记录的垂直惯性加速度达到$\pm 15\times 10^{-5} m/s^2$。2007年改用CRI Electropribor公司生产的新型摆锤式Chekan-AM重力仪。测量频率保持在10 Hz。所有必需的修正如Etvesh校正、垂直加速度和飞行高度校正都通过卫星导航数据进行计算。飞机上的恒温及稳定电压提供都保证重力仪测量不受外界干扰。

2.3.3 导航支持

野外工作期间，所有航空地球物理测量导航都依靠GPS完成。JAVAD's Lexon GGD 112-T用于接收数据，Ensembl和Pcwier软件用于数据处理。两套独立的记录仪设备分别用于Navstar和Glonass系统，频率分别为L1和L2，使用WGS 84坐标系，每秒定位10次。

在从季克西机场出发之前，为了确定基地导航坐标和坐标误差，实行24 h不间断信息记录。

为了获取不间断数据，在飞机起飞前机载地球物理设备就已经打开，并在飞机降落后再关闭。

数据表明卫星导航设备的高可靠性和航空定位信息的高准确性。但是，由于研究区域的位置偏远（距地面基地900~1 600 km），不可能采取多种模式用于地球物理数据的最终校正。

同时，一个基点通过实际测量和不同模式获取的高程数据与通过导航坐标的两个频率获取的数据结果一致，两者之差不超过±1~1.5 m。经过差分校正后，整个航行过程中实施精确率几乎一致，误差小于±2 m。

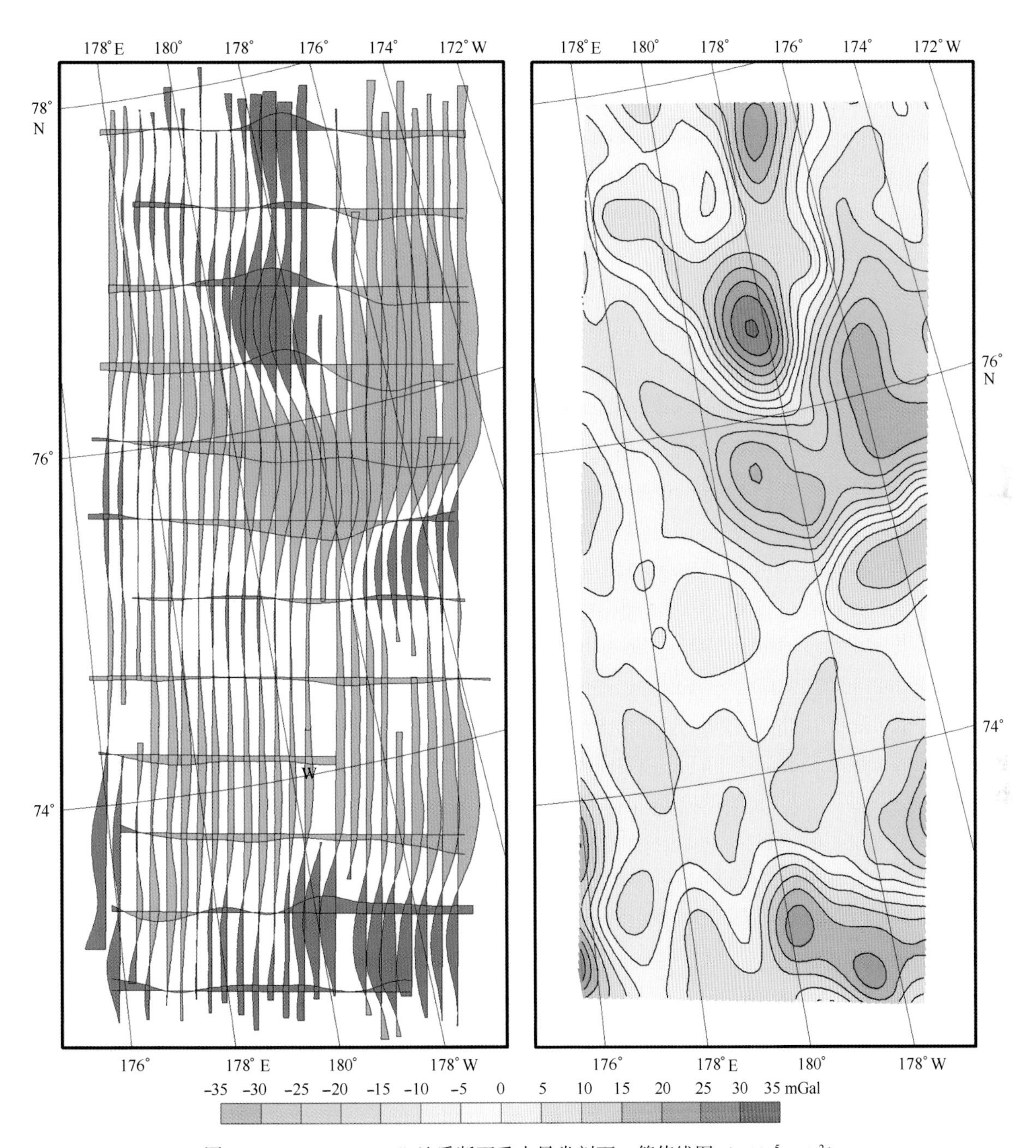

图 2.8 “Arctic-2005”地质断面重力异常剖面、等值线图（$\times10^{-5}$ m/s^2）

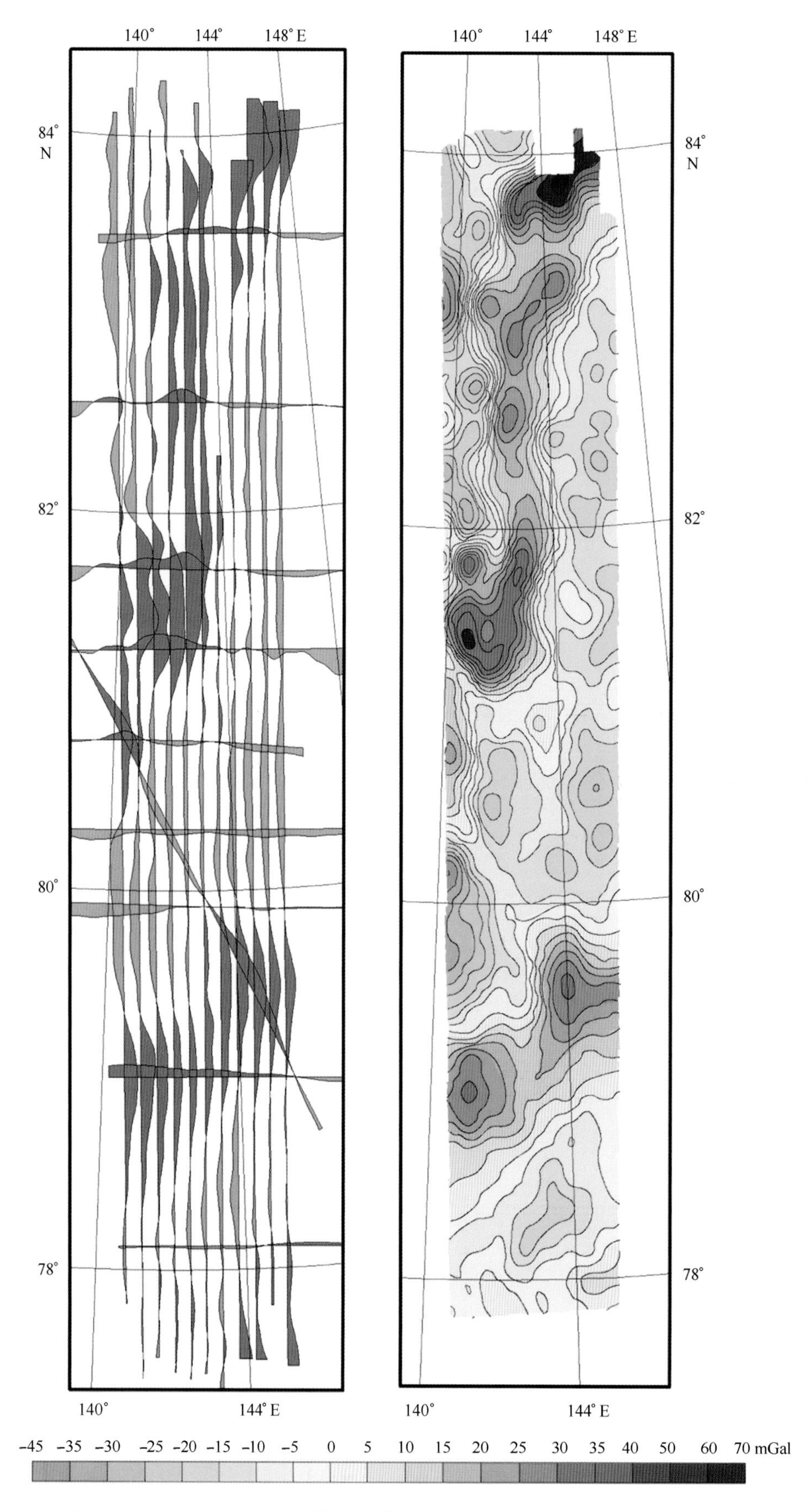

图 2.9 “Arctic-2007”地质断面重力异常剖面、等值线图（$\times 10^{-5}$ m/s^{2}）

第3章　地球物理数据处理方法

3.1　广角反射/折射数据

TransArctic 地质断面（1989—1992 年）获得的广角折射/反射（WAR）地震数据都记录在模拟媒介中。因此，很多公开发表的地壳速度模型（Poselov et al.，2006；Poselov et al.，2007）都是依据这些剖面建立的。2000 年后，模拟数据被数字化（离散化区间 4 ms），地壳模型使用现代软件进行修正，使其与宽角反射/折射动态和运动学波场属性匹配。应用 ProMAX 2D 软件程序进行振幅补偿调整和 1-2-7-9 Hz 的最小相位带通滤波，改善数字化数据质量。

近年来 Arctic 断面调查（2000 年、2005 年和 2007 年）所获得的数字化宽角折射/反射数据（离散化区间 7 ms）都是通过沿共享炮点地震航迹采集，使用 ProMAX 2D 软件包分析。应用该程序完成振幅补偿调整和 2-3-6-8 Hz 的最小相位带通滤波提高数据质量。

数字和数字化数据资料的运动学解释包括解决直接的地震问题后每条剖面的地壳模型的层序对比，合成波场建模和模型与记录对比。免费软件 RAYINVR、Seis Wide 4.6.5 及其振幅建模程序 TRAMP（Zelt，1999）都被用于完成上述处理。

沿 TransArctic 和 Arctic 断面的地壳速度模型具有其独特性。记录仪相对较大的间距（大于 5 km）及沉积层序边界引起的折射波轨迹间隔的限制（很多轨迹都集中在炮点附近）导致地壳层模型的上部沉积地壳层缺少详细细节，只有在结晶地壳中传播的高速波才能被完整解释。因此，在动力学解释过程中，上层地壳模型需要通过沉积盖层的反射和共深点（CPD）反射数据进行校正，这些数据是沿折射/反射地震剖面、浮冰基地漂移轨迹及北极点基站的近年漂移轨迹采集的。

广角折射/反射地震和共深点反射数据校正：将广角折射/反射地震模型与共深点反射断面转换成深度模型比较，发现两者沉积盖层底部和主要沉积单元边界存在差异。发生这种差异的部分原因是共深点反射数据的深度重构模型使用的相似系数速度，有数学意义但是没有物理意义。因此，广角折射/反射数据的时间域转换更为合适。这个过程，或者说对 SeisWide 格式速度模型的一系列操作是一个非常耗时的工作，只有部分可以实现自动化处理。

全俄海洋地质矿产资源研究所设计开发了一个专门的重复计算程序，使用地震层析成像软件 X-TOMO 1. 0 对 SeisWide 模式数据离散化。需要指出的是，X-TOMO 仅用于离散而不是找到一个层析解决方案（如没有速度反演）。

1）广角折射/反射 SeisWide 速度模型的深度-时间转换操作

（1）X-TOMO 数据输入。全俄海洋地质矿产资源研究所设计师 M. V. Ivanov 开发了一款软件可用于将 SeisWide 速度模型转换成 X-TOMO 文件。输入文件后，X-TOMO 将模型分为几个模块，先从 SeisWide 模型中输入速度数据，后输出有深度域 X-坐标的速度矩阵 ASCⅡ格式文件。

（2）速度矩阵深度到双程旅行时间转换。同样由 M. V. Ivanov 开发的另一款软件能使速度矩阵沿矩阵的列，如 X 坐标，从深度转换到双程旅行时间。

（3）广角折射/反射模型时域成像。通过将 ASCⅡ文件的速度矩阵转换成双程旅行时间模型，Surfer

软件可对模型进行网格计算及以时域速度等值线的形式完成可视化。

具体过程详见图 3. 1。

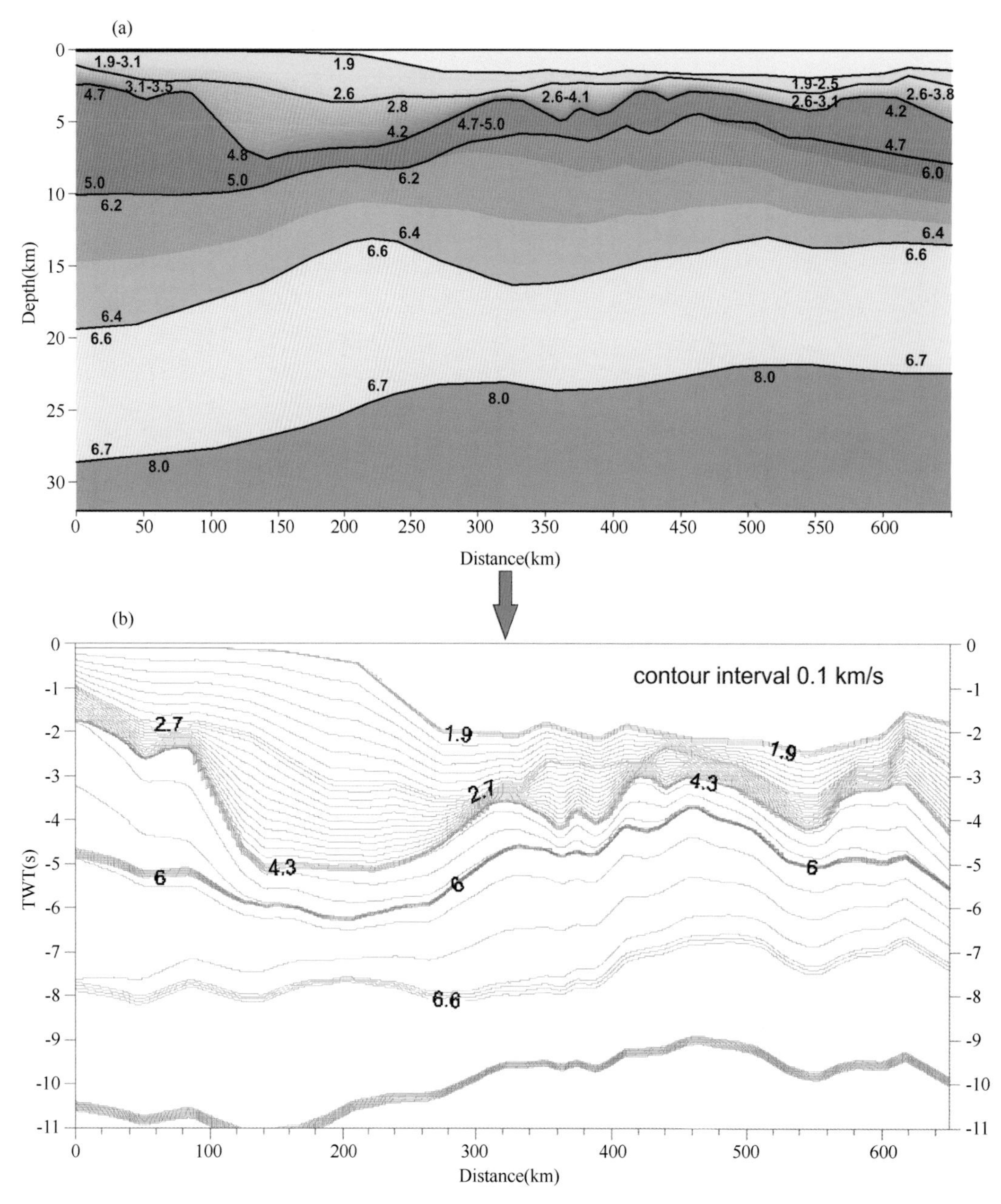

图 3. 1 从深度剖面（a）到双程旅行时间（TWT）剖面（b）的宽角地震速度模型转换

陡的梯度带或速度等值线密集的区域对应速度边界层的速度峰值，在地壳模型中可看作深度层序边界的时间类比。图形编辑器将这些区域置于速度和时间共深点反射层（如果有）之外，折射/反射和共深点反射数据的校正也通过此方法来评估。

数据相关性分析的最后阶段使用 RAYINVR 软件校正地壳固结部分内部的主要分界面及莫霍面的起伏。由于地壳模型中上部低速区对深部波传播时间影响很大，校正就显得格外重要，可缩小深度观测值和模型预测结果之间的差异。根据校正结果，可评估模型的可靠性。

2）可靠性检测的步骤

首先，建模过程中，观察和模型计算的每个地震波组到达时间之间差异的标准误差；随后，将得到的差异误差与相应地震波组的平均半周期（或相）作对比。分析每个波组（沉积层、地壳和地幔）的相长作为置信区间，TransArctic 断面的置信区间为 0. 1~0. 14，北冰洋断面为 0. 13~0. 16。

3）检测结果的意义

（1）TransArctic 模型差异误差略大于置信区间（主要是上地壳和中地壳），其主要原因是数字化模拟记录原数据质量较差和不可避免的数据缺失导致的总体数据质量较差。

（2）对于 Arctic 速度模型（2000 年、2005 年和 2007 年，数字记录仪），与所有波组的观测波差异标准误差都明显小于置信区间。

3.2 地震反射探测数据

TransArctic 地质断面（1989—1992 年）得到的地震反射探测数据均记录在模拟介质。2000 年以后，数字化数据（离散化区间为 4 s）通过先进软件实现数据质量的提高。ProMAX 2D 可改善数字化数据的质量，尤其在以下几方面：带滤波为 15-20-55-60 Hz、自动增益控制（AGC）（1 000~2 000 ms）、振幅的动态变化等。因此，沿折射/反射测线直接采集的地震反射数据通过多年来从相同名字浮冰基地的漂流轨迹和北极点附近基地的漂流轨迹获得的数据而增强放大。

Arctic 地质断面（2000 年、2005 年和 2007 年）采集到的数字反射数据都以 SEG-Y 格式记录，沿基本测线每 4~6 km，沿垂直测线每 2 km 距离点进行地震测深测量（6 道，短偏移量）。采集的数据通过 ProMAX 2D 软件完成数字化：振幅跟踪校正；23-25-58-60 Hz 带通滤波，脉冲反褶积（因子长度 120 ms），自动增益（门限 1 000~2 000 ms），振幅动态变化。

采集的数据包括沉积盖层的时间序列用于构建海底地形、前中新世（RU）、晚白垩世和前寒武（pCU）变质碎屑岩（未成层）[即声波基底（AB）面] 之上的地层不整合界面关系。

由于地震反射层测深点之间的线性时间间隔以及相关联的低系数，解释反射层时适用基于挑选高强度波列的群相关原则。

挑选出的反射数据使用 MAGE 完成 2D 处理，依靠 ProMAX R5000、Linux 系统双核 Xeon 2. 66 Arbyte Alkazar 进行分析。

3.3 位场数据

总体来说，本章讨论的磁力和重力数据处理过程基本类似。但是随着计算机技术和软件的进步发展，数据处理的方法也在不断改进。多年来使用过各种软件产品，从最初国产和国外的程序到统一软件产品，如 Golden Software，ER MAPPER 和 Geosoft Oasis Montaj。

3.3.1 航磁数据

3.3.1.1 1989—1992 年调查

1989—1992 年（图 2. 1 至图 2. 4）极地海洋地质考察队（PMGRE）采集的航磁数据处理使用几个标准程序：原始观测数据地磁场日变和方向偏差校正；地磁参考场和磁异常计算；磁异常数据的编辑、调平和调校及绘图和误差评估。

高纬度北极航空磁力调查需要特别注意地磁日变记录数据的处理。地磁日变评估持续 4 个野外调查季节，使用 k 指数计算，间隔时间为 3 h，应采集总磁场变化的最大振幅。随后，由地磁场平均日变化绘制出平均季节性水平。此外，磁变强度可通过 k 指数来判断，单磁场谐波振荡可根据地球动力学特征进行分类，这有助于进一步了解地磁变化的范围及不同类型变化出现的概率。4 年来地磁变化的总体分析表明航空磁测的理想时间是在夜间。

俄罗斯科学院地磁和辐射研究所圣彼得堡分所使用 MAGSAT-2 模型作为地磁参考场。考虑到方向偏差值控制在±5~7 nT，没有做方向偏差校正。

航磁数据处理通过安装在 EC1035 计算机，使用自动编辑模式的 SNIIGGiMS 公司开发的软件进行处理。每次调查，都通过主测线和控制测线来计算均方误差（RMSE）。制图误差由磁力等值线和相同控制测线的交叉点来确定（表 3. 1）。

表 3. 1　1989—1992 年航磁调查测量和成图均方根误差

调查年份	交点数	测量均方根误差	交点数	成图均方根误差
1989	171	±8. 2	232	±12
1990	151	±13. 1	329	±13
1991	77	±10	204	±7. 45
1992	33	±11. 3	76	±11. 13

3. 3. 1. 2　2005 年调查

数据处理流程包括多个基础处理工作，如观测数据的编辑、误差控制、地磁参考场和磁异常计算、调平和调整、精度估计、磁异常剖面和等值线绘图（图 2. 6）。

观测数据编辑包括数据检查以揭示潜在的测量设备故障，以及 5 个磁通道噪声过滤。噪声值随航空条件有所变化，范围为 0. 04~1. 2 nT。

伊尔-18D 型飞机的方向偏差变化范围控制在 20 nT 以内。对主测线和辅助测线而言，偏差校正保持不变或上下波动±1. 5 nT。

2005 年 8 月 IGRF-2005 模型的校正系数和飞行高度 500 m 用于计算磁异常。

由于基地和研究区域相距较远，对地磁场变化观测结果进行航磁数据的直接校正不太可能，所以高磁场活动区经常重复飞行。

极地海洋地质科学考察队（PMGRE）使用 V. O. Leonov 公司研发的软件以地磁场变化间接迭代法对航磁数据进行初步调校。经校正后，调查结果的均方根误差（RMSE）从±5~7 nT 减少到±4. 1 nT。

2005 年采集的磁异常剖面数据和该区域所有之前收集的地磁数据都由全俄海洋地质矿产资源研究所通过 Geosoft Oasis Montaj 6. 0 软件完成最后的调平和校正工作。调查结果均方根误差（RMSE）由于历史数据的加入而稍微增加至± 4. 6 nT。

3. 3. 1. 3　2007 年调查

2007 年全俄海洋地质矿产资源研究所负责处理所有航磁数据的初始和最后处理工作，处理流程与 2005 年相似（图 2. 7）。

伊尔-18D 型飞机的方向偏差变化范围控制在±10 nT 以内。

对于所有测线，方向偏差维持在很小幅度，上下波动±1. 5 nT。

地磁参考场改正使用 IGRF-2005 模型，根据 2007 年 5 月的校正系数和飞行高度（600 m）计算。

基站记录的地磁场日变结果的使用与 2005 年一样。

通过 Geosoft Oasis Montaj 6. 3. 1 软件完成调平和校正后，2007 年调查结果均方根误差（RMSE）为 ±4. 1 nT。

随后，将早先全俄海洋地质矿产资源研究所数据库中的磁场资料对最新磁异常剖面数据作校正。依靠 IGRF-2005 模型，将新老数据集都缩减至统一观测高度 500 m，与 2007 年 5 月一致的相同地磁参考场水平。

多年来调查数据的调平和校正工作分为几个步骤：第一步包括初始数据转换成网格化格式，并统一至同一水平；第二步，对所有磁异常剖面数据集进行地磁参考场校正；第三步，老数据集对比高精度新数据作校正；第四步，完成研究区域磁异常剖面数据集的格式统一和更新及编辑工作。因此，磁异常剖面图的均方根误差（RMSE）为±4.6 nT。

3.3.2 航空重力数据

3.3.2.1 2005 年调查

航空重力数据处理的计算方法和步骤大致相同（图 2.8），但细节有所差别。

第一步，极地海洋地质科学考察队（PMGRE）采集数据的分析及绘图。若是在恶劣天气条件下或飞行状况不佳（被动操纵，高度和速度改变等）时采集的数据将被剔除。

第二步，使用 Helmert 公式减去 $14\times10^{-5}m/s^2$，并根据无线电高度数据计算海平面自由空气重力异常。调查过程中的干扰因素分析可选择合适的滤波因子。Hemming 滤波器（Gribanov，Mal'kov，1974）适用于 240 s 间隔，1 s 偏移。最短采样间隔为 360 s 的重力异常选择使用快速傅里叶频率变换。每条测线上过滤后的自由空间重力异常使用平均方法经二次迭代完成调平。调平前后，均方根误差分别为 $\pm6.5\times10^{-5}m/s^2$，97 个交点和 $\pm4.6\times10^{-5}m/s^2$，95 个交点。

对原始数据进行质量分析和预处理后，仅有 52%的数据可用于今后处理和解释。

全俄海洋地质矿产资源研究所使用 V. M. Makarov 开发的原方法完成其他额外和最后的数据处理工作。预处理过程中原始重力数据噪声较高，所有观测数据都需要特别细致的分析。此类分析包含两个重要过程：已得结果间额外的相关性分析和最初滤波参数的选择以寻求对航空调查过程中不可避免的垂直加速度扭曲进行校正。在整个航空重力场测量中有 95%的扭曲是由垂直加速度造成的。

使用一个长 250 s 和 15 s 转变的双梯形滤波器，可最好地完成垂直加速度的校正。每条测线的重力数据的滤波最后都通过傅里叶变换完成数据圆滑（使用 300 s 的周期）。

随后，平滑数据相较于平均值的调校有两个步骤：沿主测线和辅助测线，最终调校至 WGS-84 大地水准面。

最后，所有 245 个交叉点的误差降至 $\pm3.8\times10^{-5}m/s^2$。剔除 12 个误差超过平均值的点，标准误差为 $\pm3.5\times10^{-5}m/s^2$。可用数据增至原始数据的 93%。

3.3.2.2 2007 年调查

与 2005 年相似，2007 年空间重力数据的初始分析和处理过程步骤相同（图 2.9）。与 2005 年不同的是，2007 年所有观测数据都被保留和分析。

使用平滑梯形滤波器，基础长度为 240 s。滤波器的有效平滑时间为 170 s，根据傅里叶转化，周期小于 170 s 的数据都被剔除。

完成重力异常计算后，对所有数据进行校正，包括 11 条主测线、10 条辅助测线，主测线和辅助测线的初始误差达 $\pm3.6\times10^{-5}m/s^2$，最终 108 个交点控制误差在 $\pm2.3\times10^{-5}m/s^2$，102 个交点控制在 $1.5\times10^{-5}m/s^2$，最大误差点位于研究区域重力场梯度大的北部。

第4章　马卡洛夫海盆、波德福德尼科夫Ⅱ海盆和波德福德尼科夫Ⅰ海盆地壳结构

马卡洛夫海盆、波德福德尼科夫Ⅰ海盆和波德福德尼科夫Ⅱ海盆的地壳结构已在TransArctic1989—1991地质调查记录中有所描述。

4.1　沉积盖层

依据共深点（CDP）反射地震测量（MAGE 90801剖面）、地质断面调查（Tra91）采集的反射数据和沿NP-28浮冰站漂移路径（图4.1）的反射地震测深数据绘制出沿地学剖面的沉积盖层复合剖面。从结构上，该复合剖面从德隆高地北部开始，穿过威尔凯茨基海槽侧翼，沿波德福德尼科夫海盆Ⅰ、Ⅱ和马卡洛夫海盆，至罗蒙诺索夫海岭极点附近靠美亚陆架一侧为止。

TransArctic1989—1991地质断面的沉积盖层分为上、中、下3个沉积层序。

（1）上层：根据地震反射数据显示，地震波速为1.9~2.9 km/s。钻孔取样结果表明，上部主要由粉砂岩组成，厚度变化从威尔凯茨基海槽的3 km至波德福德尼科夫海盆内部阶地的几百米，沿整个剖面地震波速参数一致。

（2）中层：地震波速3.2~3.8 km/s。事实上该层仅在威尔凯茨基海槽中出现，厚度不超过3 km，向西北方向减薄。

中层和上层之间为一突出的区域性不整合面（RU）。在北极中央隆起地区，包括波德福德尼科夫和马卡洛夫海盆的等深阶地、东西伯利亚大陆架，该不整合面是在所有正地形和负地形可追踪的关键地震地层学标志（图4.1、图4.2）。

（3）下层：地震波速4.0~4.4 km/s。该层厚度变化从德隆高地的几百米至威尔凯茨基海槽的3 km，向西北方向减薄至2 km。地震反射数据展现在中层和下层沉积之间存在一个不整合面。

沉积盖层的总厚度在威尔凯茨基海槽最大可达7 km，向德隆高地逐渐减薄，至波德福德尼科夫和马卡洛夫海盆西北部减至4 km至几百米。

通过位于罗蒙诺索夫海岭上的ACEX IODP 302航次M0002-M0004钻孔的深海钻探数据，在沉积盖层中确定了主要不整合面的参考地震反射层（Backman et al.，2006）。

俄罗斯有关北冰洋海盆的地震数据分析有利于判断区域不整合面，Backman等（2006）认为，前中新世的一次侵蚀事件与大约27 Ma的沉积间断相吻合。前中新世不整合面将中始新世富含有机质的滨海硅质沉积岩（黏土和粉砂质）与早—中中新世不含生物残骸的沉积分隔开来（Backman et al.，2006）。

中层和下层沉积盖层之间的不整合面与晚白垩世侵蚀事件（pCU）相吻合，表明曾发生约24 Ma的沉积间断。该沉积间断将晚白垩世沉积于三角洲前缘和滨海环境的砂岩和泥岩与晚更新世（译者注：应为晚古新世）浅海黏土沉积分开（Backman et al.，2006）（图4.1）。

广角反射/折射地震数据（WAR）表明，变质碎屑岩序列（MS）地震波速为5.0~5.4 km/s。在反射波场中，该层相当均匀，没有不连续，但是构造复杂。其表面为声波基底（AB），结晶基底始其下界面。在大陆坡该层最大厚度达2 km，在波德福德尼科夫海盆和马卡洛夫海盆先减薄至1.5 km，最后减至几百米。

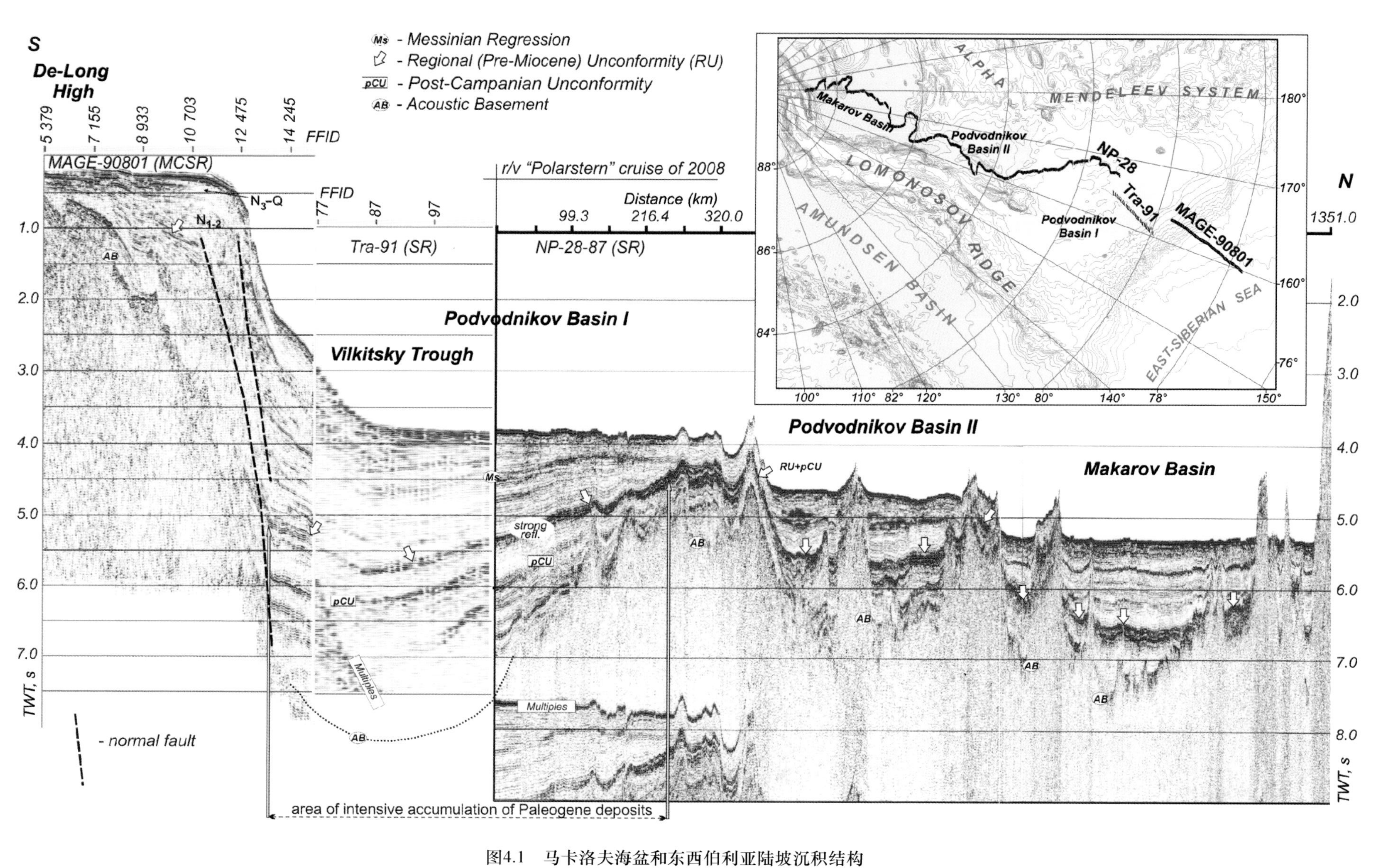

图4.1 马卡洛夫海盆和东西伯利亚陆坡沉积结构

（MCSR测线MAGE-90801剖面，SR测线Tra-91和SR测线NP-28-87剖面）

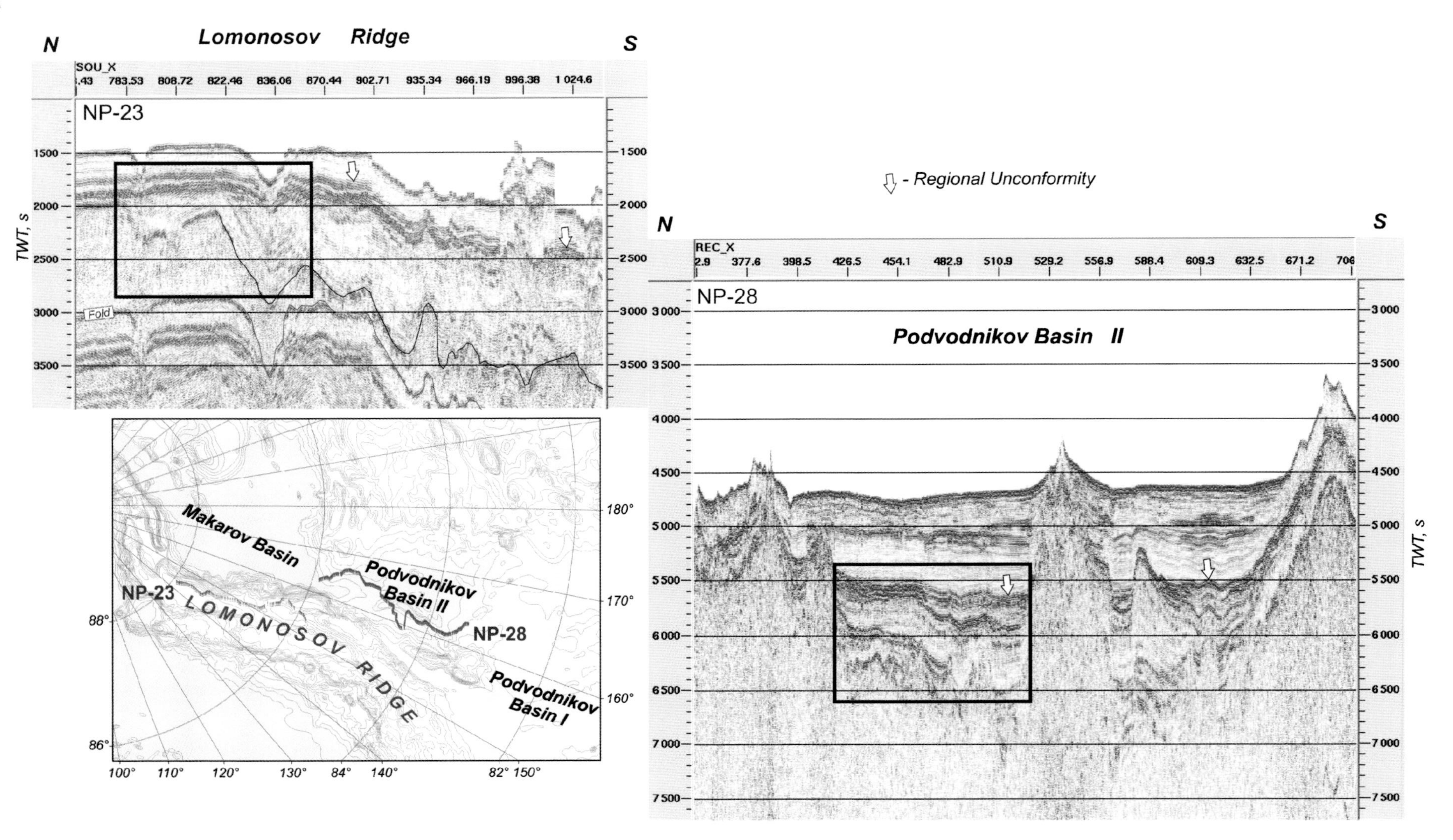

图4.2 罗蒙诺索夫海岭和马卡洛夫海盆 II 的区域不整合面相似性

该层的性质至今仍不确定，可能是北冰洋中央海隆区加里东期和早泥盆纪褶皱单元构成，也可能是其他上覆磨拉石或地台盖层，甚至可能是古地台地层。

波德福德尼科夫海盆和马卡洛夫海盆磁场模式的差异可能与沉积盖层中岩浆侵入形成的圈闭构造有关。

4.2 地壳速度模型

在准备这本专著的过程中，TransArctic 1989—1991 地质断面总长达 1 490 km 的广角折射/反射数据有所更新（更新后增至 620 个测深点），进行了汇总、处理和解释。

TransArctic 1989—1991 地质断面是高纬度北极地区首次广角折射/反射调查，数据采集较为稀疏。因此，通过地震反射和以此为基础进行的数字模拟方法，对地壳沉积盖层的控制较差（见 4.1 节沉积盖层），只有能穿透结晶基底的高速波可以较为准确地解译。

图 4.3 至图 4.5 是广角折射/反射数据的动力学解释，为从不同炮点出发的地震射线路径设计一个模型，将各自的地震记录与反射和折射波的计算时距曲线相叠加。

对广角折射/反射和折射波场的描述中，对所有地学断面采用同一系统来定义不同的波：

P_{SED}——区域不整合面下地层折射波；

P_{MS}——变质碎屑岩层折射波；

P_g——上地壳折射波；

P_L——下地壳折射波；

P_n——上地幔折射波；

$P_{MS}P$——变质碎屑岩表层反射波；

P_BP——上地壳面反射波；

P_LP——下地壳面反射波；

P_mP——莫霍面反射波；

P_{ml}——地幔内折射波；

$P_{ml}P$——地幔内反射波。

TransArctic 1989—1991 地质断面的地震记录展示了 P_g、P_L、P_n、P_LP、P_mP 以及 $P_{ml}P$ 片段的解释；P_g 较易识别、偏移距达 50~100 km，而地震记录仪所记录的 P_LP 和 P_L 反射和折射波偏移距不超过 50 km。

除了上述波外，剖面显示初至波相对速度异常大（约为 8.5 km/s），表明其为地幔内折射波 P_{ml}。一般来说，这些波偏移距都较小，不超过 30 km（图 4.5）。

图 4.6 为 TransArctic 1989—1991 地质断面地壳速度模型。

该模型表明：

（1）3 个沉积层分别以区域不整合面（RU）和晚白垩世（pCU）为边界；

（2）变质碎屑岩层，地震波速 5.0~5.4 km/s，厚度变化从几百米（海盆中部）到大陆坡下层的 2 km 不等；

（3）上地壳：地震波速 6.0~6.4 km/s；德隆高地上地壳厚度 7~15 km；在波德福德尼科夫Ⅰ海盆逐渐减薄至 3.5 km 及波德福德尼科夫Ⅱ海盆和马卡洛夫海盆 1~2 km，在海盆之间的陡坡及罗蒙诺索夫海岭附近则增厚至 4~7 km；

（4）下地壳：地震波 P_L 波速 6.6~6.9 km/s；下地壳厚度最大值为德隆高地 25~35 km，在波德福德尼科夫Ⅰ海盆减薄至约 9 km，波德福德尼科夫Ⅱ海盆又增厚至约 17 km，马卡洛夫海盆减薄至约 7 km；

（5）上地幔：参考 P_n 和 P_mP 时距曲线（图 4.4 和图 4.5）；上地幔地震波速从德隆高地的 7.8 km/s，至马卡洛夫海盆 km/s；莫霍面深度从德隆高地的 44 km 减小至波德福德尼科夫Ⅰ海盆 20~21 km，波德福

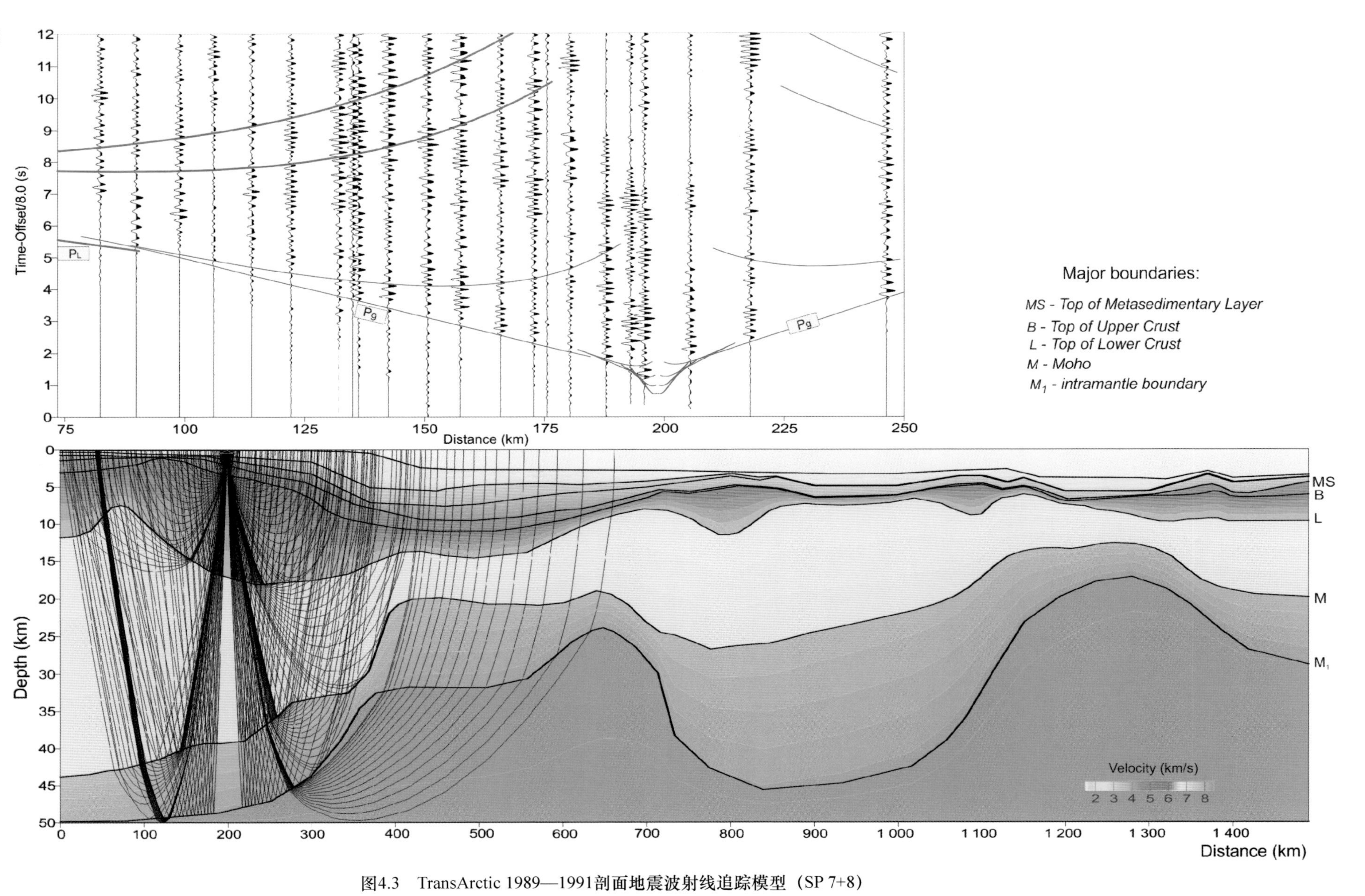

图4.3 TransArctic 1989—1991剖面地震波射线追踪模型（SP 7+8）

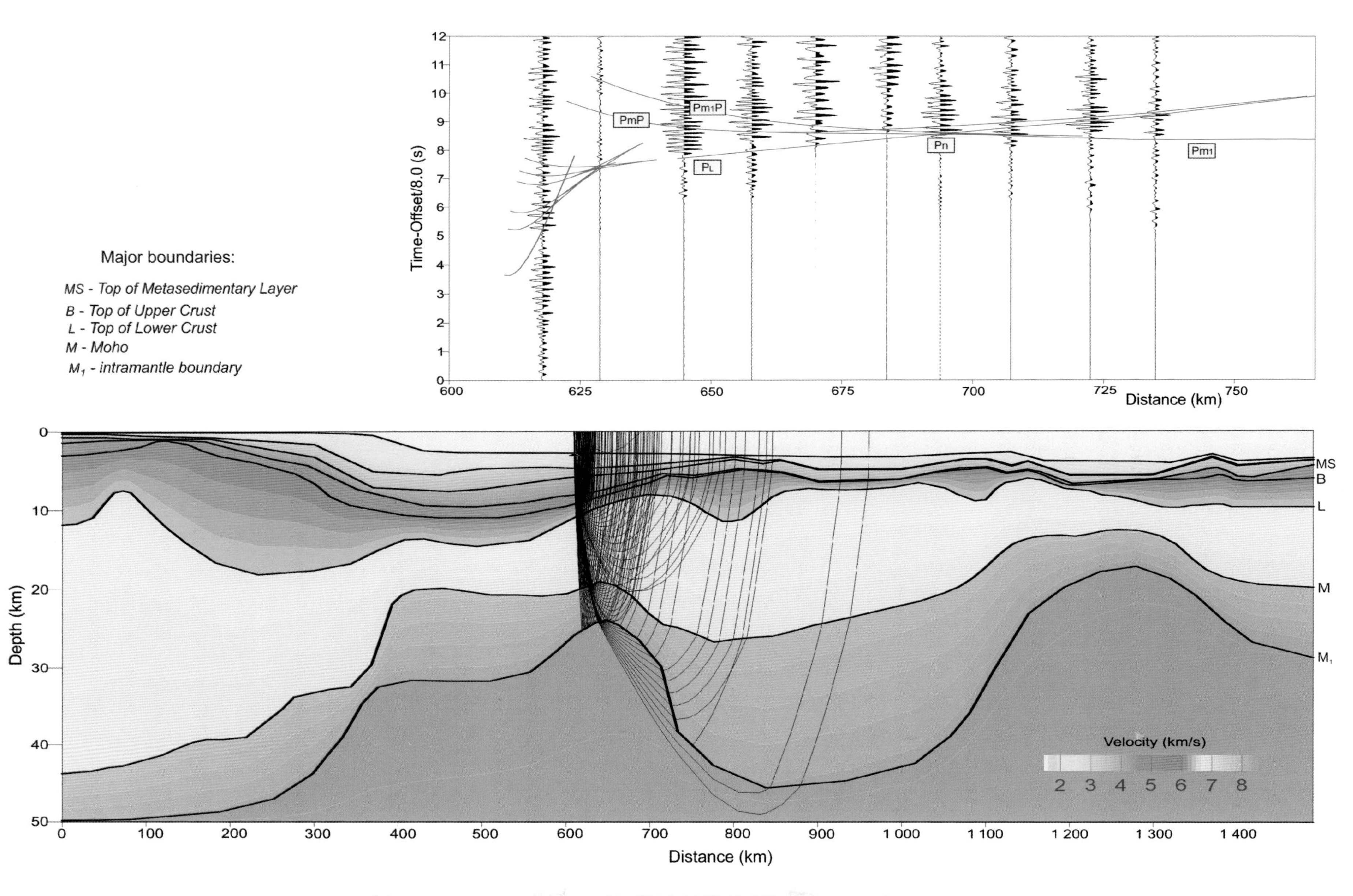

图4.4 TransArctic 1989—1991剖面地震波射线追踪模型（SP 31+32）

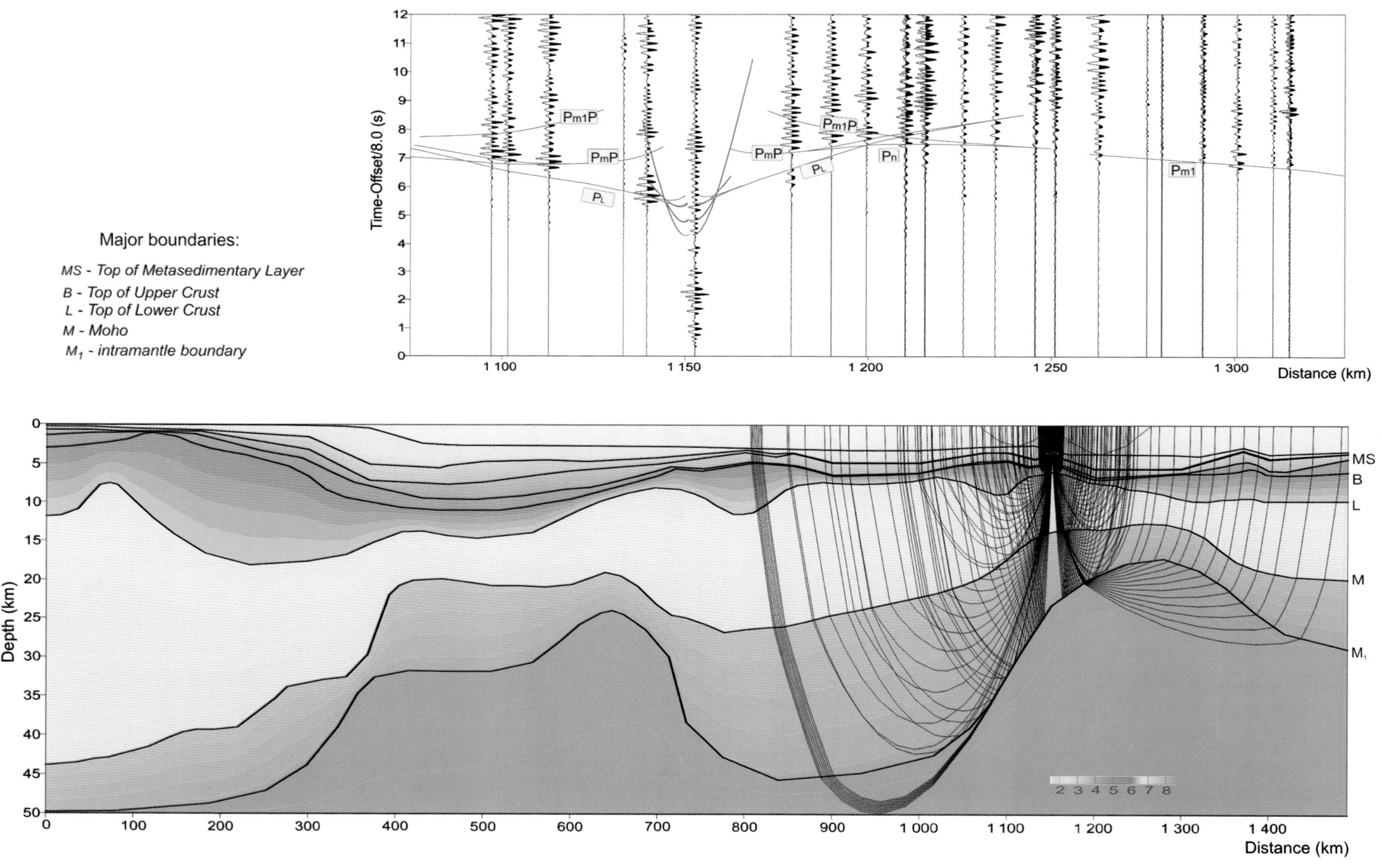

图4.5　TransArctic 1989—1991剖面地震波射线追踪模型（SP 49+52）

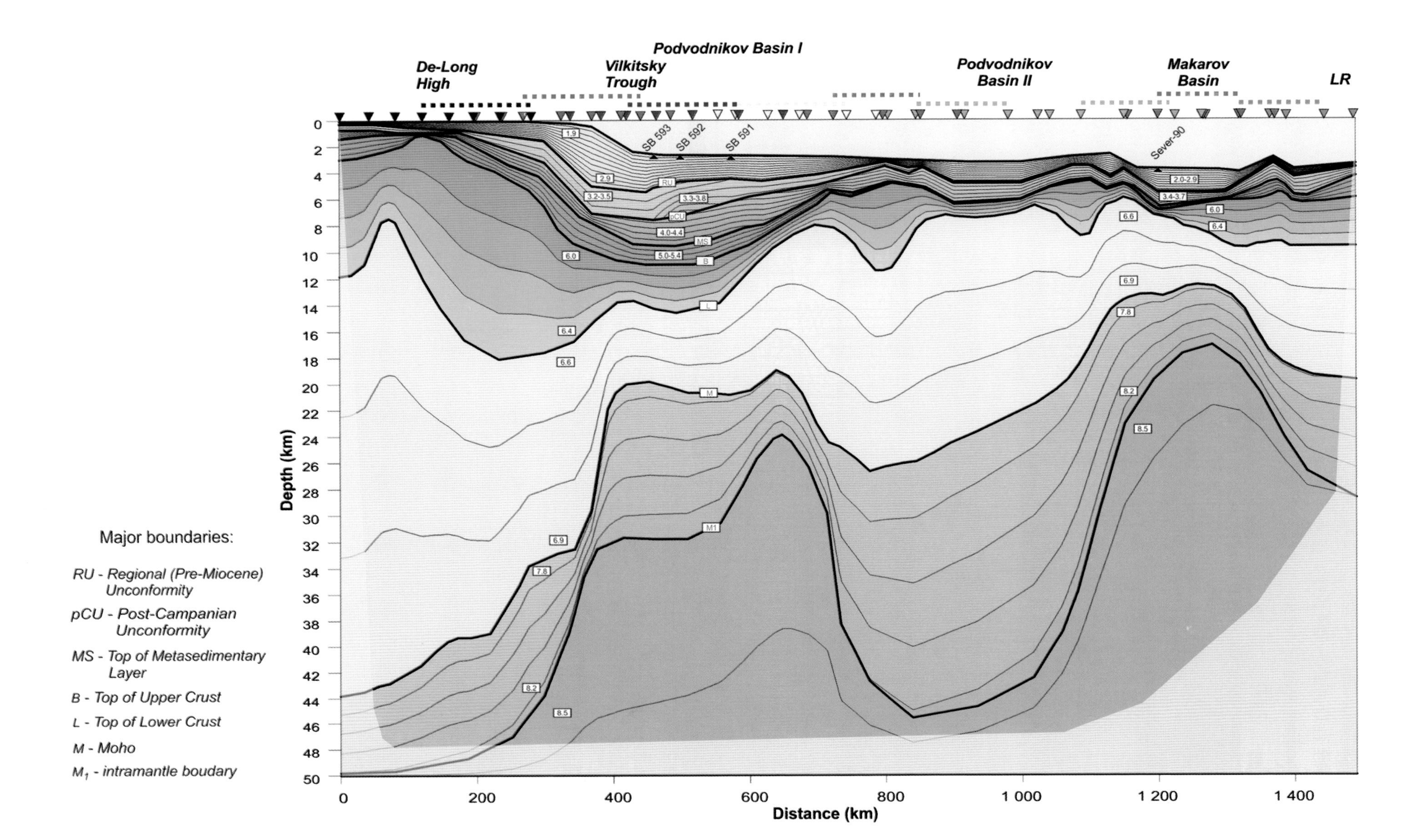

图4.6　TransArctic 1989—1991剖面地震波速度模型

德尼科夫 Ⅱ盆 23~24 km，马卡洛夫海盆 13~14 km；地幔内边界根据 P_{ml} 波确定；折射波速度为 8.5~8.6 km/s，其深度在波德福德尼科夫Ⅰ海盆下为 25~30 km，马卡洛夫海盆下为约 18 km。

波德福德尼科夫Ⅱ海盆的结晶地壳（19~21 km）比波德福德尼科夫Ⅰ海盆（约 13 km）和马卡洛夫海盆（7~8 km）明显厚很多。同时，虽然在厚度方面其与罗蒙诺索夫海岭相当，但在构造上（上地壳与下地壳厚度比）与门捷列夫海岭相似。

4.3 本章结论

俄罗斯开展 TransArctic 1989—1991 地质断面地震调查和北极科学浮冰站调查取得的数据资料，有助于更好地了解沿马卡洛夫海盆走向多变的地质构造以及该海盆某些单元与周边高地之间构造和成因联系。

（1）波德福德尼科夫—马卡洛夫海盆在地壳和沉积盖层结构上可大致分为 3 个部分：①毗邻东西伯利亚海陆架的波德福德尼科夫Ⅰ海盆；②北部的波德福德尼科夫Ⅱ海盆；③马卡洛夫海盆。该区域结晶地壳的平均厚度从德隆高地 39 km 至波德福德尼科夫Ⅰ海盆 10.5 km，在波德福德尼科夫Ⅱ海盆增至 16 km，马卡洛夫海盆减薄至 7.5 km，至罗蒙诺索夫海岭增至 14 km。从结构和层序方面来看，波德福德尼科夫Ⅰ海盆和波德福德尼科夫Ⅱ海盆的地壳为陆壳型。马卡洛夫海盆的数据资料还不充分，难以确定其地壳性质。

（2）TransArctic1989—1991 地学断面采集到的地质和地球物理数据资料表明，波德福德尼科夫—马卡洛夫海盆的形成可能与侏罗纪或者早白垩世板内断层发育和地壳拉伸导致的断裂有关。这一过程很可能是频繁火山活动的主因。罗蒙诺索夫海岭深海钻探 ACEX IODP302 航次 M0002-M0004 孔（Backman et al.，2006）下部发现晚白垩世滨海沉积和海相沉积，意味着其形成于浅水沉积环境。在坎帕阶至晚古新世出现 24 Ma 的沉积间断表明水深变浅和沉积物遭到侵蚀。

（3）有关北冰洋中央海隆的形成，早先从其现代地貌分析认为是一次小行星撞击引起的地球动力学重新组合，造成地块（包括波德福德尼科夫海盆和马卡洛夫海盆阶地）内部不同程度的下沉。这次发生在高纬度北极地区的事件造成中渐新世至前中新世约 27 Ma 的沉积间断（Backman et al.，2006）。

第 5 章　罗蒙诺索夫海岭及邻近大陆架接合部的地壳结构

5.1　TransArctic-1992

5.1.1　沉积盖层

由于沿 TransArctic-1992 地质断面所获得的反射数据不够充分，因此沉积盖层的结构讨论使用了 TransArctic-1992 浮冰基站以及 NP-21、NP-24 和 NP-28 北极冰站漂移轨迹获得的反射数据作间接判断。在下面地壳速度模型中将使用深地震测深数据简要概述沿 TransArctic-1992 地学断面沉积盖层。

5.1.2　地壳速度模型

TransArctic-1992 地质断面横跨罗蒙诺索夫海岭，约沿 84°N，穿越邻近的阿蒙森海盆和马卡洛夫海盆。

在准备这本专著的过程中，长约 280 km 的 TransArctic-1992（升级后增至 280 个测点）的广角折射/反射数据资料得到进一步处理（汇总、处理和解释）。

图 5.1、图 5.2 展示了广角折射/反射数据动力学解释，不同炮点出发的地震射线路径模型、最终模型片段形成的合成波场、各自的叠加计算反射和折射波时距曲线的地震记录和未进行波场解译的地震图。

地震资料的解释显示 P_{MS}、P_g、P_L、P_n、P_m、$P_{MS}P$ 波、P_mP 波以及 P_BP 和 P_{ml}波片段。2 相波的到达经常发生。上地壳和下地壳顶部的折射偏移距分别为 20~25 km 和 10~15 km。地幔边界的折射波可从炮点追溯至 60 km。大约同时可开始追踪来自地幔边界的反射波。

广角折射/反射波场的特点之一是罗蒙诺索夫海岭陆坡的 P_n 波值异常高（图 5.1）。

这种现象可在合成波场模型中得到解释。P_n 波异常高值在合成波震动图中得到很好的展示，其原因是上地幔折射波和莫霍面之下边界（地幔内边界）反射波之间发生干涉引起（图 5.3）。因此，罗蒙诺索夫海岭陆坡之下相邻海盆的模型中都需增加 M_1 边界的详细描述。

波场另外一个特点是初至波中没有 P_L 波（罗蒙诺索夫海岭内部），因此在该海岭波速参数只能通过 P_mP 波间接确定（图 5.2）。只有在相邻海盆测线两侧放炮时才可以观察到下地壳折射波的初至波。

图 5.4 是沿 TransArctic-1992 地学断面的最终地壳速度模型和地震射线覆盖图。

模型显示有以下几个特点。

（1）3 个沉积层序是由早中新世（RU）和晚白垩纪（pCU）区域不整合面分隔，地震波速分别为 1.6~2.6 km/s（上层）、3.6~3.9 km/s（中层）和 4.2~4.5 km/s（下层），三层沉积层序的总厚度从海岭约 1.5 km 变化至周边海盆 2~2.5 km。

（2）声波基底（MS）之下的变质沉积岩层序，波速 5.3~5.5 km/s。该层总厚度在海岭脊部达到最大值约 5 km，向阿蒙森海盆方向逐渐减薄。至马卡洛夫海盆减薄至 4~4.5 km，阿蒙森海盆减薄至约 1.5 km。

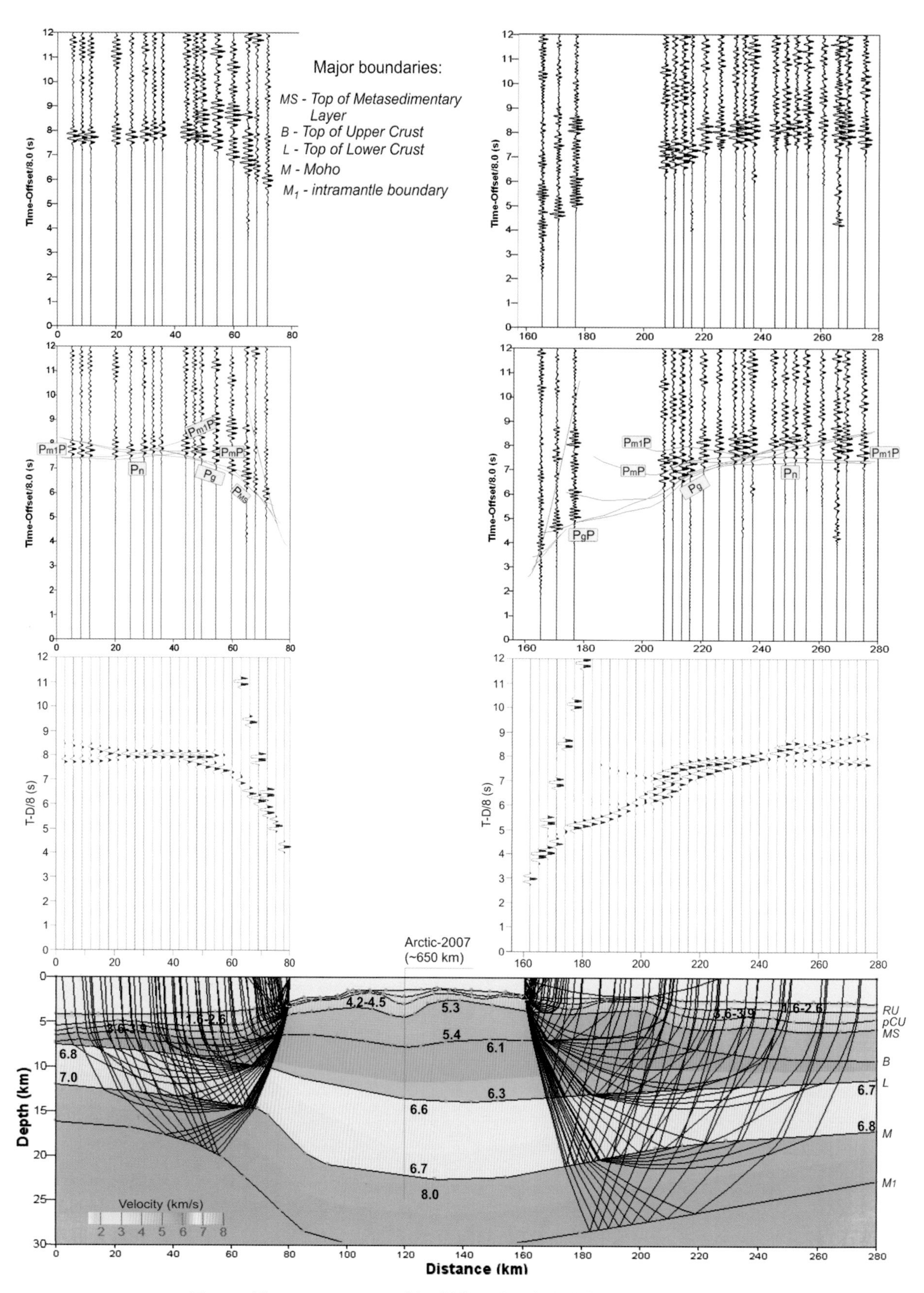

图 5.1　沿 TransArctic-1992 剖面射线跟踪和合成波模型（SP3、SP15）

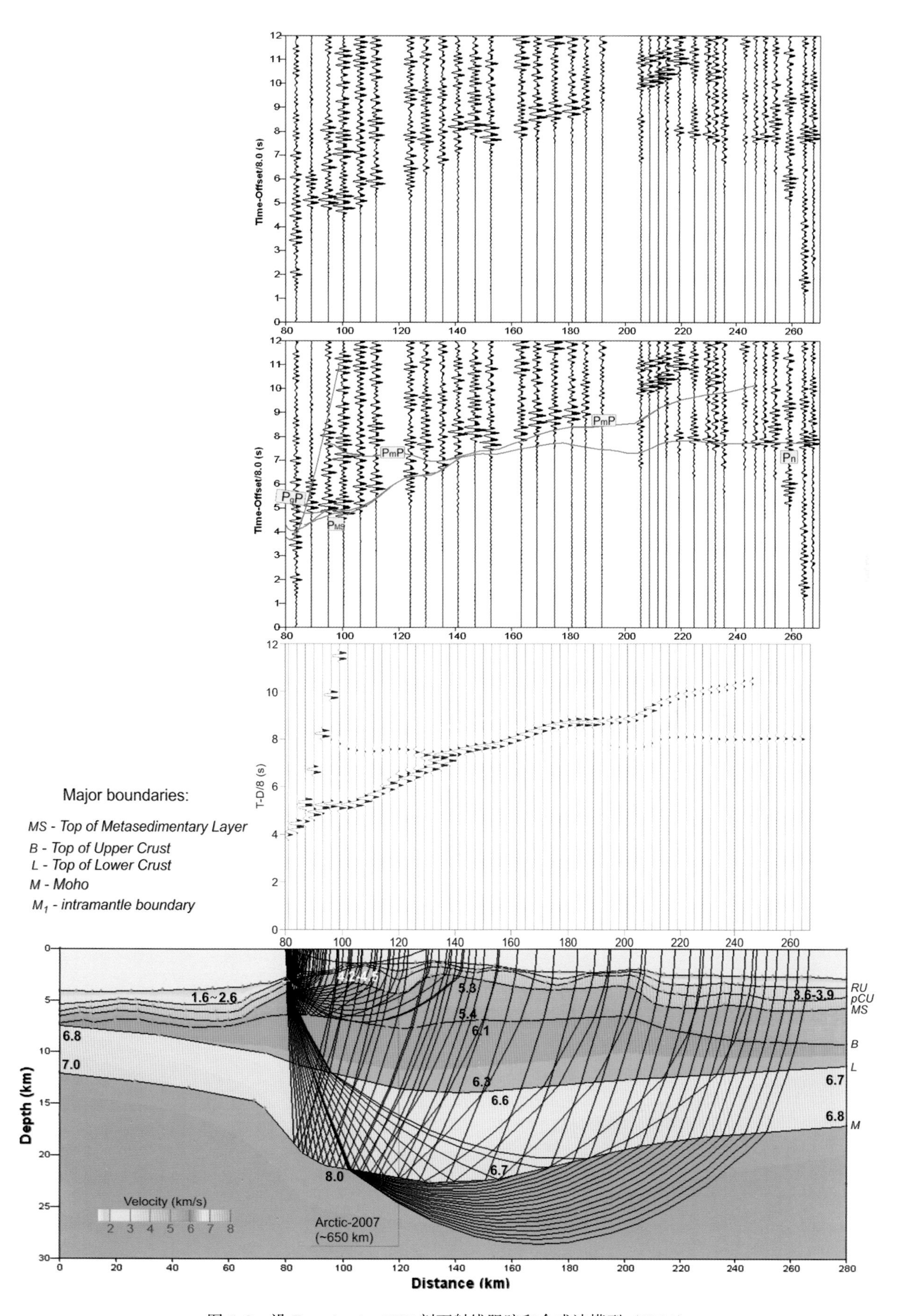

图 5.2　沿 TransArctic-1992 剖面射线跟踪和合成波模型（SP11）

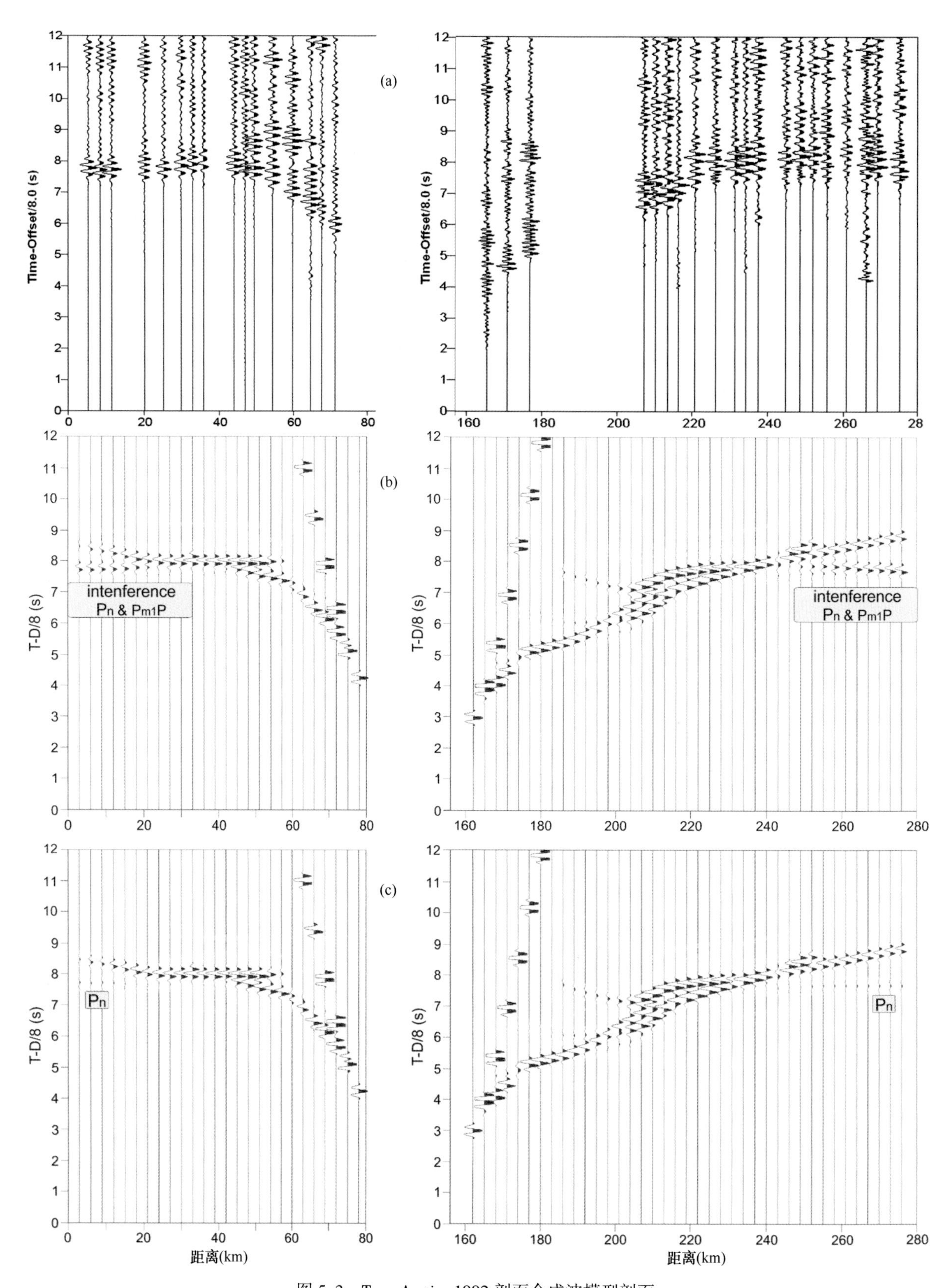

图 5.3　TransArctic-1992 剖面合成波模型剖面

a—SP3 和 SP15 真实记录；b—加入 $P_{ml}P$ 波的模拟合成波记录；c—没有加入 $P_{ml}P$ 波的模拟合成波记录

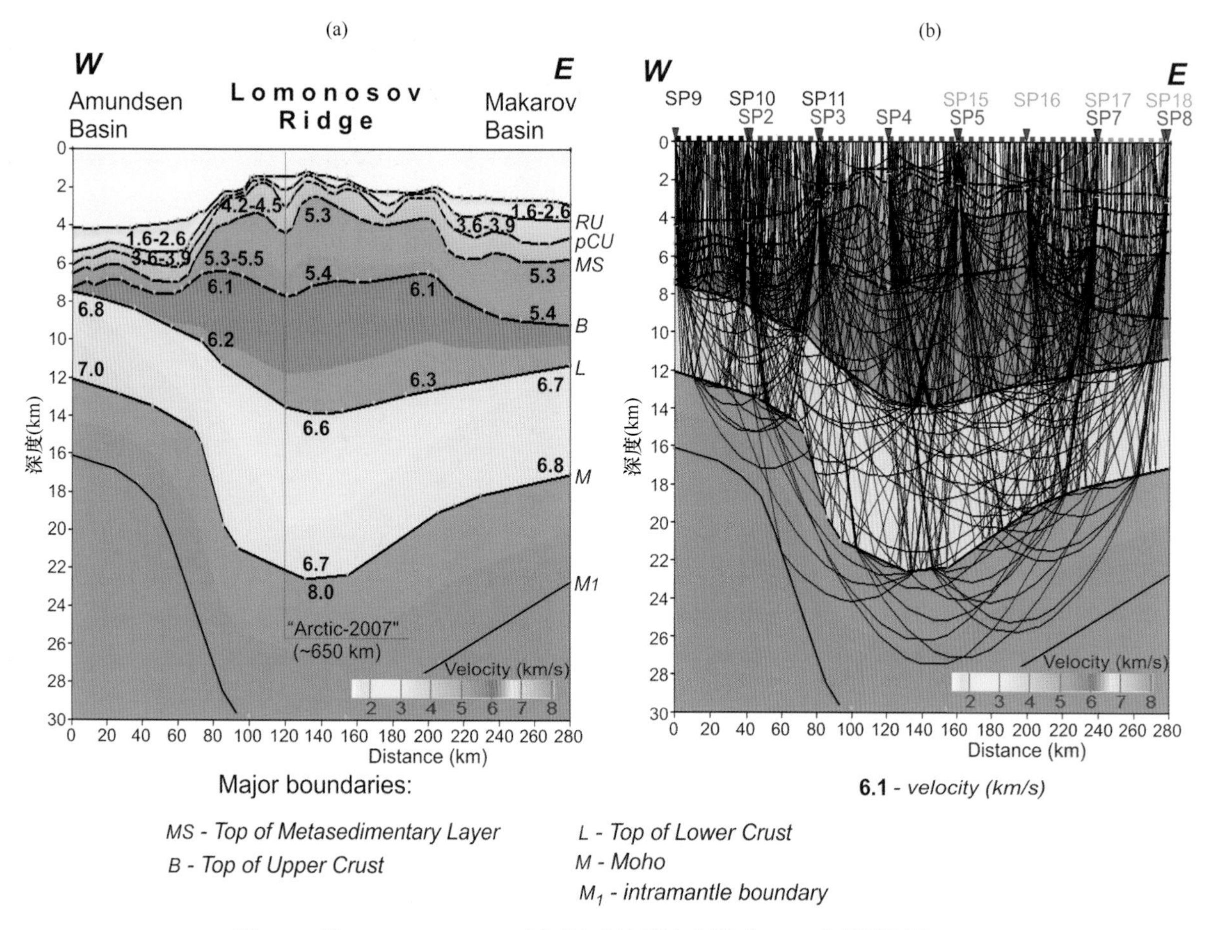

图 5.4　沿 TransArctic-1992 剖面地壳地震波速模型（a）和射线覆盖（b）

（3）上地壳地震波速一般在 6.1~6.3 km/s。海岭处的上地壳厚 6~7 km，马卡洛夫海盆减薄至 2~2.5 km，阿蒙森海盆几乎全部尖灭（测量方法的分辨率之内）。

（4）下地壳：罗蒙诺索夫海岭的地震波速通过 P_mP 波间接得到（图 5.2），不超过 6.7 km/s。周边海盆下地壳地震波速则通过折射波获得，马卡洛夫海盆为 6.7~6.8 km/s，阿蒙森海盆为 6.8~7.0 km/s。在海岭脊部下地壳厚度约 8 km，随后减薄至马卡洛夫海盆约 6 km 和阿蒙森海盆约 4 km。

（5）上地幔：海岭的上地幔有关信息来源于 P_mP 时距曲线（图 5.2），因此，海岭上地幔地震波速仅能间接得到。相比较而言，周边海盆的上地幔地震波速相当可靠（图 5.1），为 8.0 km/s。莫霍面深度在海岭脊部位约 22 km，在马卡洛夫海盆约 17 km，阿蒙森海盆约 12 km。在合成的 $P_{ml}P$ 波模型中，罗蒙诺索夫海岭下部以 8.2 km/s 波速为辨识标志的地幔内部边界从马卡洛夫海盆约 23 km 和阿蒙森海盆约 15 km 陡峭倾斜。

5.2　Arctic-2007

5.2.1　通过地质取样获得的沉积盖层断面特征

5.2.1.1　取样点的地貌特征

地质取样点位于罗蒙诺索夫海岭南部，邻近拉普帖夫海陆架和东西伯利亚陆架，大部分位于海岭顶部（AJIP07-06B、AJIP07-07C、AJIP07-08C、AJIP07-17C、AJIP07-22C、AJIP07-25C、AJIP07-26C 和 AJIP07-28C）或者沿其上陆坡（AJIP07-11C、AJIP07-18C 和 AJIP07-20C）。在大陆坡脚处，极有可能发生重力流，因此仅有 AJIP07-14C、AJIP07-15C 和 AJIP07-16B 3 个站位完成取样（图 5.5）。

罗蒙诺索夫海岭两侧陆坡的高度和倾角各有不同，与面朝波德福德尼科夫海盆的东部陆坡（最高 1 500 m）相比，面朝阿蒙森海盆的西部陆坡更高（最高达 3 000 m）。在研究区域内，海岭顶部的水深范围在 800~1 500 m，一般很少会超过 1 500 m。罗蒙诺索夫海岭的顶部总体来说是平坦的，但是，也常出现高几百米的延伸高地。海岭和陆架连接带呈一个平坦的鞍部，水深 1 800 m（图 5.6）。

鞍部连接带的沉积物从周边陆架近底部海床搬运补充，从海图中可见这种沉积物输送，其北部边界一直延伸到罗蒙诺索夫海岭顶部。一旦海岭与陆架之间鞍部连接带呈开放状态，部分沉积物就可能从那里运送到陆坡。沉积物搬运营力主要是下降流和侧向流，前者与多种重力过程有关，后者则由沿陆坡等深线的等深流引起。在西侧鞍部连接带，发现一近子午线延伸地带。取样点 AJIP07-26C 位于海岭顶部附近。取样点的地貌多样性源于不同的岩石动力学背景。

5.2.1.2 *矿物组成和微体古生物特征*

罗蒙诺索夫海岭南部与东西伯利亚海陆架连接处，底部沉积物的矿物组成可通过核动力破冰船 Rossiya 号科考获得的地质取样样品进行研究，主要目标是收集并分析罗蒙诺索夫海岭的地质和构造特征。岩芯取样采集到的柱状样品中底部粗粒碎屑岩石具有特殊的意义。正如前面提及的（Kaban’kov et al.，2005），北冰洋中央海隆区出现的粗粒碎屑岩部分大部分都来源于当地基岩侵蚀。

科考过程中地质取样点的选取基于该区域前期调查绘制的水深图（图 5.5）。取样点一般寻找最薄的松散沉积，安排在断崖陡坡和基岩露头附近的不同地形海底。此外，也同时考虑研究区浮冰条件以及航行中整合多种科学调查的可能性。为了选择更合适的底部采样点，还会使用地震声学和视像观察手段。

研究讨论区域的底部沉积物为单一组成，属于第四纪松散沉积，通过探测深度超过 60 m 的浅地震声学剖面显示具有均一的波形特征（图 5.7）。整个地震声学断面是一个均一的声学层，覆盖在呈不规则的下伏沉积之上。地震层序表明，该段下方内部反射振幅逐渐衰减，不存在显著的内部不整合面。沉积层序的此类内部特征证明其沉积处于一个相对安静的构造时期。在地震声学断面中部观察到的小型透声透镜体也许是个例外，我们将它解释为滑坡堆积。

核动力破冰船 Rossiya 号科考期间共完成地质取样 35 站：21 站使用重力活塞取样器，16 站使用箱式取样器，另外 2 处为拖网站。对底质采样数据作进一步处理以了解该断面总体岩性特征（图 5.8 至图 5.10）。

目前，还没有以深海/浮游有孔虫为标志物的适用于整个北冰洋的标准地层表。北冰洋海底高地（罗蒙诺索夫海岭、阿尔法—门捷列夫海岭、北温得和莫里思—杰苏皮高地）最常见的生物地层事件是柱样下部钙质有孔虫的消失和胶结壳生物物种的增加。受制于取样地点，胶结壳生物从 2~6 m（海底下）区域开始占优势（Jakobsson et al.，2001；Cronin et al.，2008，etc.），此次事件的年代发生于 MIS 7 和 MIS 9 期之间（Cronin et al.，2008）。从 MIS 9 到 MIS 1 期间，北冰洋中部高地和海岭上有孔虫的分布大致如下：钙质底栖（有时包含浮游）有孔虫出现在间冰期为特征；冰川沉积物缺失或含有少数胶结壳生物。

观察到从胶结壳生物向钙质生物转变的对应历史年谱，可能归因于 20 万至 30 万年前发生的海洋变迁，或者间冰期钙质有孔虫生活条件的改善和/或钙质生物的悬浮溶解。上述转变发生于中布容事件（mid-Brunhes event）的后期（Cronin et al.，2008），对应于 60 万至 20 万年前全球碳循环变化引起的全球海洋碳酸盐溶解期（Barker et al.，2006）。

钙质动物群分布广泛，而且在目前处于间冰期的常年冰层下的沉积物中保存完好（Wollenburg，Kuhnt，2000）。因此，MIS 7~MIS 9 期间聚集类生物向钙质生物转变可能意味着，在松山（Matuyama）和早布容（early Brunhes）期间，尤其在间冰期，北冰洋处于无冰季节条件，多种聚集类生物广泛分布。能够解释钙质/砂质有孔虫分布的另一个假说是，孔隙水生物化学作用导致沉积后溶解。根据 ACEX（IODP

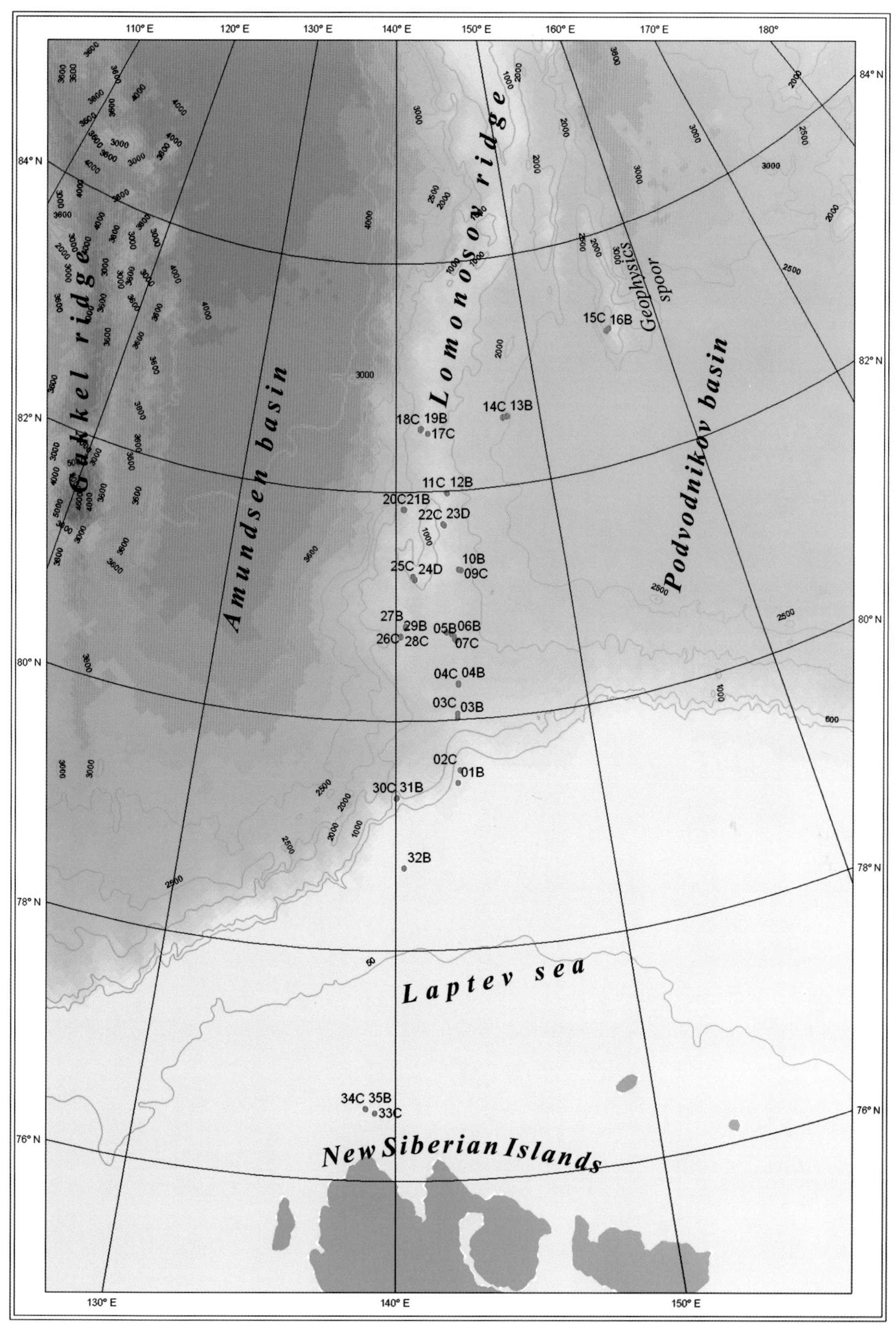

图 5.5 "Russia" 2007 航次（AJIP07）取样点

B—箱式取样器；C—活塞取样管；D—拖网

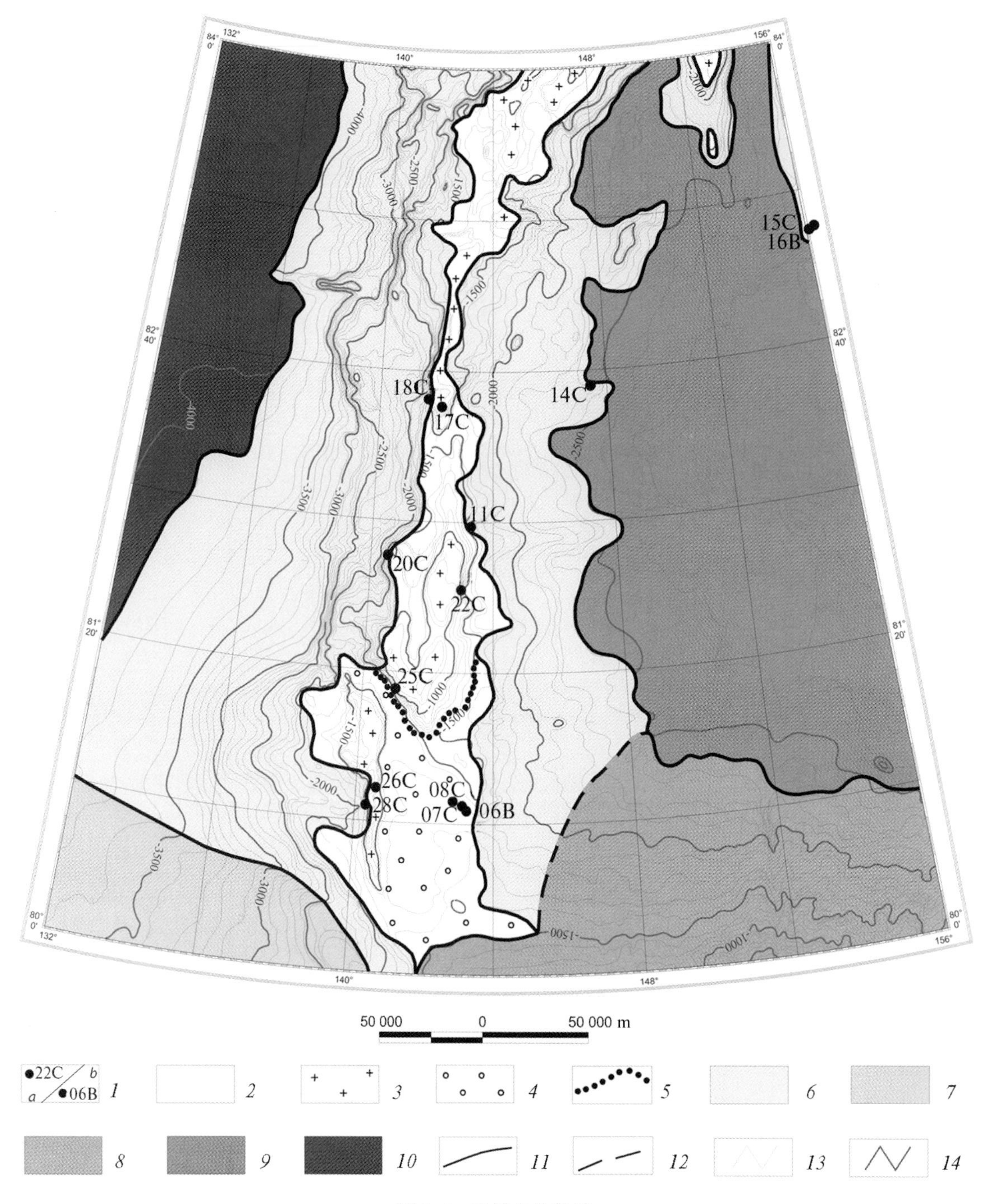

图 5.6　取样点的地貌

符号：1—取样点编号和取样类型（a—活塞取样管，b—箱式取样器）；2—罗蒙诺索夫海岭顶部；3—罗蒙诺索夫海岭顶部当地高度；4—罗蒙诺索夫海岭和东西伯利亚大陆边缘之间鞍部连接带；5—陆架沉积物输送的预测北部边界；6—罗蒙诺索夫海岭陆坡；7~9—波德福德尼科夫海盆底部；10—阿蒙森海盆底部，地貌边界；11—距离；12—假定的；13—100 m 等深线；14—每 500 m 等深线

302）钻孔的数据资料，在 4 m 处出现碱度峰值（2.7~3 mM），后在 15 m 处下降到 2.5 mM 以下（Backman et al.，2006）。要解决这个难题还需要作进一步调查研究。

上述岩芯中微古生物研究结果表明，浮游和钙质有孔虫的含量都很低，主要以胶结壳生物为代表。

值得注意的是，前面提到的有孔虫分布资料还不足以建立一个可靠的年代模型。聚集类有孔虫的大量出现可能仅出现在 MIS 7~MIS 9 期间。

北冰洋底质沉积物重矿物碎屑分析，是重建陆缘物质源区（Belov，Lapina，1961；Kosheleva，Yashin，

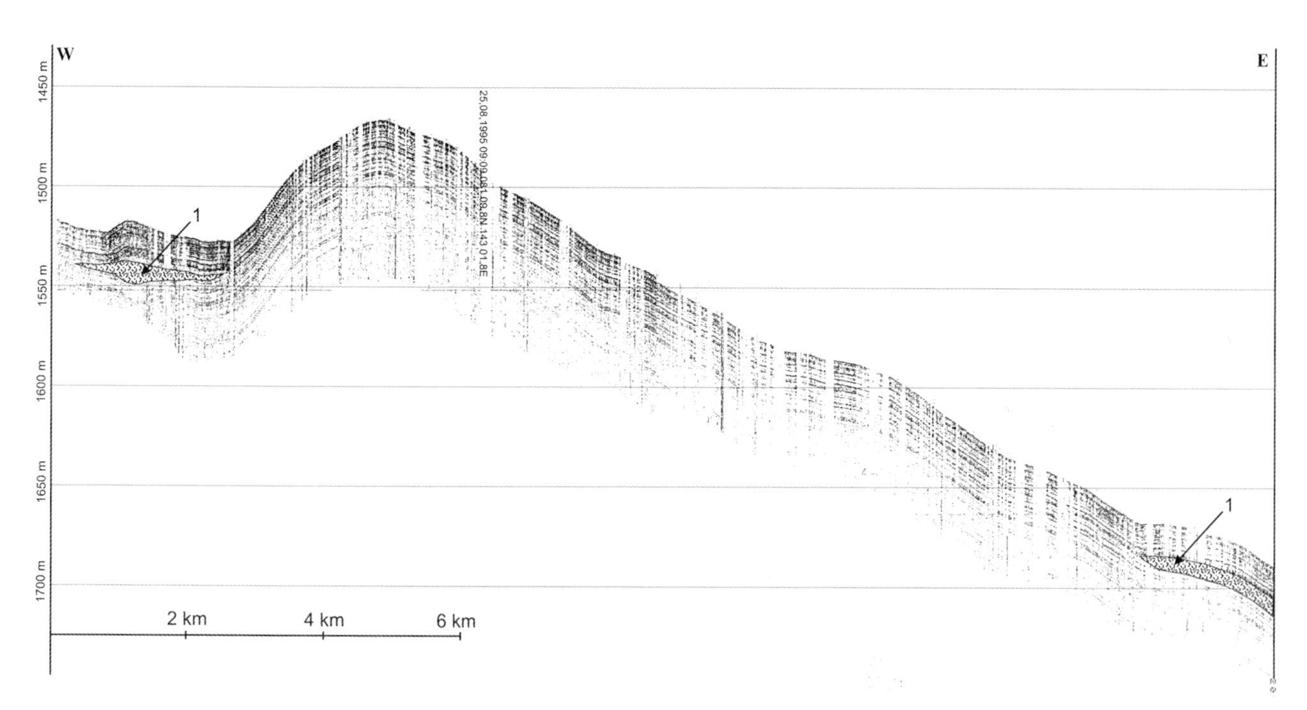

图 5.7 罗蒙诺索夫海岭东侧高分辨率地震（HRS）剖面，近期沉积呈广泛分布平板状，若干碎屑流在断面中部出现

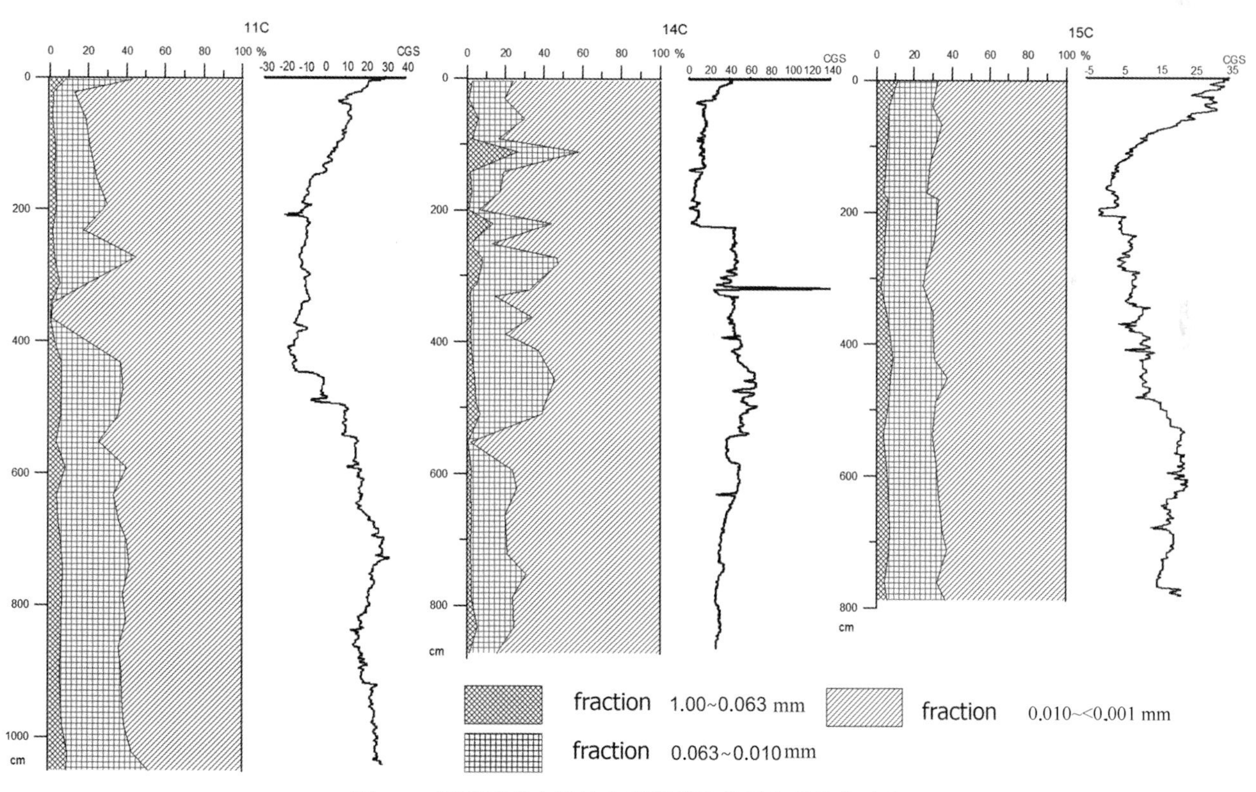

图 5.8 罗蒙诺索夫海岭东部沉积物粒径和磁化率对比
（AJIP07-11C，AJIP07-14C，AJIP07-15C）

1999；Behrends et al.，1999，etc.）和研究地质历史时期浮冰漂移轨迹（Bischof，Darby，1997；Darby，2008；Krylov et al.，2008）的传统方法。重矿物的关联也用于古气候的重建（Lapina，1993；Krylov et al.，2008，etc.）。

基性矿物含量超过 10%的有角闪石、绿帘石-黝帘石、黑色矿物和石榴石。在特定的样品汇总，辉石、锆石、金红石和不含钛的矿物含量可超过10%，除此之外一般不会超过这一数值。

众所周知，角闪石主要通过东西伯利亚海和东拉普帖夫海供给到中北冰洋（Belov，Lpina，1961；Behrends et al.，1999；Schoster et al.，2000）。斜辉石主要来源3个地区：喀拉海至西拉普帖夫海、楚科奇海、伊丽莎白女王群岛西部和加拿大北极群岛（Belov，Lapina，1961；Behrends et al.，1999；Bischof，Darby，1999，etc.）。其他矿物差不多在源区均匀散布，因此在北冰洋中部的沉积物中不具有指示意义。一旦上述矿物的含量接近东北冰洋陆架，也许可以得出一个结论，即这些地区是罗蒙诺索夫海岭南部陆缘物质的主要供给源区。因此，最具有信息价值的是角闪石和斜辉石矿物组合。

1）AJIP07-17C站

岩芯长980 cm，水深1 100 m（图5.5），位于调查测线的北部、罗蒙诺索夫海岭脊部一个局部高地上。褐色和橄榄色的泥质岩和粉砂泥岩交替出现（图5.9、图5.11）。柱样上部3 m为典型的锯齿状含沙碎屑曲线分布，斜辉石含量有规律地减少，至该段底部减少至最小值。相反，角闪石的含量降序排列逐渐增加。AJIP07-17C岩芯上部斜辉石的高含量（图5.8），是由于喀拉海-西拉普帖夫海或者楚科奇海的供给造成的。角闪石分布特征表明，拉普帖夫海所扮演的提供陆缘物质的角色在岩芯上部逐渐减弱。重矿物很可能是由浮冰运送到该地，因为洋流是不可能长距离搬运高比重的物质。在岩芯上层沉积物中几乎没有发现微化石，因此无法进行地层划分。然而橄榄色和褐色的相互交替，意味着寒冷和温暖时代的交替。丰富的含沙量是冰消期的标志，浮冰、冰山和冰川大部分融化。最初的冰河期可以从高含沙量的开始出现确定，因为冷盐水排放伴随细粒级沉积的消失。间冰期则以中等含沙量的泥质岩和粉砂泥岩为主要特征。

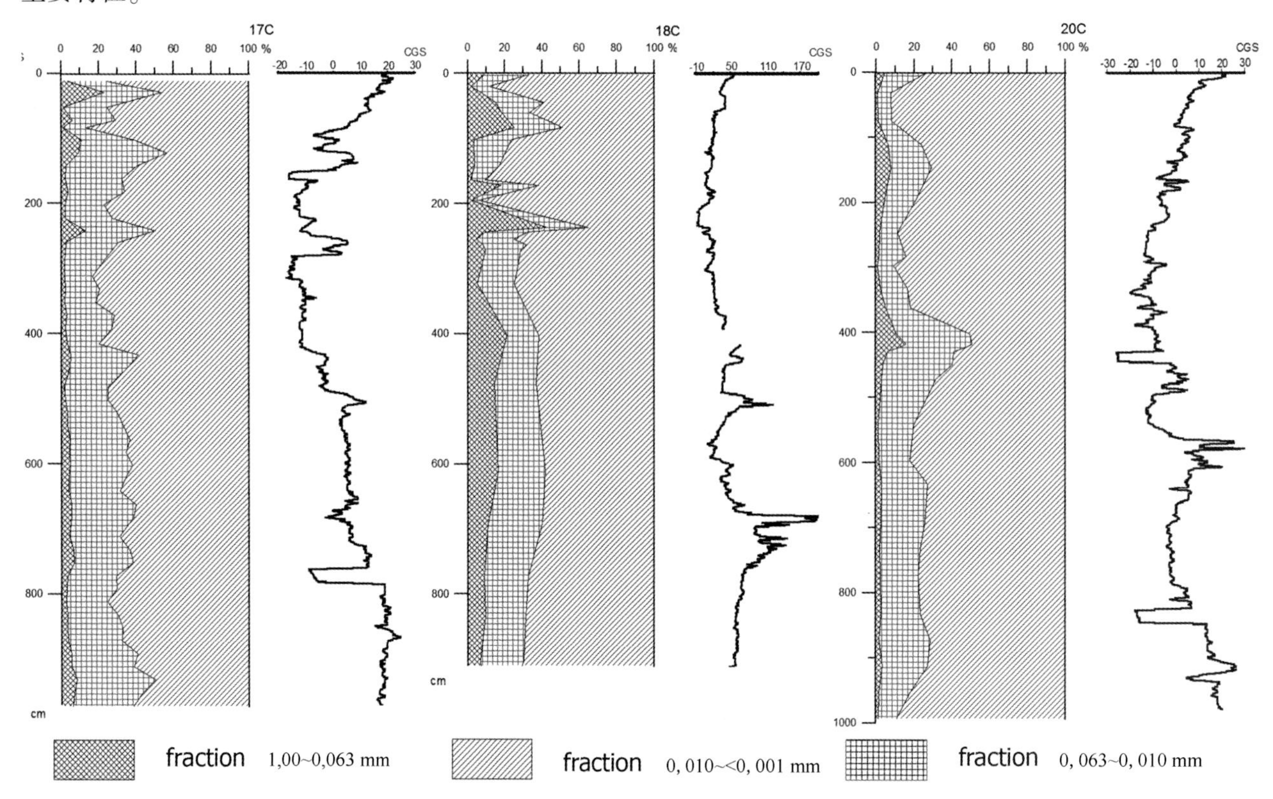

图5.9 罗蒙诺索夫海岭东部沉积物粒径和磁化率对比

（AJIP07-17C；AJIP07-18C；AJIP07-20C）

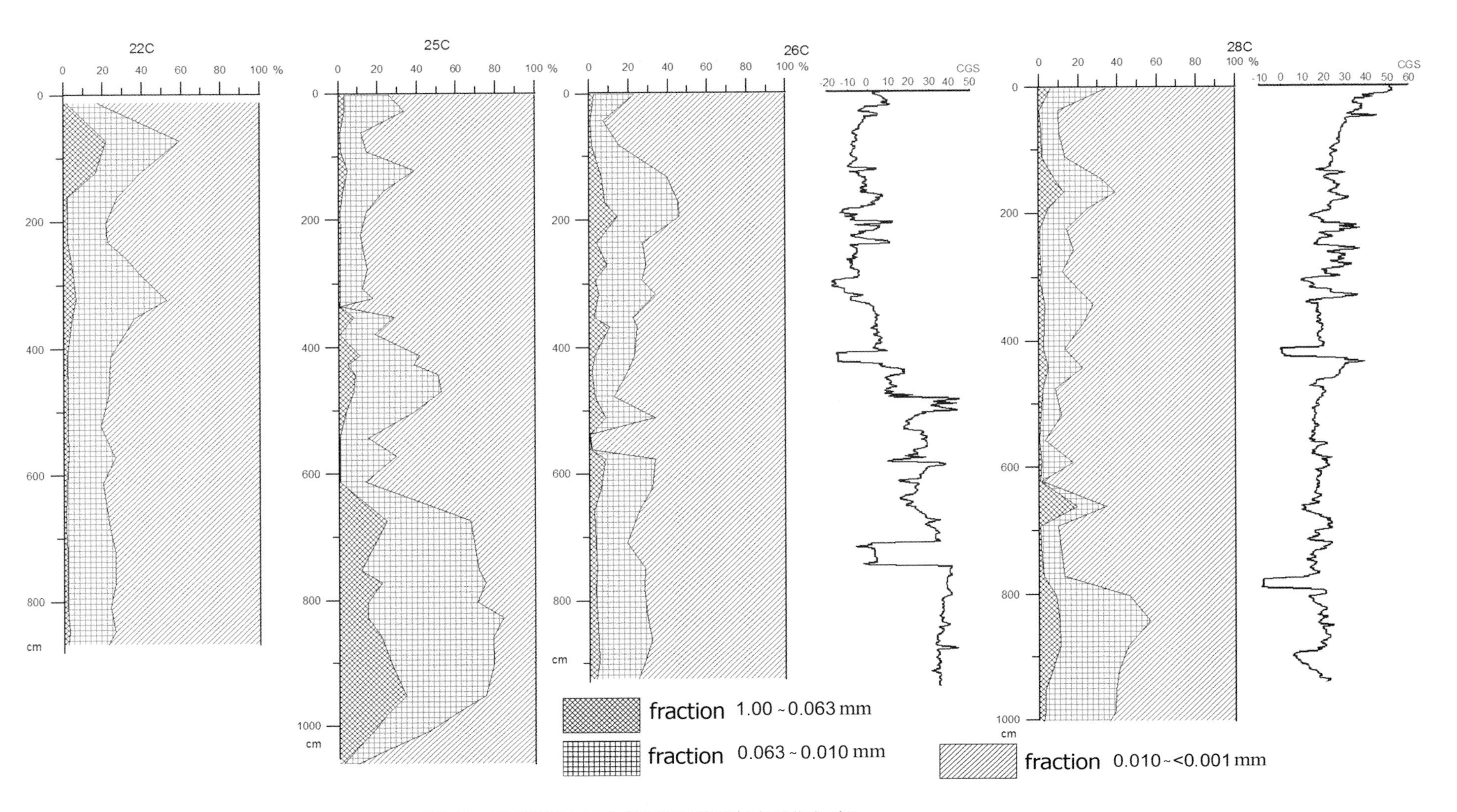

图5.10 罗蒙诺索夫海岭东部沉积物粒径和磁化率对比

（AJIP07-22C，AJIP07-25C，AJIP07-26C，AJIP07-28C）

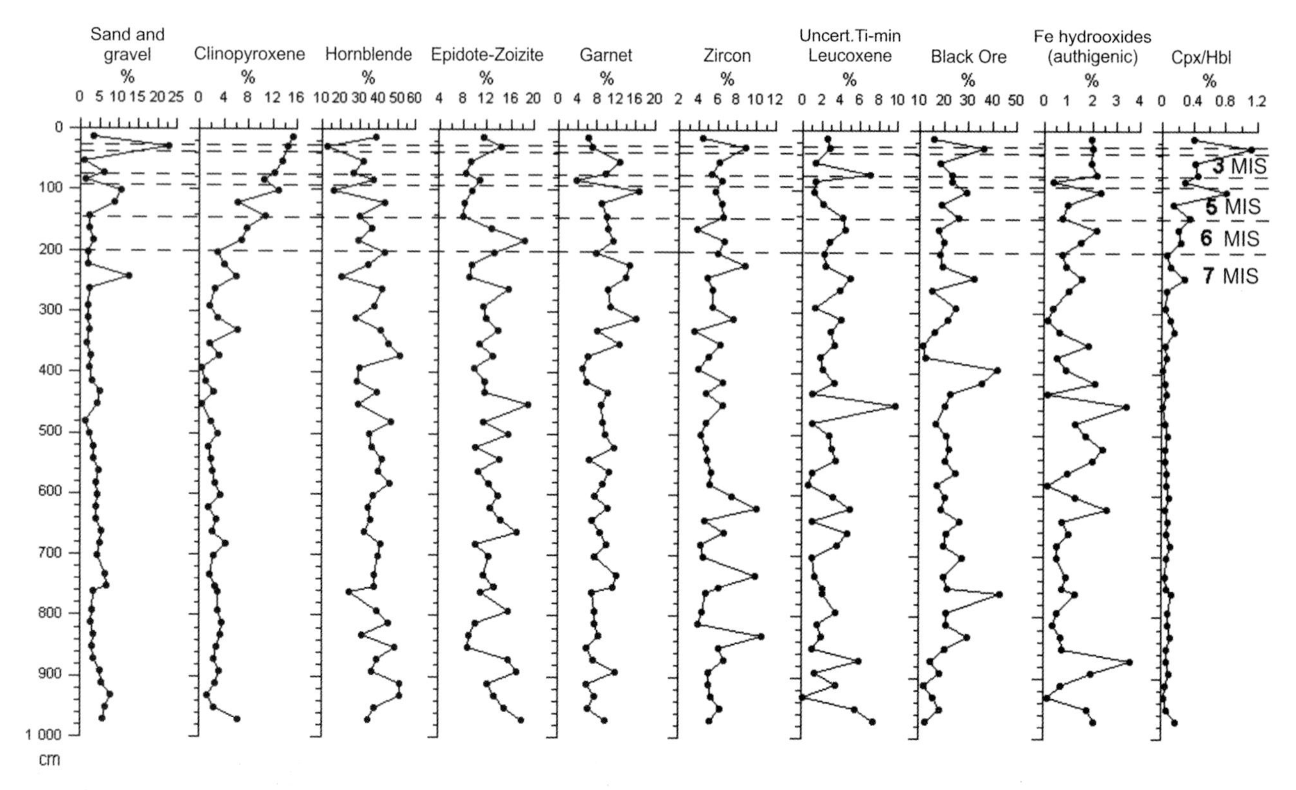

图 5.11 罗蒙诺索夫海岭 AJIP07-17C 岩芯重矿物含量曲线

以褐色粉砂质泥岩为代表的0~25 cm 段与 MIS 1 期非常吻合。下部的褐绿色的粉砂质泥岩可能对应于 MIS 2 期。在该层的上部出现一个含砂高值，是由于最近一次间冰期冰山/冰筏作用形成的。又或者，丰富的含沙量，是由于气候变暖，底层流运动将细颗粒物质搬运走而导致的。MIS 3 期与褐色粉砂泥岩（36~77 cm）相吻合，而 MIS 4 期对应多色粉砂泥岩（77~92 cm）；两者之间有一个小的含沙量高值可能形成于冰消期。褐绿色粉砂泥岩，间距 92~148 cm，积聚于温暖的 MIS 5 期。含沙量锯齿状分布曲线的底部（约 240 cm），很可能位于 MIS 6 和 MIS 7 期边界附近（Jakobsson et al.，2001）。这一结论与有孔虫分布资料大致一致，这一站岩芯有孔虫异常丰富（图 5.12）。在 207~250 cm 段第一个组合包含许多砂质有孔虫，与前面提及的北冰洋海底高地的总的情况一致。砂环虫类（*Cyclammina*）和反弯虫未定种（*Recurvoides* sp.）都可见到。总体而言，在此段中以砂环虫类为主。此组合可能形成于 MIS 7 和 MIS 9 期。这表明，平均沉积率约为 1.4 cm/ka。根据钍同位素测年，这些沉积物的年龄要更老。因此，如果这些结果得到认可，沉积平均速率为 0.6 cm/ka。从褐色层上层开始的第二个复合体应该对应于 MIS 5 期而不是 MIS 3 期。然而，早先研究结果认为中罗蒙诺索夫海岭沉积物沉积速率更高，平均沉积速率超过 1 cm/ka（Jakobsson et al.，2001；Spielhagen et al.，2004；O'Regan et al.，2008）。

两个组合体之间的边界以反弯虫（*Recurvoides* sp.）和砂环虫类（*Cyclammina*）（约 210 cm）为主，第一个组合体含砂峰值出现的位置（约 240 cm）和斜辉石/角闪石比率最小值（Cpx/Hb，200~260 cm）一致。这些事件大约发生在 MIS 7 和 MIS 6 期之间。

2）AJIP07-18C 站

岩芯长 920 cm（图 5.5、图 5.9），位于前一站位附近，水深 917 m。由于该岩芯二相结构，其沉积物与 AJIP07-17C 有所不同。上部 3.5 m 岩芯由褐色和橄榄色氧化层交替组成，下部岩芯则为灰色还原粉砂泥岩，底部呈绿色（图 5.13）。岩芯上部含有大量斜辉石，向下逐渐减少（从 12%降至 1%以下）。角闪石的分布则变化显著（从 2%到 40%）。这一段岩芯含沙量和所有重金属都呈锯齿状分布。在约 4 m 位置，氧化层和灰色还原粉砂泥土层的边界下方，所有重矿物分布出现一个明显的最小值（图 5.13）。自生氧化铁的分布具有一定的指示意义，其含量的高低分别对应氧化和还原层。

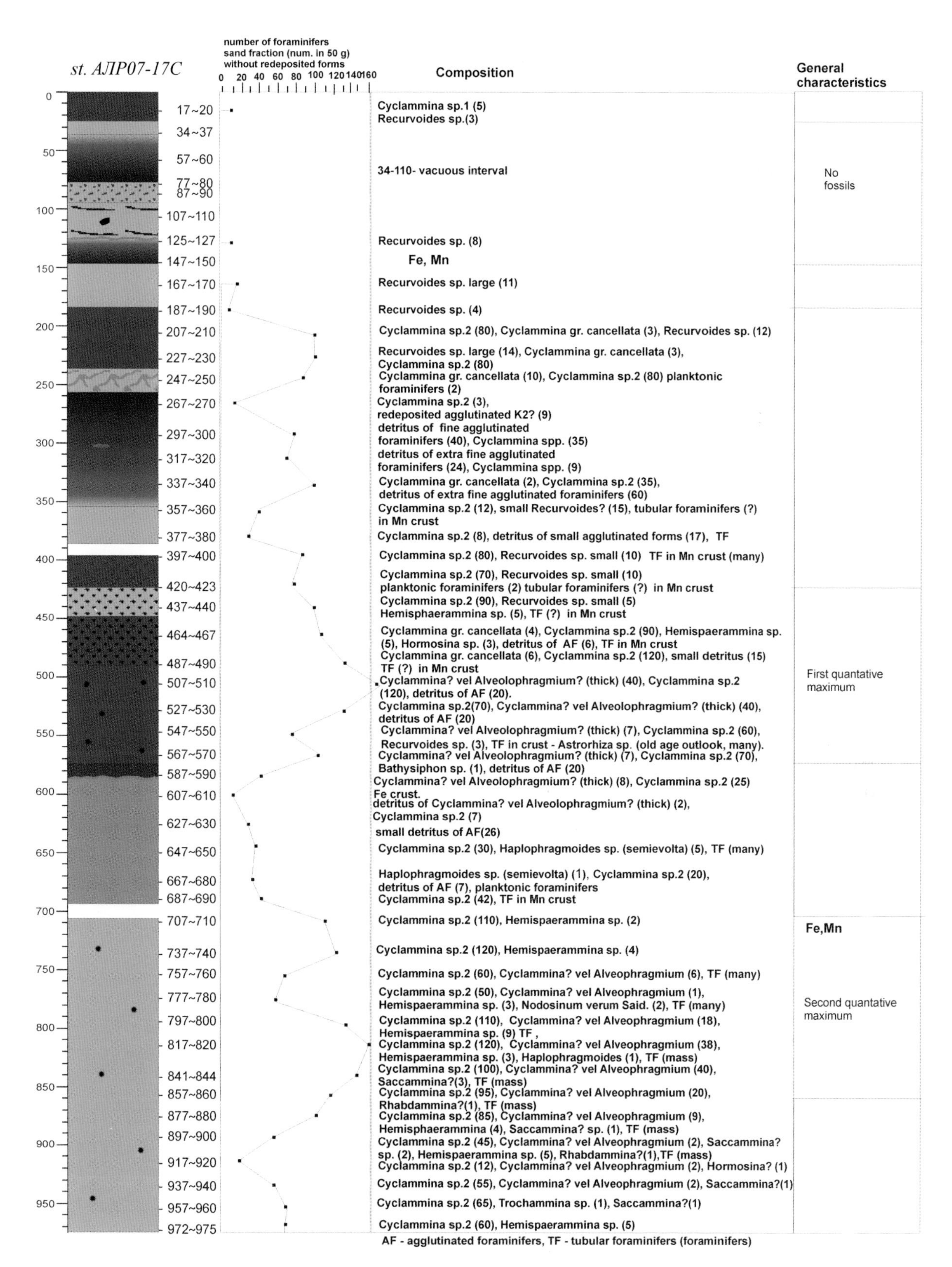

图 5.12 AJIP07-17C 钻孔岩性和有孔虫地层

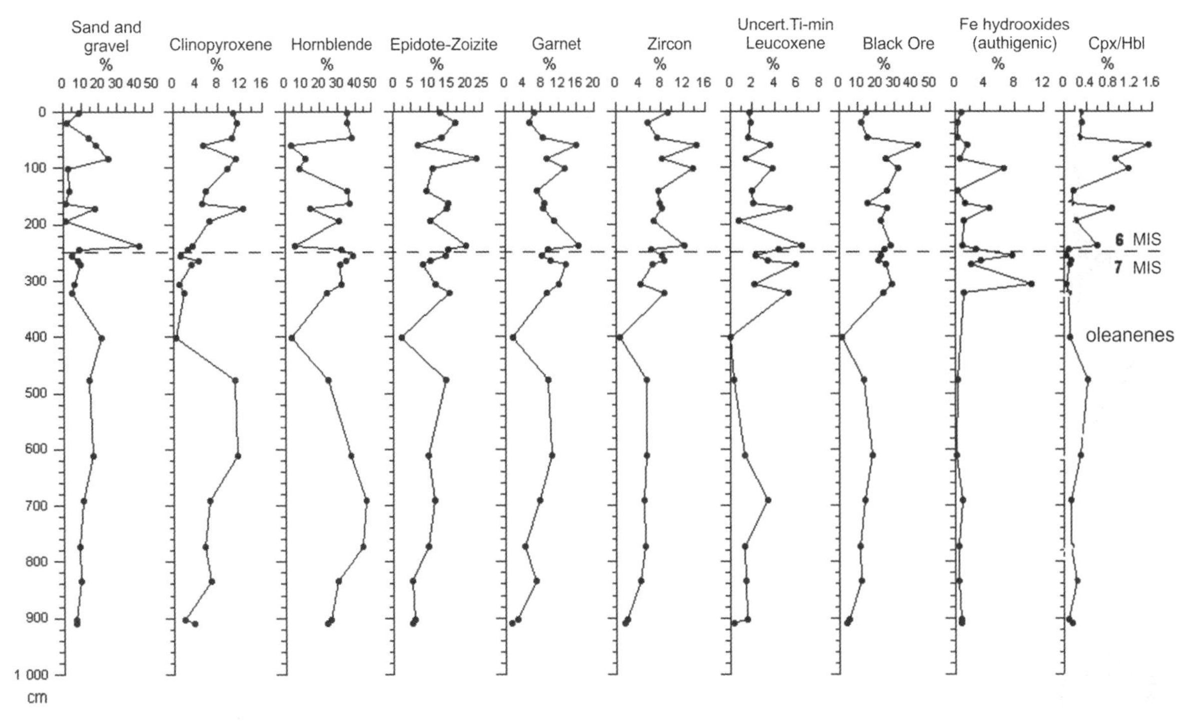

图 5.13 罗蒙诺索夫海岭 AJIP07-18C 钻孔重矿物含量曲线

AJIP07-18C 岩芯中灰色还原粉砂黏土层，重矿物含量较高，尤其是 800～700 cm 和 400 cm（海底以下）处斜辉石和角闪石含量都很高。值得注意的是砂和重矿物分布的本质原因。700～400 cm 段，以有机质含量较高为特征，在 400 cm 处出现齐墩果烷是陆地耐热植物的痕迹（图 5.13）。这也是高沉积速率的间接证据。角闪石在重矿物中比例增加原因是沉积物质主要从东拉普帖夫海运输而来。斜辉石的出现表明，部分物质也从西拉普帖夫海补充。还原和灰色粉砂黏土边界出现的齐墩果烷，则是此地靠近源区的证据，因为这种有机物成分不能在长距离运输中保存。齐墩果烷已经在罗蒙诺索夫海岭中部钻孔（AJIP07-04C）（ACEX，IODP-302）中发现过，其出现时间与 MIS 6 期一致。

对主要以胶结壳底栖有孔虫形式分布的微化石的进行分析，有利于评估其含量迅速降低的间歇期的年龄。在 AJIP07-18C 岩芯中，沉积物大部分以管状形式存在，在 248～340 cm 段发现砂环虫类和反弯虫。340 cm 至岩芯底部没有发现有孔虫。有孔虫的峰值出现在 24～27 cm 段（海底以下）。此外，在 6～248 cm 段出现许多白垩纪物种的再沉积。因此，胶结壳有孔虫峰值位于 248～340 cm 段，有助于对其出现时间 MIS 7～MIS 9 期间的校正（Cronin et al.，2008）。这也被 240 cm 出现的第一个含砂峰值所证实，在 240 cm 以上段，含砂量开始呈锯齿状分布。根据 Jacobsson 等（2001）的结论，MIS 6 和 MIS 7 期的边界可能正位于此处。在这个事件中，褐色粉砂黏土 0～12 cm 对应 MIS 1 期，43～63 cm 对应 MIS 3 期，97～140 cm 对应 MIS 5 期。需要注意的是，与之前岩芯一样，含砂量第一个明显的峰值的出现与斜辉石/角闪石（Cpx/Hb）比值的最小值同时发生。

评估年龄还有另外一个方法，寒冷的 MIS 初期可能与前面提到 4 m 段氧化和灰色粉砂黏土边界附近重矿物分布最低值有关联。这一阶段的显著特征是，沉积速率较低，与厚冰盖有关。齐墩果烷的出现对应 MIS 6 期。

3）AJIP07-28C 站

岩芯长 1 000 cm，水深 1 414 m，位于罗蒙诺索夫海岭面朝阿蒙森海盆一侧陆坡的上部（图 5.5、图 5.10）。岩芯上部 8 m 为氧化部分，以褐色和橄榄色夹层为特征（图 5.14），下部 2 m 由灰色还原粉砂泥岩组成。氧化沉积物表示高 Mn 含量，沉积环境地球化学性质稳定。在上部 3 m 段斜辉石含量达到峰值（最高达 70%）；下部斜辉石的含量较稳定的保持在 10%（图 5.14）。角闪石的分布呈一定的波动，但是总体来说其含量向下增加，在灰色夹层达到最大值（约55%）。在氧化和灰色还原粉砂泥岩边界处，发现齐墩果烷。灰色粉砂泥岩富含有机质，很可能聚集于 MIS 7 末期，海退期间河流可以直至陆架边缘，主要物源区为东西伯利亚海和东拉普帖夫海。

4）AJIP07-15C 站

岩芯长 790 cm，水深 2 500 m，位于地球物理学家海岭西部陆坡坡脚（图 5.5）。上部 783 cm 段，褐色和橄榄色粉砂泥岩为主（图 5.8）；底部为灰色松软粉砂泥岩。矿物组成以角闪石为主。斜辉石不超过 5%；最上部 200 cm 段斜辉石的含量向下减少至最小值，不足 1%，至这段的底部（灰色粉砂泥岩段）再增长，最大值 5%。考虑到站位位置，沉积过程似乎因悬浮流而变得复杂。这明显妨碍了岩芯资料在古气候和地层研究方面的解释。

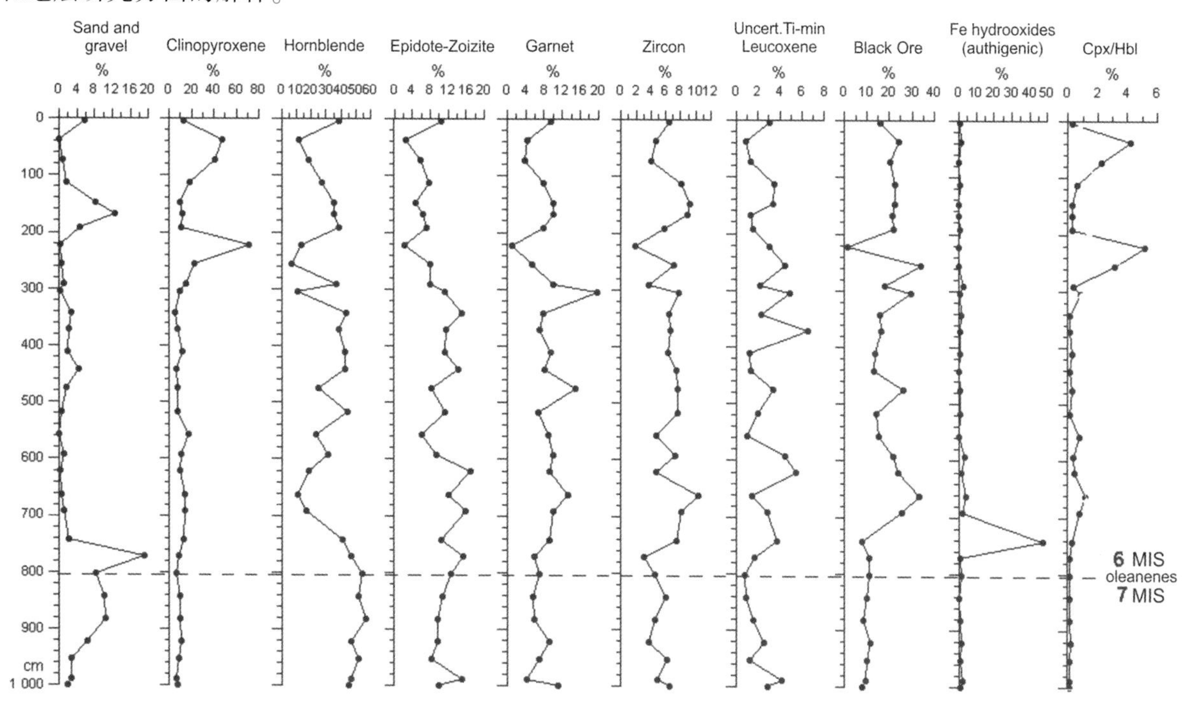

图 5.14　罗蒙诺索夫海岭 AJIP07-28C 站重矿物含量曲线

5）AJIP07-26C 站

位于罗蒙诺索夫海岭南部朝阿蒙森海盆一侧陆坡顶部的一个狭窄高地上；水深 1 359 m（图 5.5、图 5.10）。岩芯最上部 300 cm 段以氧化沉积物为代表，下部为灰色斑点和灰色沉积层。斜辉石的含量向下有规则的减少，而角闪石微微增加。斜辉石/角闪石比率在约 310 cm 处达到最大值。含沙量峰值出现在岩芯上部 600 cm 处。胶结壳底栖有孔虫的一个显著的峰值出现在约 160 cm（图 5.15）。从岩芯底部到约 350 cm 段，以砂环虫为主，130～280 cm 段反弯虫较为常见。在岩芯的上段，串房虫和杆孔虫类（*Rhabdammin*）为主（图 5.16）。因此，很难区分在 MIS 6～MIS 7 期的边界，其可能位于 280～350 cm，因为此段为砂环虫到反弯虫为主的过渡带，且斜辉石/角闪石比率最小。另一方面，MIS 6～MIS 7 期的边界也可能划定在含沙量锯齿状分布区域的底部，约 600 cm 处。

由于岩芯中没有发现钙质底栖和浮游有孔虫，难以可靠地完成地层划分。岩石学和地球化学资料有助于判断沉积物的年龄。因此，可以得出以下结论：灰色粉砂泥岩富含有机质，沉积速率高。岩芯上部齐墩果烷的出现表明站位位于源区附近。重矿物组合意味着陆源物质主要由东西伯利亚海和东拉普帖夫海供给。搬运机制很可能是海退期间延伸至陆架边缘的河流将大量的物质搬运到罗蒙诺索夫海岭最南端。齐墩果烷沉积于最后一个阶段、暖位相的末期，推测可能发生在 MIS 7 和 MIS 6 期边界。随后沉积物岩性发生改变，氧化模式是慢沉积速率的证据。从这个时期开始，陆源物质主要由季节浮冰和/或冰山供给。根据重矿物分布结果分析，从 MIS 6 期开始直至现在，西拉普帖夫海和喀拉海中的一些冰一直在生长，并

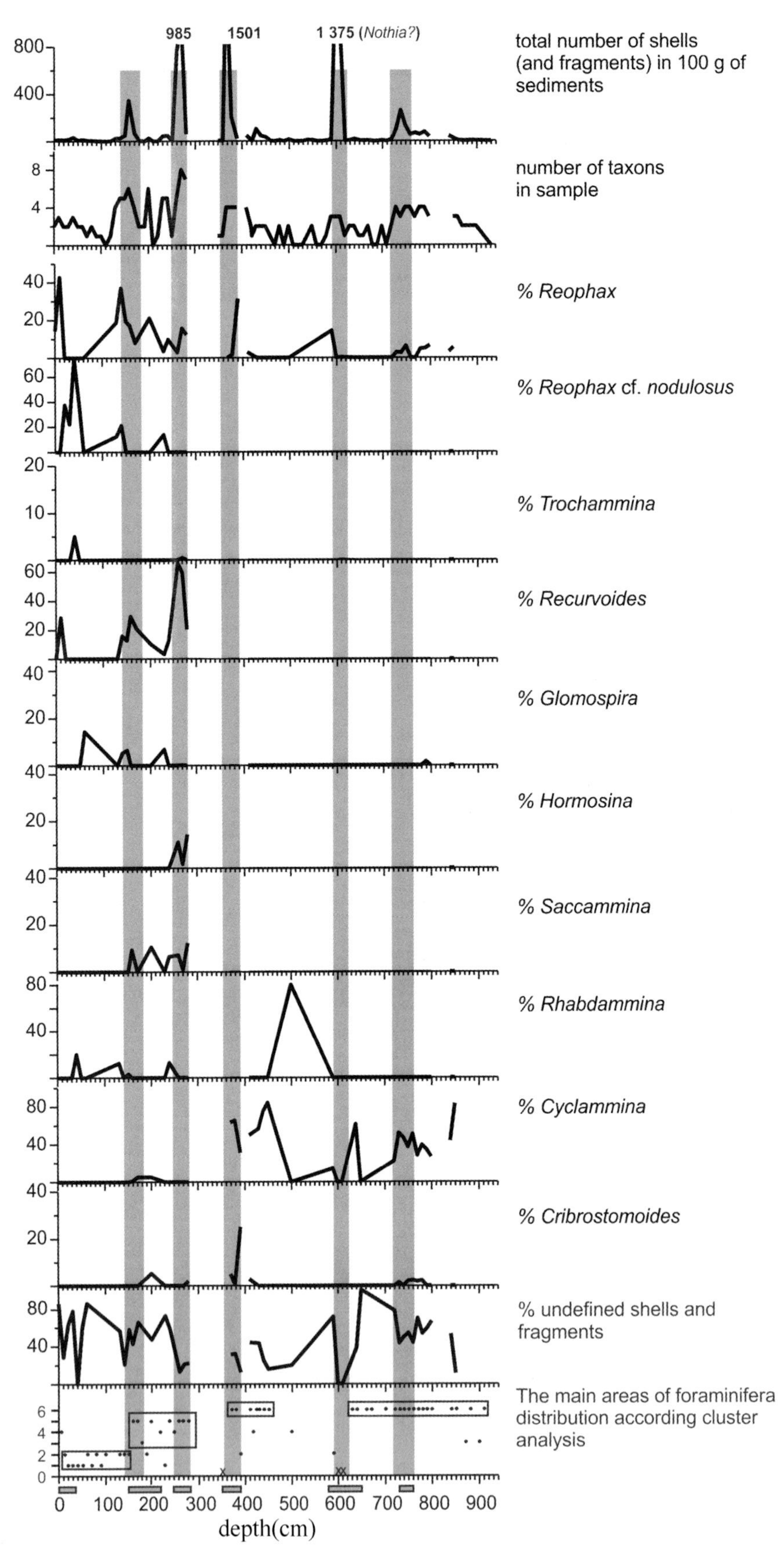

图 5.15　AJIP07-26C 站胶结壳有孔虫数量和分类学组成曲线

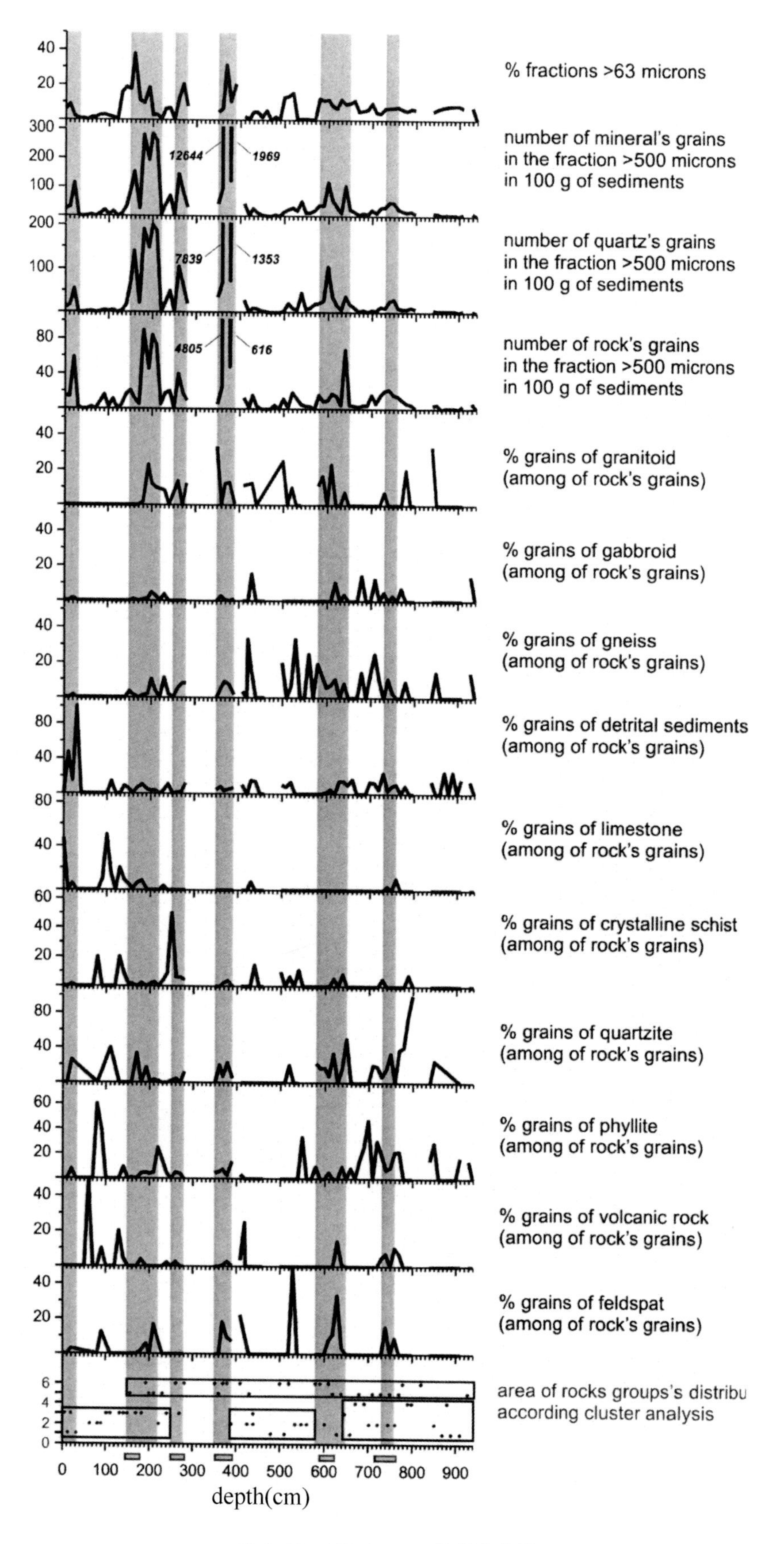

图 5.16　AJIP07-26C 站岩芯岩性

灰色背景是粒径大于 500 μm 高矿物含量段

且从喀拉海运动到拉普帖夫海，经威尔克斯基海槽移动到北冰洋（Pfirman et al.，2004）。

灰色背景和数字代表贝壳和碎片分布的最大值，沿 x 轴灰色盒子代表粒径大于 500 μm 的陆缘沉积的含量高值。

同时需要注意的是，在其他站位调查的岩芯中反弯虫和扁圆砂虫为主的单元之间的边界，与含沙量第一个明显峰值出现的位置，以及斜辉石/角闪石比值最小值几乎同时发生。这些时间很可能发生于 MIS 7 和 MIS 6 两期的交界。

底部硬质岩石的研究可以从岩相、起源和产地 3 个方面来分析。

基于岩相学分析，依据底部岩石分布特征完成初步分带。罗蒙诺索夫海岭顶部和地球物理学家海岭西部陆坡，60%～80%底部硬质岩石为陆缘碎屑岩，20%～25%为碳酸盐。陆相沉积中，深色泥岩较常见。砂岩和粉砂岩，尤其是浅色出现较少。此外，AJIP07-16B 岩芯中，样品含有若干固体结晶片岩的碎片（大到 0.5 cm）和粗云母颗粒（图 5.17）。海底地形最平缓的部分，位于海岭东部陆坡。碎片成分单一，粒径较小（最大 1～2 cm）（图 5.18），深色泥岩在此处较为常见，其他碎片则较稀少。在该区域最南端发现有喷出岩碎块。

图 5.17　AJIP07-16B 站箱式取样器获得的沉积物中岩石碎片

研究区广泛发现泥岩表明，该区域为泥质结构，不是起源相同就是呈层状，且岩石中均匀分布着细小的石英和云母碎片。砂岩和碳酸盐形成碎片分布带与这种泥质结构的某一区域有关。砂岩以石英为主，由磨圆度和分选好的嵌晶或多孔方解石，局部有钙质基质和硅质胶结物构成。碳酸盐碎屑以细—微白云石和石灰岩为特征。变质岩碎屑为绿泥石-黑云母和石英-白云母片岩构成，石英-白云母片岩和大型黑云母结晶都呈透镜状，略皱。火成岩以火山岩为代表，少有喷出岩碎屑，包含玄武岩和橄榄玄武岩仅在研究区南部有所发现。

图 5.18　AJIP07-06B 箱式取样器样品中¼的岩石碎块

岩芯样品中没有发现大块碎屑，其组成成分与上述大致相同。此外，在 AJIP07-25C 站岩芯中，深度 1 380 cm 处发现一圆形碎片。该碎片很可能是钙质结核，包含细（最大 0.05 mm）黏土质石灰颗粒，局部富含石英和黑云母碎屑。AJIP07-08 站岩芯深度 336 cm 处发现一木质碎屑。在岩芯样品中，最值得注意的是 AJIP07-18C 站深度 55 cm 处发现的石英粉砂岩棱角状碎片（图 5.19），其锐角形状表明此碎片现在位置离来源地不远。

研究的岩石样品分成 5 个底部硬岩石组合：

（1）变质片岩。其形成是阿尔法—门捷列夫海岭相同类型的岩石被深部运动破坏造成的，它们构成海勃波瑞安（Hyperborean）高地的卡累利阿（Karelian）基底，这些片岩可能是罗蒙诺索夫海岭基底通过切断地球物理学家海岭的断层移位到侵蚀带。片岩的年龄和卡累利阿年龄相仿。

（2）石英砂岩和粉砂岩碎屑是高成熟度沉积物侵蚀而成。根据当地锆石碎屑的 U-Pb 测年分析，其年龄不小于 1 000 Ma（图 5.20）。总体而言，这些岩石和门捷列夫海岭含有古锆石碎屑的石英砂岩很相似。据此，岩石碎片的第二单元组与里菲期-古生代岩石的碎裂有关。

（3）碳酸盐碎屑与浅水和潟湖沉积环境类型的岩石碎裂有关。在构成方面，碳酸盐碎屑和岩石第二单元组一样与阿尔法—门捷列夫海岭构成海勃波瑞安高地盖层的里菲期—古生代沉积有关（Kaban'kov，Andreeva，2006）。

（4）岩石碎片的第四单元组以特定序列组成岩石的破碎过程中形成的泥岩为代表。根据发现的植物和动物残骸次生沉积，我们认为该层与海岭极地附近侏罗纪—白垩纪部分有关（Grantz et al.，2001）。对泥岩年龄的猜测，由于 AJIP07-08C 站岩芯中 336 cm 深度处发现的木头碎屑根据 D. V. Gromyko 初步分析

图 5.19　AJIP07-18C 站重力取芯器底部岩石样品
角状碎片为石英砂岩（岩芯 55 cm 处）

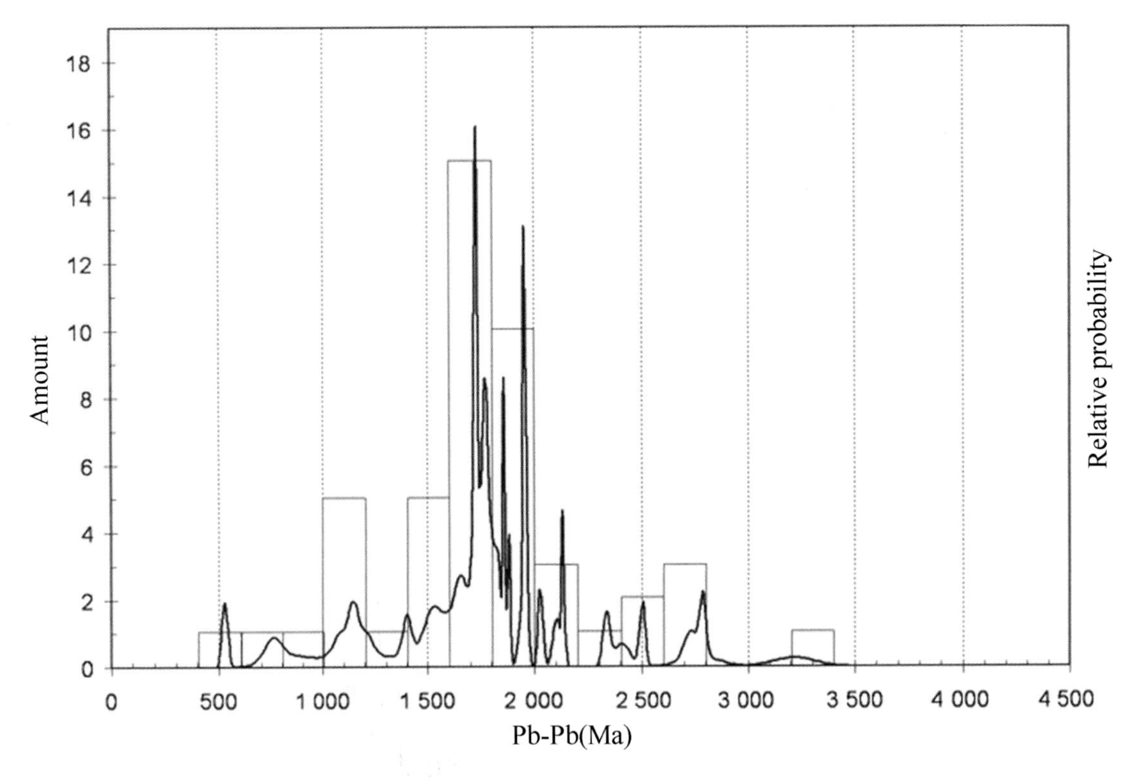

图 5.20　锆同位素年龄变化（AJIP07-18C 站）

其年龄为侏罗纪—白垩纪而得到印证。

（5）火成岩。火成岩为玄武岩，包含橄榄玄武岩变种。岩石的参考地层层位未知。由于这些火成岩石还相当新鲜，喷出岩的形成可归为晚白垩世—新生代岩浆旋回中最近期之一。

上述提到的不同种类岩石碎片的构成和分布特征资料表明，其与罗蒙诺索夫海岭不同的层序有关。考虑到已获得的古生物和放射学数据资料，这些单元在地层学上应该初步分为罗蒙诺索夫海岭的下元古代（卡累利阿）—里菲期古生代和侏罗纪—白垩纪中生代地层，并可通过门捷列夫海岭相应地层进行校正，详见图 5. 21。

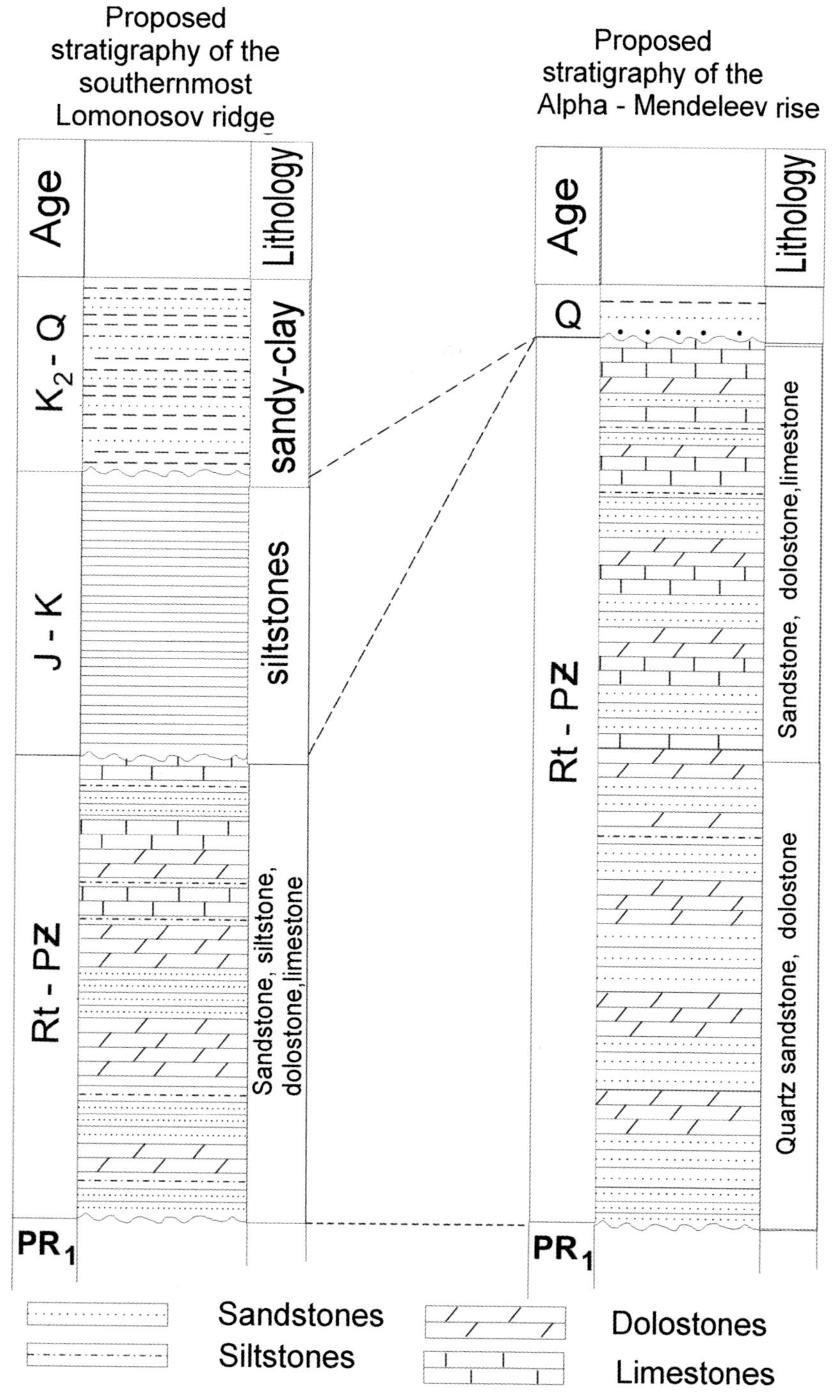

图 5. 21　罗蒙诺索夫海岭和门捷列夫海岭推测地层剖面相关对比

通过底部硬质岩石成分和碎片的分析，对其起源和形成机制有了一定的认识。首先，不同地层位置、不同起源的岩石碎片共存，主要是由于在整个沉积过程中的再沉积作用导致。碎屑物质的多次再沉积可由石英砂岩和泥岩共生得到印证，这种石英砂岩与门捷列夫海岭里菲期石英砂岩相似，而泥岩则与深海钻探 302 钻孔穿透的中晚白垩纪—新近纪沉积中的海岭侏罗—白垩纪泥岩相似（Backman et al.，2006）。后者于自侏罗—白垩纪（?）和古生代地层与里菲期岩石分开。其次，底部硬质岩石的成分和碎片主要以泥岩砂砾堆积为主，与美亚海盆其他地形相似单元完全不同。例如，在门捷列夫海岭上，没有发现泥岩碎片，白云岩和砂岩碎片的大小常达到 0.3~0.4 m。这与冰筏作用的概念不相符，可看作底部沉积物来源于当地的证据。

5.2.2 通过地震观测获得的沉积盖层断面特征

在 Arctic-2007 调查计划中，2007 年 8 月至 9 月，OAO MAGE 公司的“库仁特罗夫教授（Professor Kurentsov）”号调查船负责沿 Arctic-2007 地质断面执行共深点（CDP）地震测量任务（剖面 A-7）。这是首次在高纬度北极地区的反射地震观测，使用 8 km 地震拖缆。由于使用此种新方法，在数据处理过程中大大减少了重复工作，且获得了高质量的偏移时间剖面（图 5.22），沉积盖层的速度参数测量准确。剖面 A-7 从新西伯利亚岛至与 TransArctic-1992 地质断面的交叉处，长 832 km。

采集数据分析结果表明，沉积盖层断面有两个主要特点：

1）整条剖面存在两个参考地震界面（不整合面），区域不整合面（RU）和后坎佩尼阶（pCU）。在罗蒙诺索夫海岭上，不整合面向陆坡方向延伸，后并入成单一个参考水平线。在陆坡（威尔凯茨基海槽）边界内部，发现这些参考反射体被明显地切割分开。

深海钻探 ACEX IODP 302 航次在罗蒙诺索夫海岭 M0002 至 M0004 孔钻探采集的资料可用于对上述地震界面进行地震地层学分析（Backman et al.，2006）。参考地震界面和深海钻孔揭示的重要事件之间也许存在某种逻辑关系。钻孔资料分析表明，这些地质事件是两次最长时间的侵蚀过程。

正如第 4 章（沉积盖层）中提到过的，钻孔岩芯中较下层的侵蚀事件与后坎佩尼阶约 24 Ma 沉积间断吻合。而据 Derevyanko 研究（Derevyanko et al.，2009），这一过程可能要短得多。

此次侵蚀事件相当的地震标志很有可能是研究反射体的下部。部分剖面反射体不是构造不整合面就是并入位于罗蒙诺索夫海岭变质碎屑岩复合体的表面的声波基底（AB）（图 5.22）。

通过北极海盆地震数据分析，可有助于识别北冰洋中部海岭所有正地形和负地形特征中可追踪的上部明亮反射体与区域不整合面（RU）（Butsenko，2006，2008；Butsenko & Poselov，2006；Butsenko，Poselov，2004，2005）。发现在海底高地平坦顶部，区域不整合面为沉积间断形成（约 27 Ma 年间断），而陆坡上的不整合面则与侵蚀有关。不整合面下为滨海沉积环境下形成的富含有机质的中始新世岩石，上部层位为有机质含量低的中中新世沉积（Backman et al.，2006）（图 5.22）。

2）陆坡坡脚附近区域不整合面上覆早第三纪近岸沉积体发生尖灭（图 5.22）。因此，罗蒙诺索夫海岭上，区域不整合面下为上白垩纪沉积，上为早—中中新世沉积。下第三系沉积缺失或仅在前几百米出现。

在构造上，断面南段始于 Kotelnichiy 海隆北坡，横跨威尔克茨基海槽，沉积中心位于形态地貌大陆坡之下，这也是形成这类陆坡状海槽的原因。

断面北部沿罗蒙诺索夫海岭的环西伯利亚段前行。整套沉积组合可通过威尔克茨基海槽沉积中心展示（图 5.22）。一些沉积组合从罗蒙诺索夫海岭到陆架区可连续追踪，其地震地层和岩相学特征基本保持不变。

须注意的是，上述地层格局（从钻孔结果→罗蒙诺索夫海岭主要不整合面→连续至陆架上）一直延续到拉普帖夫海沉积组合，这与 Franke 和 Hinz 等早前观点（2001）相当一致。

5.2.3 地壳速度模型

在准备此著作的过程中，Arctic-2007 广角反射/折射地震（WAR）数据有了新的更新（总结、再处

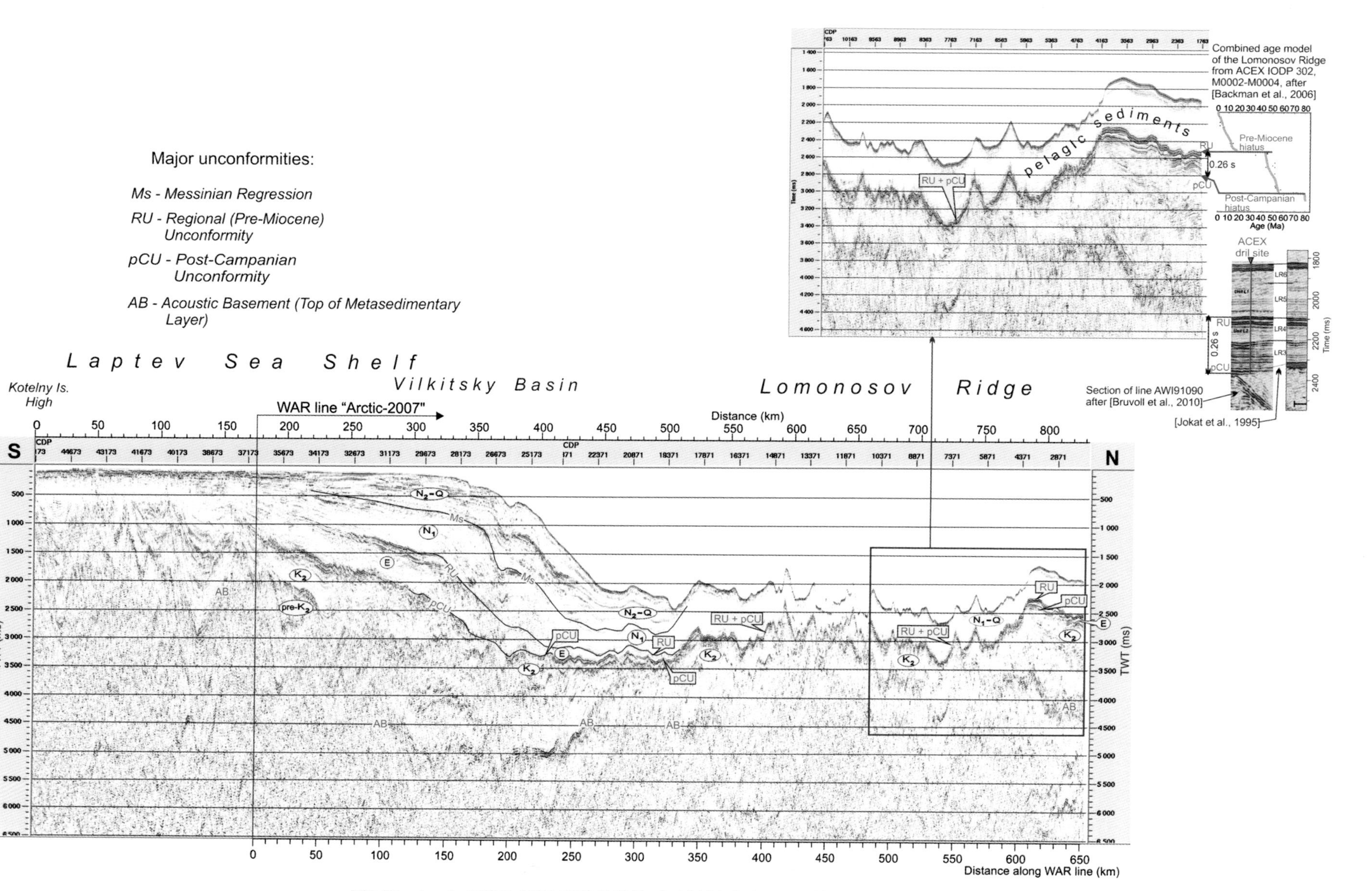

图5.22　Arctic-2007 MCSR测线偏移校正时间剖面（MAGE数据）

理和重新解释），主测线剖面总长 650 km，辅助交叉剖面 132 km，总共 840 个测深点。

在整个广角反射/折射地震数据解译过程中，地壳模型与沉积盖层的共深点反射数据相吻合（图 5.23）。

沿 Arctic-2007 地质断面的广角反射/折射地震数据解译结果详见图 5.24 至图 5.26。这是一组模型，包括地震波从不同炮点传播路径、部分最终模型形成的合成波场、反射和折射波走时曲线叠加计算地震记录、未经波场解译的地震图等。在上地壳顶部界面出现两相折射波，初至波到达时被距炮点 20~25 km 的记录仪记录，可追踪至约 60 km。初至折射波通常在下地壳消失。因此，下面的折射波的速度参数是通过反射 P_mP 波间接获得的。地幔折射初至波在距炮点约 80 km 的记录仪记录。初至波到达后可追踪 20~30 km。

地震记录显示 P_g，P_n，$P_{MS}P$ 和 P_mP 波的解译以及 P_BP、P_LP 波片段。

5.2.3.1 波场特征

波场具有以下明显特征：

1）反射波比折射波强度更大（图 5.24 至图 5.26），其特点是拥有低角度和高对比度界面介质，记录的初至波为低强度折射波。介质的这些特点以及观察波场在合成波场模型中得到印证，通过模型可以得到地壳层垂直速度梯度。

2）P_L 波在初至波中未被记录（图 5.24 至图 5.26，图 5.28 至图 5.30）。在沿 Arctic-2007 地质断面主剖面的最终地壳模型（图 5.27）中，最核心参数（沉积盖层和变质碎屑岩层序）主要通过共深点反射调查得到（有时与 WAR 近场数据一致）。固结地壳的边界和速度与广角反射/折射数据吻合。

5.2.3.2 广角反射/折射模型

两套变质碎屑岩层序以不整合面为界（罗蒙诺索夫海岭深地壳模型中，区域不整合面与后坎佩尼阶不整合面并未划分，标记为 RU+pCU）。最上部层序地震波速度范围在陆架上为 1.9~2.6 km/s，罗蒙诺索夫海岭上为 1.9~2.5 km/s；不整合面之下层序速度变化范围陆架区为 3.1~3.5 km/s，威尔克茨基海槽为 2.8~4.2 km/s，至罗蒙诺索夫海岭 2.6~3.8 km/s。层序的总厚度在威尔克茨基海槽达到最大值约 7 km，而在罗蒙诺索夫海岭不超过 3 km。

变质碎屑岩层序（MS）：地震波速横向变化，在陆架上为 4.7~5.0 km/s，罗蒙诺索夫海岭为 5.1~5.3 km/s。厚度横向变化，陆架约 7 km，陆坡为 1.5 km；罗蒙诺索夫海岭为 3.5 km。

上地壳：其地震速度为 6.0~6.4 km/s，厚度达 6~7 km。

下地壳：从 P_mP 波得到的波速不超过 6.7 km/s；下地壳顶部深度通过折射波计算。下地壳厚度达 9~12 km。

上地幔：上地幔的数据主要从 P_mP 记录获得；地震波速通过 P_n 波记录计算得到，为 8.0 km/s。莫霍面深度向西变深，威尔克茨基海槽 26 km、到西部边界达 28 km。沿整个剖面结晶地壳厚度达 15~18 km。

因此，新生代层序、变质碎屑岩层序和结晶地壳层从拉普帖夫海—东西伯利亚海大陆架一致延续到罗蒙诺索夫海岭（图 5.27）。

沿 Arctic-2007 地质断面，包括沿新西伯利亚群岛北部陆坡纬向地壳断面得到的地震数据动力学解译结果见图 5.28 至图 5.29。结果显示地震波路径从不同炮点传播，各自的地震记录与反射和折射波走时曲线叠加模型。这些记录用于 P_{SED}、P_{MS} 和 P_g 波、P_LP 波短片段和 P_mP 地幔表面波的动力学解译。

距炮点 20~25 km 处记录到上地壳折射初至波为 2~3 相波列。该折射波可追踪约 60 km，以 2.5 km 间距采样的数据可用于重建上地壳边界。没有记录到下地壳折射波和地幔折射波的初至波。

沿剖面地壳断面展示如下（图 5.30）：

以区域不整合面（RU）划分为 3 层沉积层序。该层序特点为波速 1.9~2.6 km/s（上层），2.9~3.9 km/s（中层）和 4.2~4.5 km/s（下层）。总厚度在威尔凯茨基海槽达到最大值约 7 km，剖面西侧减薄至

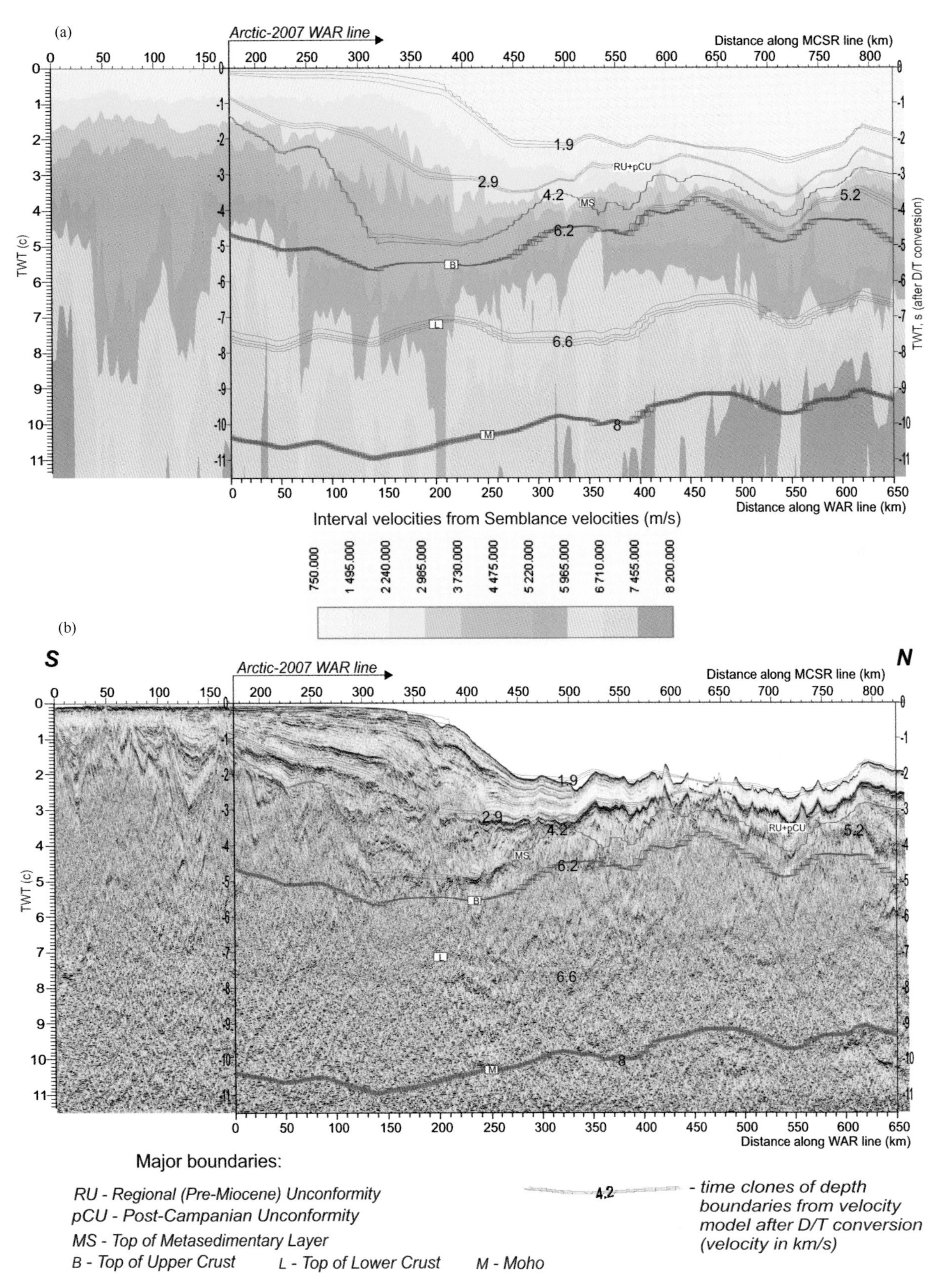

图 5.23　沿 Arctic-2007 地质断面折射和反射数据匹配对比

(a) 速度；(b) 时间

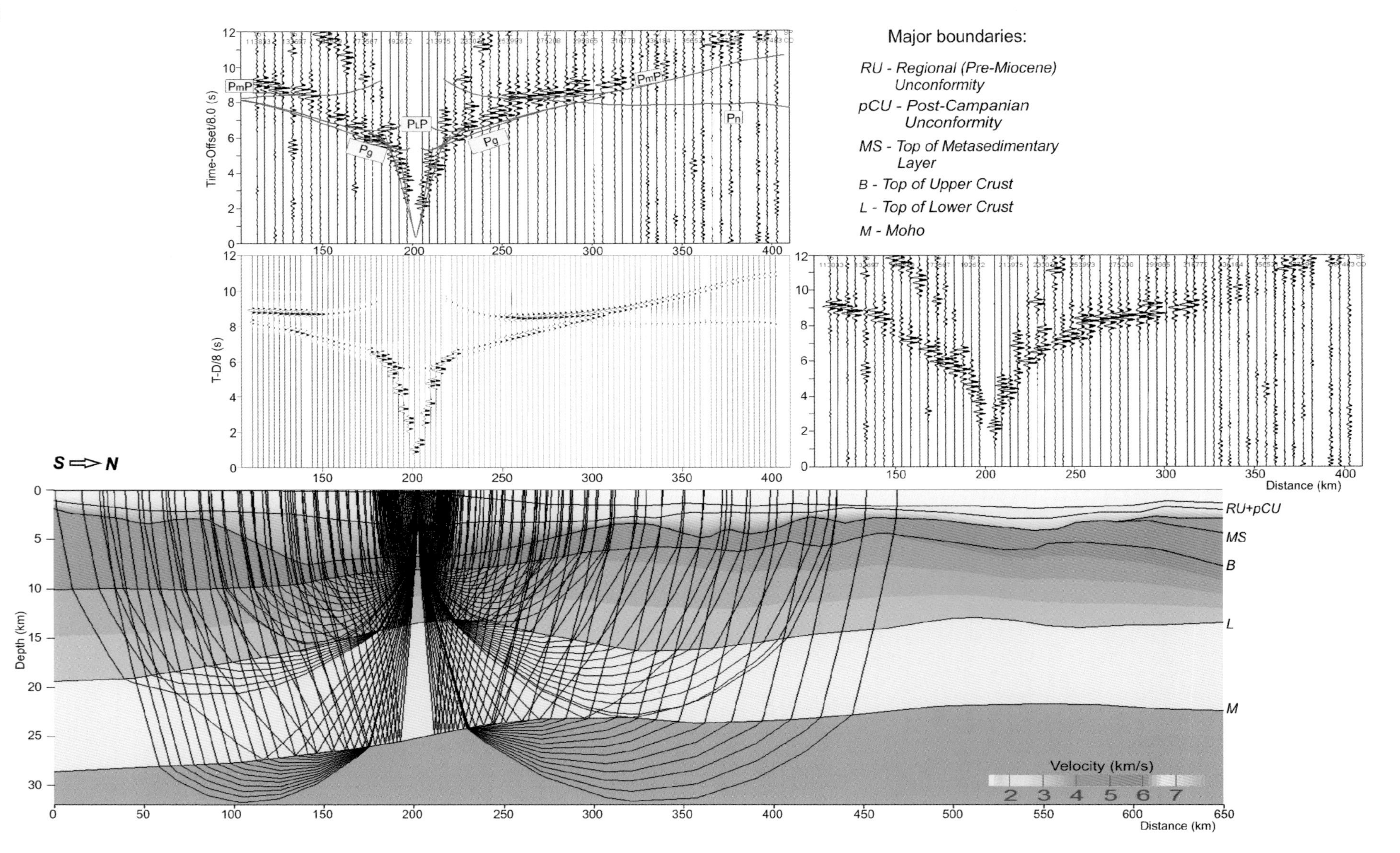

图5.24　Arctic-2007主测线地震波追踪和合成模型（SP 15+22）

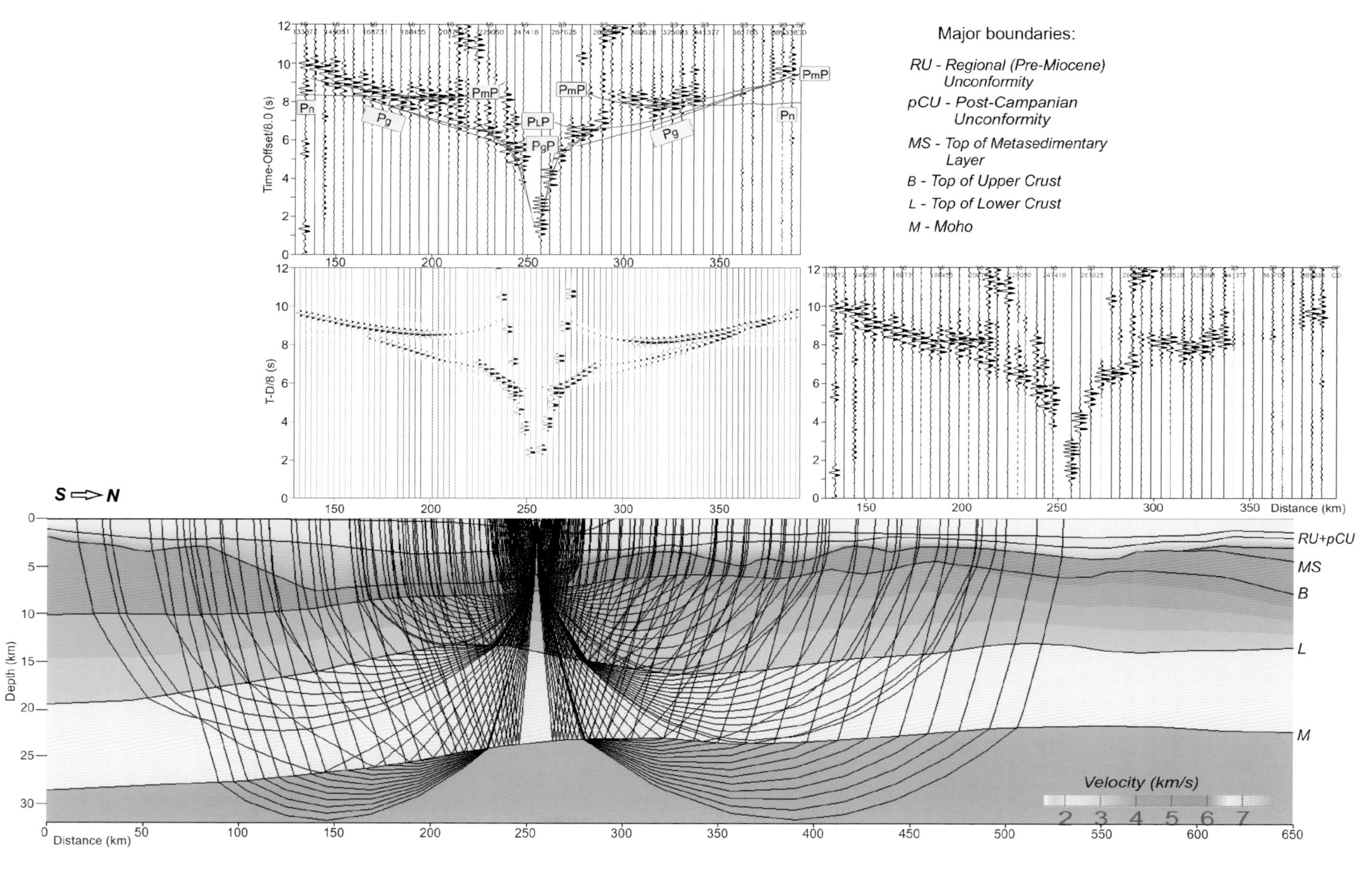

图5.25　Arctic-2007主测线地震波追踪和合成模型（SP 16+23）

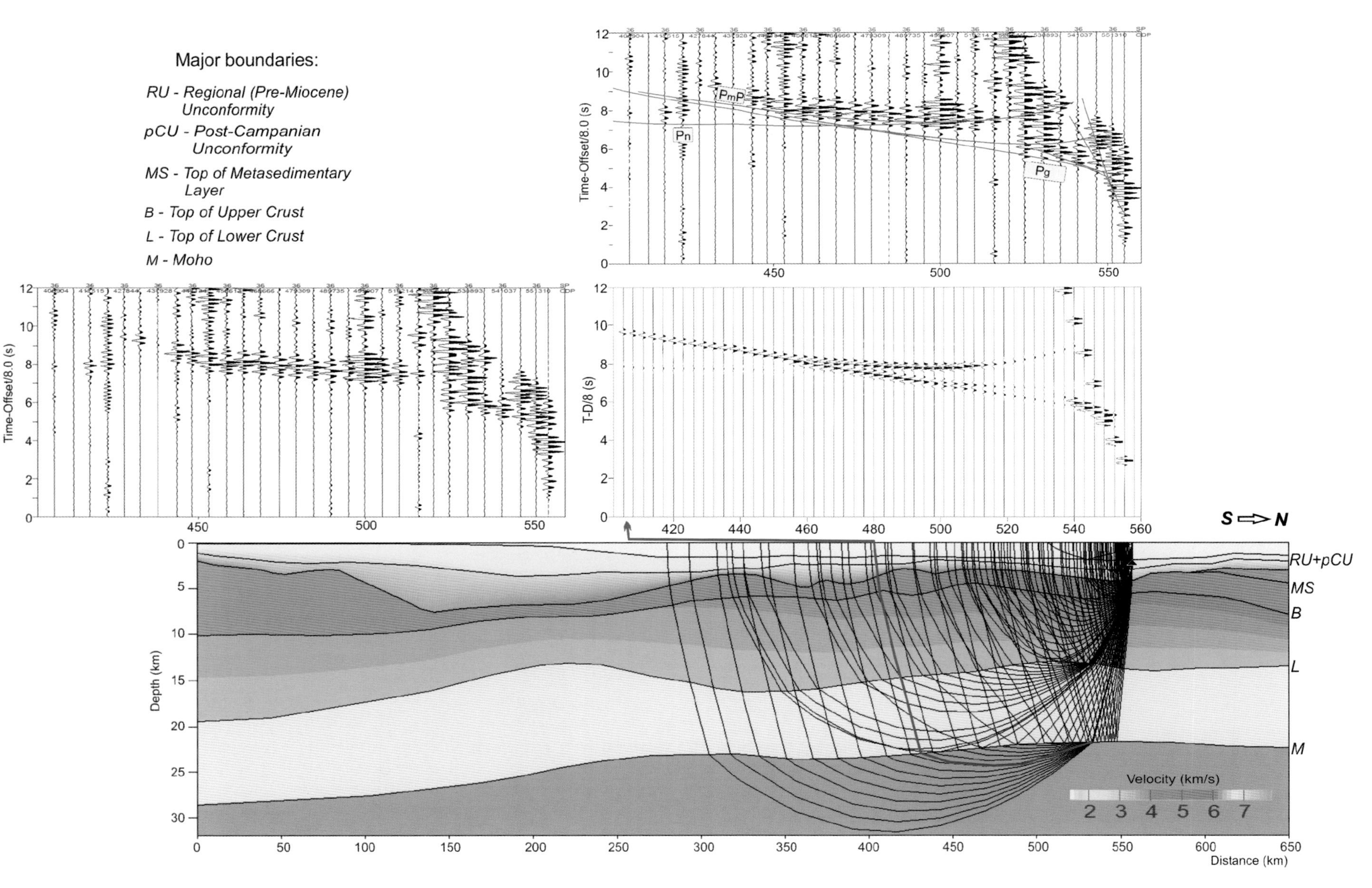

图5.26　Arctic-2007主测线地震波追踪和合成模型（SP36）

(a)

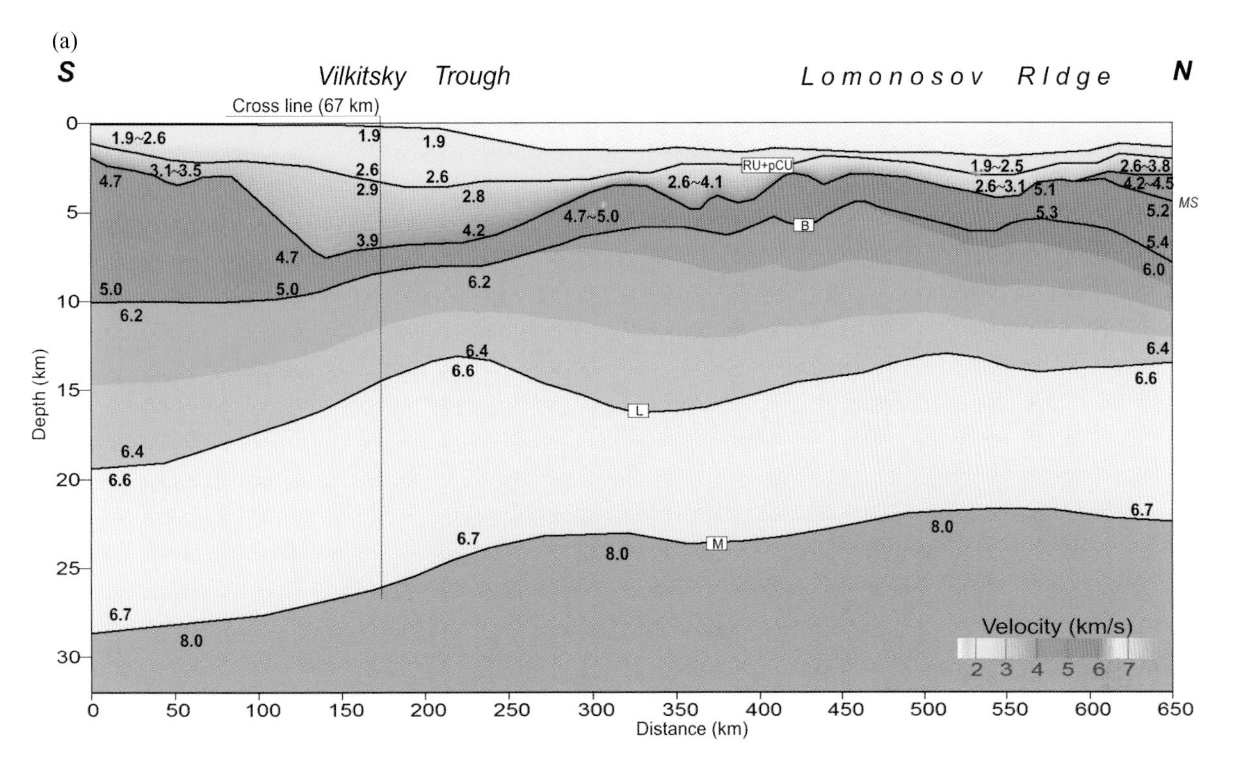

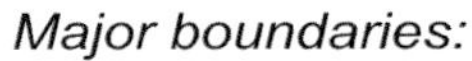

RU - *Regional Unconformity*

pCU - *Post-Campanian Unconformity*

MS - *Top of Metasedimentary Layer*

M - *Moho*

B - *Top of Upper Crust*

L - *Top of Lower Crust*

6.0 - *velocity (km/s)*

(b)

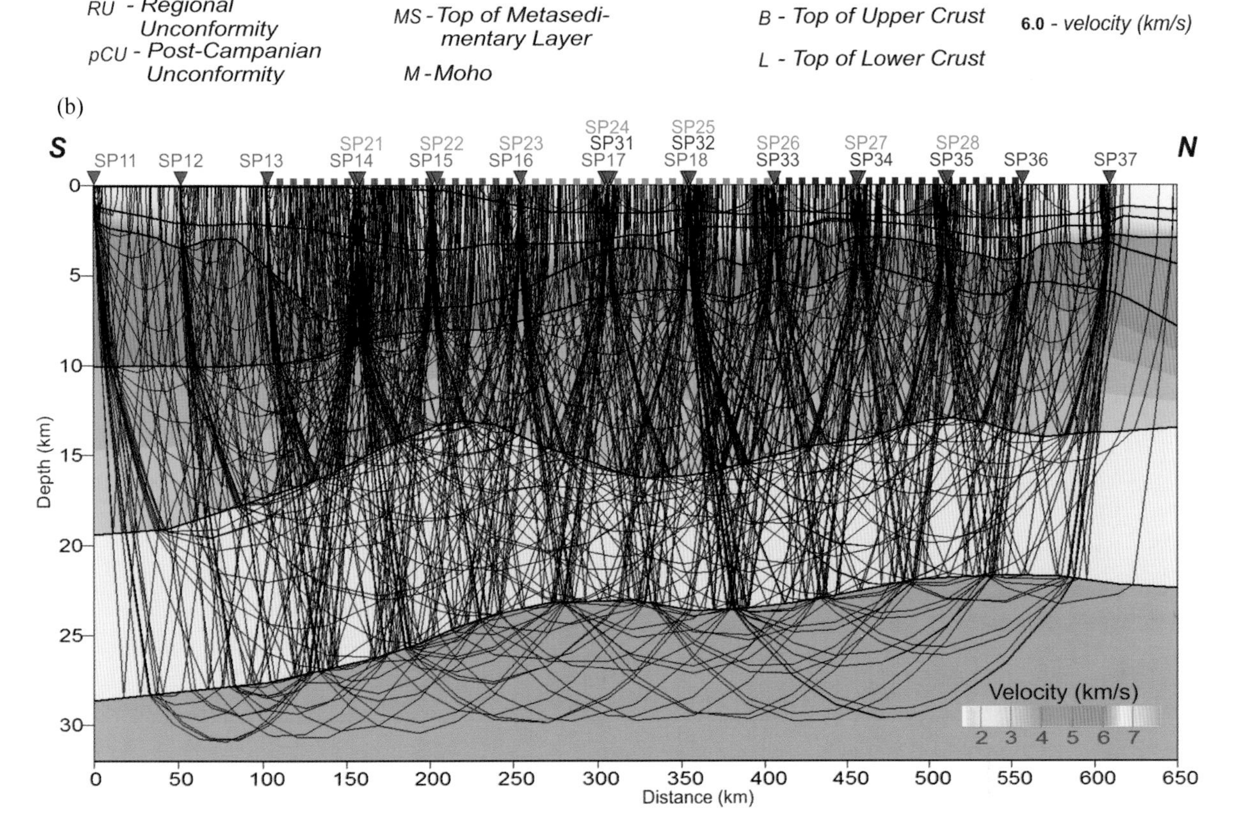

图 5.27　Arctic-2007 主测线 WAR&MCSR 数据（a）和地震波覆盖（b）对比得到的地壳速度模型

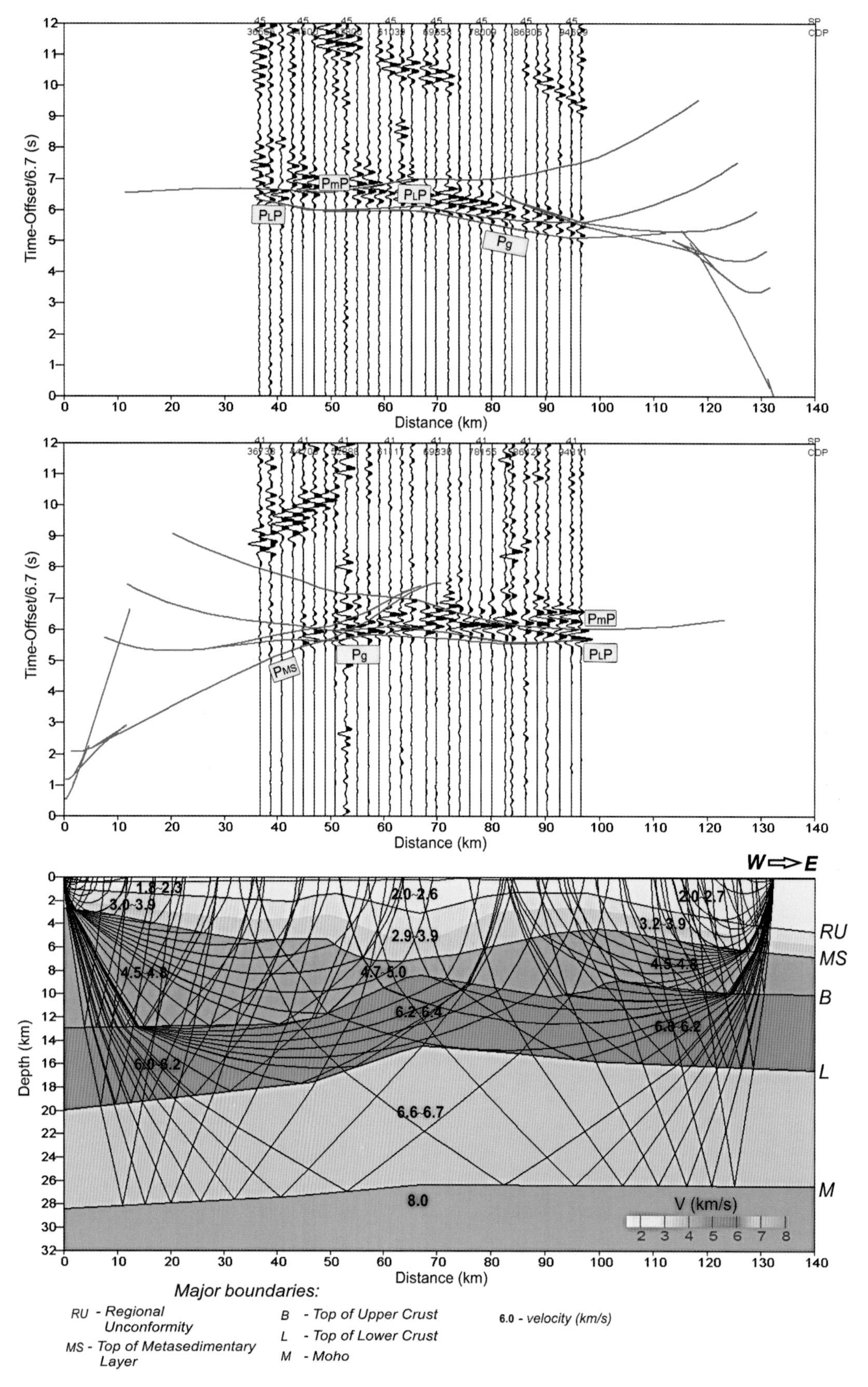

图 5.28　Arctic-2007 交叉测线地震波追踪模型（SP41、SP45）

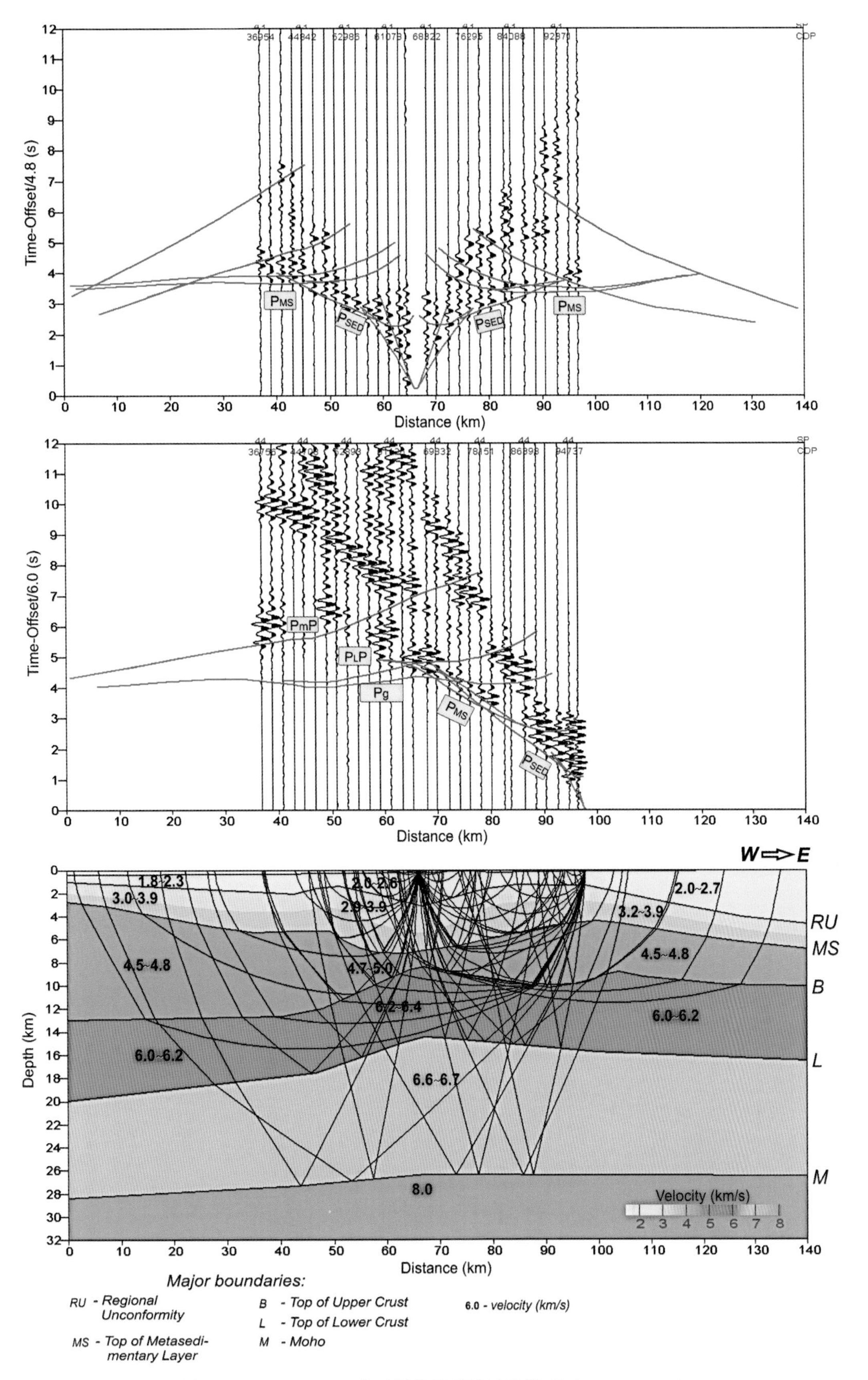

图 5.29　Arctic-2007 交叉测线地震波追踪模型（SP43、SP44）

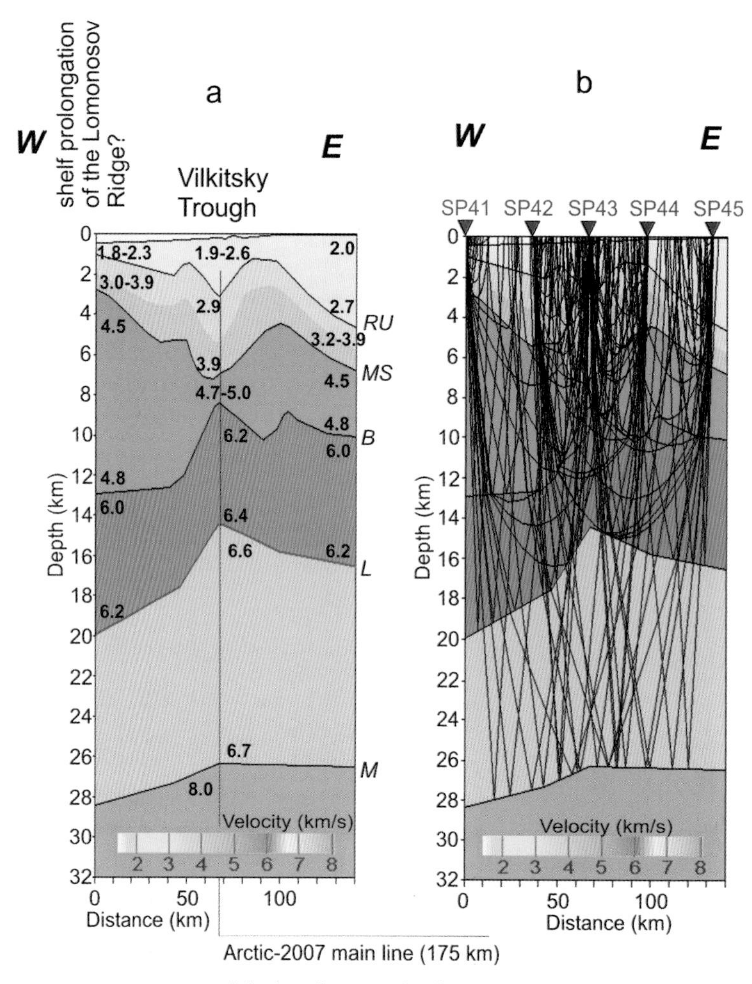

图 5.30　沿 Arctic-2007 交叉测线地壳波速模型（a）和地震波覆盖（b）

RU—区域不整合；MS—变质岩层顶部；B—上地壳顶部；L—下地壳顶部；M—莫霍面

约 2 km；

变质碎屑岩层（MS）地震波速为 4.5~5.0 km/s。该层厚度从西（约 10 km）到东（1.5~3 km）迅速减薄；因此中间层成为威尔凯茨基海槽西部边界正向构造的标志；

上地壳：波速 6.0~6.4 km/s，厚 6~7 km；

下地壳：波速通过 P_mP 波片段计算得出，不超过 6.7 km/s；下地壳顶部深度通过 P_LP 波片段计算，下地壳厚度 9~12 km；

上地幔：有关上地幔的信息通过 P_MP 波片段记录结果得到；波速和主剖面相似，约 8.0 km/s。上地幔顶部和莫霍面深度威尔凯茨基海槽下部为 26 km，至西边界增至 28 km。

因此，在新西伯利亚北部陆坡的纬向地壳断面模型中西部威尔凯茨基海槽存在一个明显的正向特征，这一特征在变质碎屑岩层表面和沉积物的减薄方面都有所记录。

5.3 本章结论

在 TransArctic-1992 和 Arctic-2007 项目中，俄罗斯地质和地球物理调查研究采集的数据，对深入了解罗蒙诺索夫海岭沿其走向的构造变化及罗蒙诺索夫海岭与西北欧亚大陆边缘之间构造和起源的关系有很重要的意义。

重要发现如下所述。

1）罗蒙诺索夫海岭和大陆架深地震参数的对比证明罗蒙诺索夫海岭地壳为大陆成因的认识。深地震参数包括以下几个方面。

（1）罗蒙诺索夫海岭和陆架的上地壳厚度分别为 8~10 km 和 7~9 km，地震波速分别为 6.0~6.4 km/s 和 6.2~6.4 km/s；

（2）海岭下地壳厚度 8~9 km，陆架为 7~9 km，地震波速都不超过 6.7 km/s；

（3）海岭结晶地壳厚度变化范围 14~18 km；

（4）上地幔地震波速 8.0 km/s；莫霍面深度从陆架 28 km 至罗蒙诺索夫海岭 22~23 km 之间变化；

（5）海岭沉积盖层中采集到的岩石碎块来源为下元古界、里菲期—古生代、侏罗纪—白垩纪和晚白垩世—新生代地层。

2）罗蒙诺索夫海岭和邻近大陆架连接处深断面参数分析（图 5.31），表明两者之间地质成因没有差别。深断面参数包括以下几个方面。

（1）连接带上地壳地震波速 6.0~6.4 km/s，深度最大 5 km，与陆架和海岭相比略低，下地壳地震波速 6.6~6.7 km/s，厚度 8~9 km；

（2）沉积盖层和变质碎屑岩层单元几乎可连续跟踪；其地震层序和岩相特征一致；

（3）MAGE-90800 共深点反射剖面与 Arctic-2007 地质断面交叉，新西伯利亚群岛沿经向正向地形特征有别于变质碎屑岩盖层表面特征（声波基底）。这一正向特征在陆架外连续，形态学上呈现为罗蒙诺索夫海岭上的突出链状上升地块；

（4）罗蒙诺索夫海岭和欧亚大陆边缘间连接带的海底地形表明海岭地貌上属于大陆边缘自然延伸部分。

地震记录还提供了有关罗蒙诺索夫海岭与其周边大陆架构造成因关联的其他独立证据（Avetisov，1996，2000，2006）。

图 5.32 是基于全俄海洋地质和矿产资源研究所地震电子资料库编绘而成的地震震中图（Avetisov，Vinnik，1995；Avetisov，Vinnik，Kopylova，2001），其中包括 19 世纪后期至今所有的北极地震资料和全俄海洋地质和矿产资源研究所科考期间采集的野外调查资料。

北极地区所有板块间和板块内部的地震活动都有记录，这是众所周知的事实，但直到重新评价北冰洋地区（1990）才首次弄清楚。

唯一的板块间地震活动带是沿欧亚和北美洲岩石圈板块之间的离散边界并将该区域分为大致相等两部分的大洋中脊地震带。大陆裂谷发生在下始新世，板块扩张持续最终形成欧亚海盆。在拉普帖夫海陆架上一条震中线沿拉普帖夫微板块轮廓分成两岔。所有其他与全球地震带无直接联系的地震带称为板内地震带。目前认为板内地震的主要成因是板块间岩石圈薄弱地带产生的应力部分释放，这些薄弱带是岩石圈块体和不同类型地壳（洋壳和陆壳）的接触带，出现在欧亚大陆坡或不同固结年代的大陆地块。板内地震震中揭示不同年代缝合线地区，这些地区目前仍有构造活动发生。正如我们所见的，北极地区欧亚大陆的缝合线地区位于法兰士—维克多、安娜山和沃罗宁海槽、北地群岛海峡、新西伯利亚岛和法捷耶夫斯基群岛之间的新西伯利亚海沟一侧。地震岩石圈板块被斯瓦尔巴群岛北部南森海盆的轮廓描绘出来。在罗蒙诺索夫海岭和陆架间连接带和东西伯利亚海陆坡东部没有发生过地震。这明确表明目前罗蒙

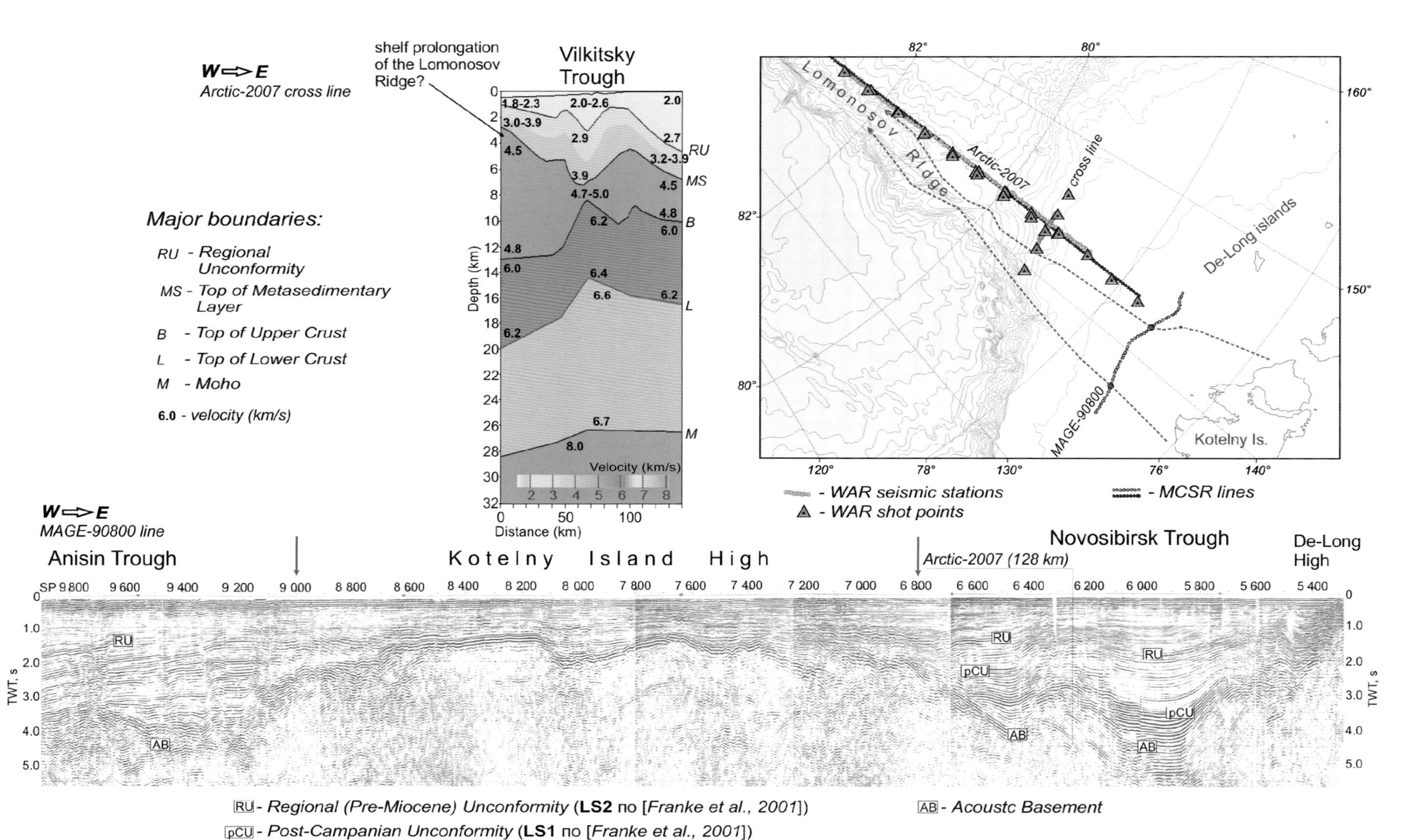

图5.31 新西伯利亚群岛和罗蒙诺索夫海岭之间可能存在的构造关联

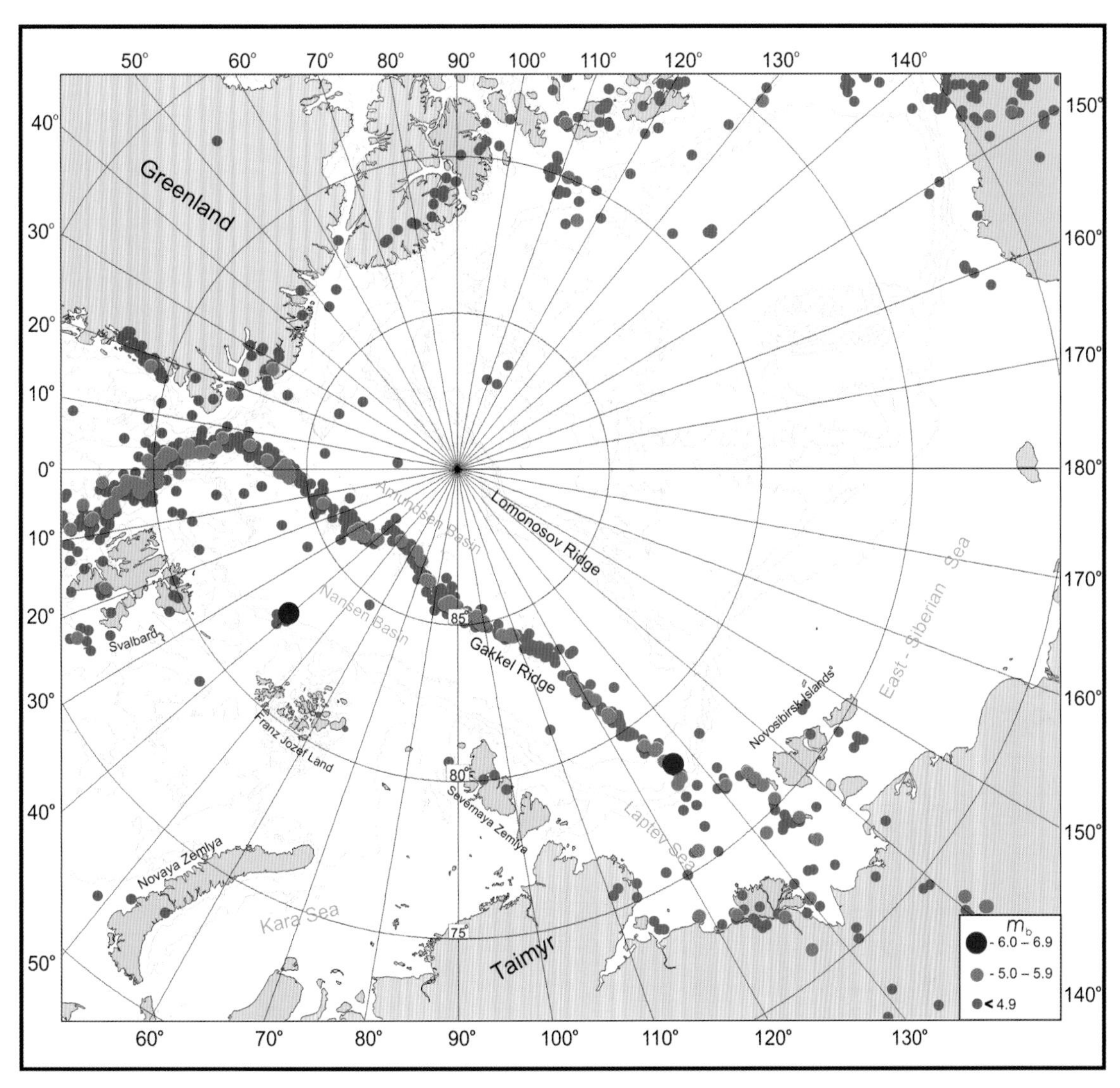

图 5.32 北极及周边区域地震震中

诺索夫海岭相对于陆架没有发生位移。

板块间位移早前是否发生过也是一个问题。如果发生过，在罗蒙诺索夫海岭和陆架连接处应该会形成一个地震活动转换断层。欧亚海盆现在仍然在扩张，但无法解释板块运动目前已停止，且在断层处没有发生强烈的地震活动。即使板块边界与拉普帖夫海大陆架碰撞，也无法解释为什么地震活动会停止。仍然存在的地震活动是板内地震。如果地震发生在上述距板内边界较远的脆弱地带，那么在板块边界附近的转换断层也肯定会有地震发生。唯一的结论就是转换断层不再存在。此外，如果罗蒙诺索夫海岭板块发生移动，海岭美亚一侧陆坡出现的应该是碰撞带而不是深水凹陷带。

第 6 章　门捷列夫海岭及其与邻近大陆架连接带的地壳结构

对 Arctic-2000 和 Arctic-2007 地质和地球物理调查过程中采集的地质样品、底质沉积物和地震调查结果进行分析，以了解门捷列夫海岭构造和地貌特征。

6.1　Arctic-2000

6.1.1　通过地质取样获得的沉积盖层断面特征

Arctic-2000 地质断面与门捷列夫海岭相交于 82°N，共获取了 41 个站的地质样品，其中 4 个站的样品为拖网样，15 个站为箱式取样器样，22 个站为岩芯样品。

6.1.1.1　海底地形

地学断面与门捷列夫海岭相交于海岭北部。依据此次调查期间获取的水深数据资料，将地质采样站点绘制在水深剖面图上（图 6.1）。门捷列夫海岭大致呈雁行构造向北倾斜，这有力地支持了美亚海盆正负地形成原因为大陆块体下沉这一假说（Gramberg et al.，2000）。位于断面交叉点的海岭西部陆坡高于波德福德尼科夫海盆 300~400 m。在此陆坡上有两个水深为 2 560 m 和 2 660 m 的线性阶地。海岭东部陆坡构造更为复杂，其顶部表面为 500~600 m 高的断崖环绕，下部为深度 3 000 m 的宽阔阶地，阶地与东门捷列夫海盆底部之间有一个 200~300 m 的缓坡。

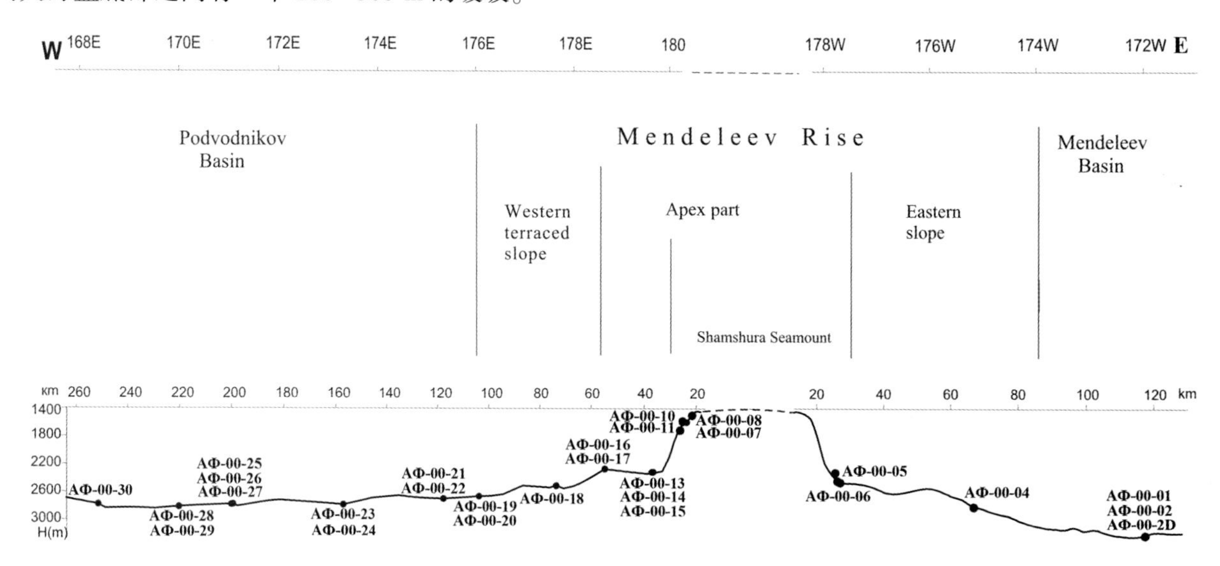

图 6.1　沿门捷列夫海岭 82°N 地质取样剖面

在研究区域中，门捷列夫海岭平坦顶部水深 2 200~2 400 m（图 6.1）。其上有一些 700~900 m 高的小海山使其构造变得复杂。剖面正好穿过最著名的桑舒拉海山。该海山顶部平坦细长，宽 7~10 km，向东北方向延伸 60 km 以上，顶部水深 1 300~1 600 m，比门捷列夫海岭表面高出 800~900 m。在陆坡和坡脚取样时，在海山陡坡（南部和东部倾角 2°~4°，西部 4°~6°）上发现基岩。

6.1.1.2 门捷列夫海岭、波德福德尼科夫和门捷列夫海盆底质沉积物

向下 5 m 底质沉积为砂质黏土层，夹有分布不均的碎石和碎砂砾，偶现 0.3~0.4 m 粒径的碎块。海岭上粗粒沉积物较多，而在海盆中粗碎屑几乎不出现。

1）砂质黏土底质沉积物

沉积物的矿物组成、结构、古地磁性质和古生物特征通过最长达 340 cm，包含断面地区所有特征的岩芯展开研究。所研究的岩芯包括 AФ-00-01 站，AФ-00-02 站，AФ-00-06 站，AФ-00-07 站和 AФ-00-08 站的芯样。

从岩石学特征来看，岩芯和研究区域的沉积物都有一定的变化。在海岭和周边海盆的多个地区，以及善舒拉海山顶部岩石学特征变化尤其明显。形成环境和成岩过程是沉积层序结构变化的原因，将沉积物分成 4 个单元，10~18 层。两者的关联图（图 6.2）展示了研究区域的不同地貌特征与讨论的 4 个岩石地层单元的相关性。

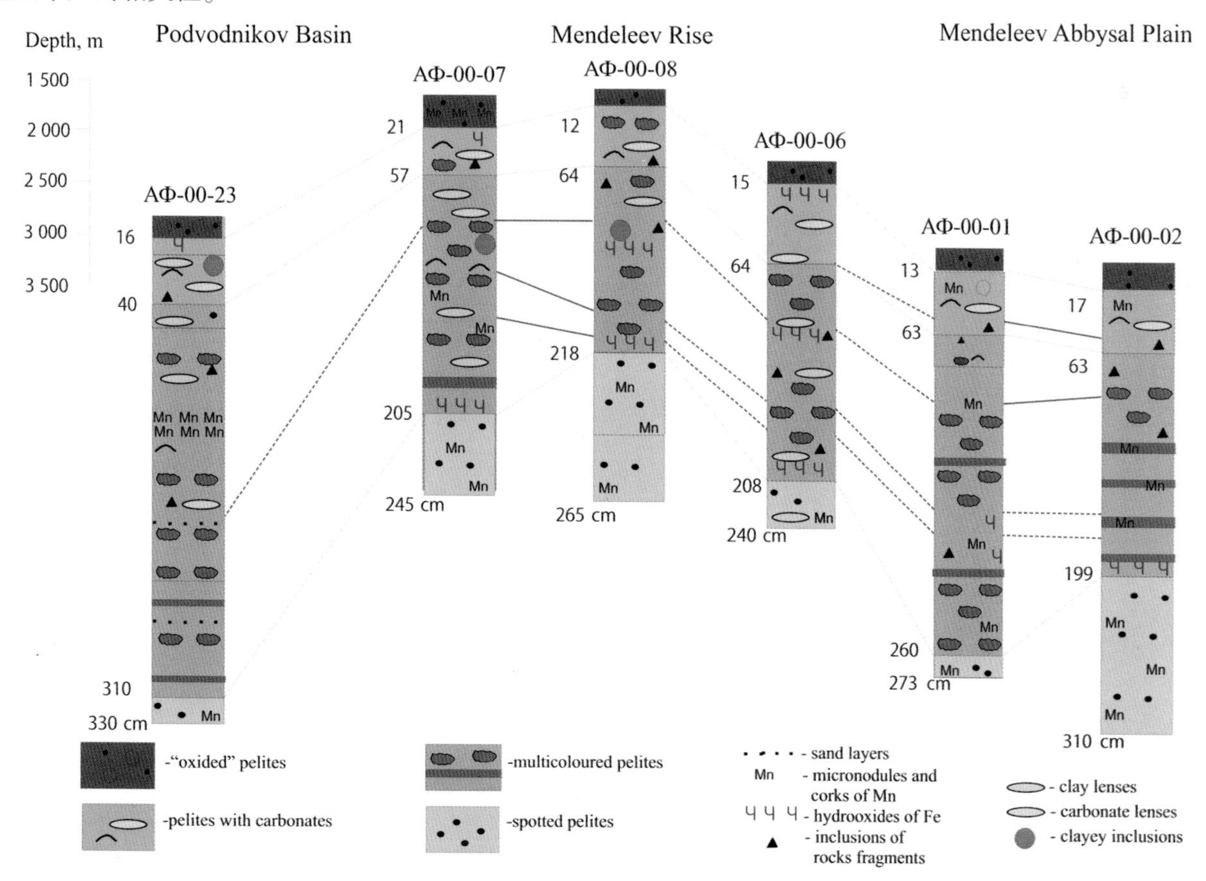

图 6.2 门捷列夫海岭底部沉积物对比

包含上述所有岩石地层单元的最好剖面位于善舒拉海山顶（图 6.3）、东部与东南部斜坡和门捷列夫与波德福德尼科夫海盆底部（图 6.4、图 6.5）。剖面中以下单元降序排列：氧化泥质岩单元、钙质泥质岩单元、彩色泥质岩单元和斑驳泥质岩单元（图 6.2）。

氧化泥质岩单元位于所有岩芯最上部，海山山顶位置厚 12 cm，东南斜坡厚 21 cm。在海盆底部，该层厚度 13~17 cm。沉积物以含有大量微化石（浮游生物和底栖生物）砂质褐色和深褐色粉砂岩为代表，

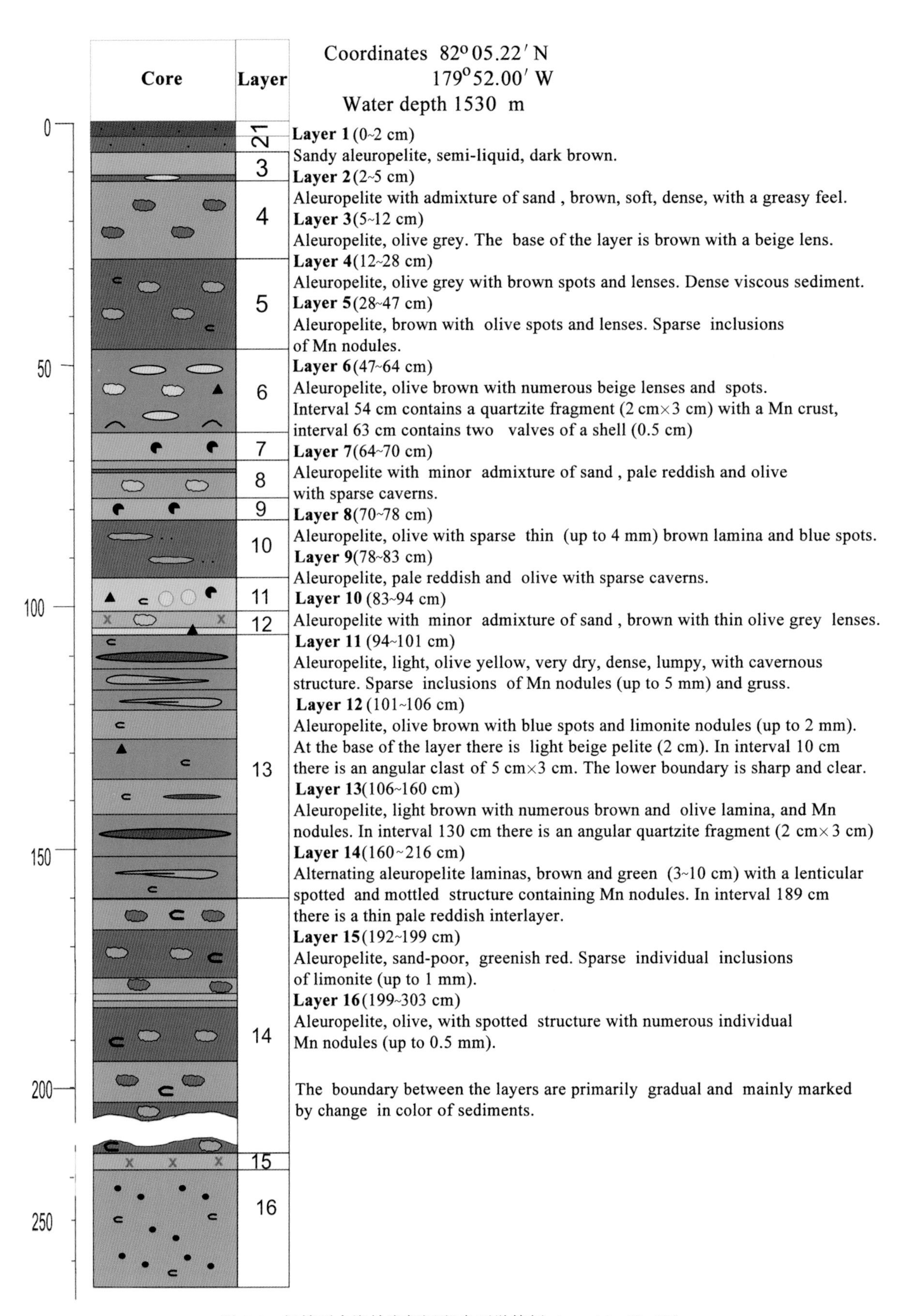

图 6.3 门捷列夫海岭底部沉积岩石学特征（st. AΦ-00-08）

常包含瓣鳃动物壳的碎片。在善舒拉海山东南斜坡的剖面上（AΦ-00-07）站，离表面 3 cm，出现一富钴结壳（0.5~0.8 cm）。该层典型特征是半流体浑浊层（最大 2 cm 厚）的出现，沉积物常呈浓稠状，底部厚 2~7 cm 的固结深褐色夹层为下边界。该层与下界面沉积物的边界很清晰。

钙质泥质岩单元沿走向延伸最明显，厚度 36~52 cm。在海山东部斜坡和门捷列夫海盆该单元厚度较均一（约 50 cm）。沉积物以黄褐色或褐色粉砂泥岩和富含大量微化石（浮游生物和底栖生物）的夹层及砂透镜体、松软的钙质沉积和蓝色黏土为主。该单元在海山斜坡和坡脚处含有最多的底部深色岩石。此外，海山及其斜坡上的沉积物含有大量铁的氢氧化物和锰结核，波德福德尼科夫海盆沉积物中发现黏土钙质泥岩。沉积物的密度各不相同，主要是流态-高塑性趋向于低塑性包含铁氢氧化物夹层。该层下界以沉积物颜色和结构发生变化为特征。

多彩泥质岩单元由橄榄色和褐色粉砂泥岩与斑驳泥质岩交互组成，夹有砂透镜体的层理构造（也含有大量微化石），厚度变化范围从海山的 144 cm 到海盆的 270 cm。沉积物受生物扰动，富含锰微结核、结壳和凝块及含铁氢氧化物的纹层。该单元上部含上升干燥钙质黏土颗粒和夹层，钙质透镜体（位于 100~130 cm）以及含有大量岩化岩石碎块（位于 70~80 cm 和 120~130 cm）的夹层。海山东部坡脚的沉积物中含有最多的岩石碎片。该单元下部，波德福德尼科夫海盆中部，锰结壳的出现表明此处曾经历局部侵蚀。沉积主要呈流质—塑性，比上覆单元密度要小。该层下界面明显，以沉积颜色和结构的变化和含有铁氢氧化物夹层为标志。

斑驳泥质岩单元位于未固结成岩的沉积层底部，以蟹青色和浅橄榄色粉砂泥岩为主，氢氧化锰零星分布。该层厚度最大达 111 cm。

2）粒径

全俄海洋地质矿产资源研究所实验室使用常规的处理方法（粒径分析，2001）对沉积物的粒径进行详细分析。对岩芯样品中砂/粉砂/泥质岩成分比重和 3 种泥质岩比重（粗粒分散 0.01~0.005 mm、中粒分散 0.005~0.001 mm、精细分散小于 0.001 mm）的分析，可完成上述各单元的类型描述。粒径测量的结果用柱状图、经验分布和累积曲线图来表示，为确定不同等级粒径分布和总结沉积过程中受区域地貌特征影响的常规趋势分析提供了可能。研究底部沉积矿物学的主要目的是研究沉积物的一般组成成分，辨别特征矿物及其复合物以识别共生矿物垂直分异，及其与底部硬质岩石的关联。将粒径为 0.1~0.05 mm 的标准分布作为研究的基础。同时全俄海洋地质矿产资源研究所实验室使用液浸法完成光学测量。

研究区域内以泥质岩含量达 55%~80%的沉积物为主。虽然以细粒径为主，但是底部沉积与其地貌和岩性地层位置仍有很大的不同。

总体上，沉积物中以粉砂质泥质岩为主。泥质岩含量在门捷列夫海盆大多一致，除上部岩芯稍有减少（图 6.6）。这类泥质岩占斑驳泥质岩单元的 70%~80%；多彩泥质岩单元的 65%~75%，钙质泥质岩单元的 60%~70%，黏土含量分布也发生相应变化。整个岩芯细粒径为主（平均 45%~55%），岩芯中部中粒径轻微增加。

门捷列夫海盆沉积物的粒径分布与上述讨论的 4 个单元很一致。柱状图呈多峰和低值。以细粉砂和泥质岩为主（其含量不超过 20%），但细粒级仅达到 40%。在门捷列夫海岭区岩芯中部和上部沉积中砂碎屑含量有所增加。泥质岩含量不超过 55%~70%，中粒级含量都有所增加（最高 30%）。粗粒径也有出现（图 6.7）。

善舒拉海山沉积粒度很特别。岩芯很明显可分为两部分：上部 5~146 cm，下部 146~256 cm。柱状图呈单峰，上部细粒级泥质岩含量最高，下部中粒径泥质岩含量最高（图 6.7）。

门捷列夫海盆和善舒拉海山及其斜坡沉积粒径分析对比确定其底部沉积的经验场分布和累计曲线图，揭示沉积作用的独特特征和动力学机制。深水区（AΦ-00-02）站松散沉积的特征是粒径几乎一致。一个显著的特点是细颗粒开放分布。泥沙证据中子模式较低的（下部）泥质岩子模式由于水流中缺少细颗粒物质区分证据其经验分布场未能完成，但消极不对称（以砂粒粒组“尾巴”的形式）的并发存在表明物质来源于悬浮体。粉砂模式的不对称，向细颗粒倾斜，说明砂、粉砂和泥质岩之间明显的差异，意味着

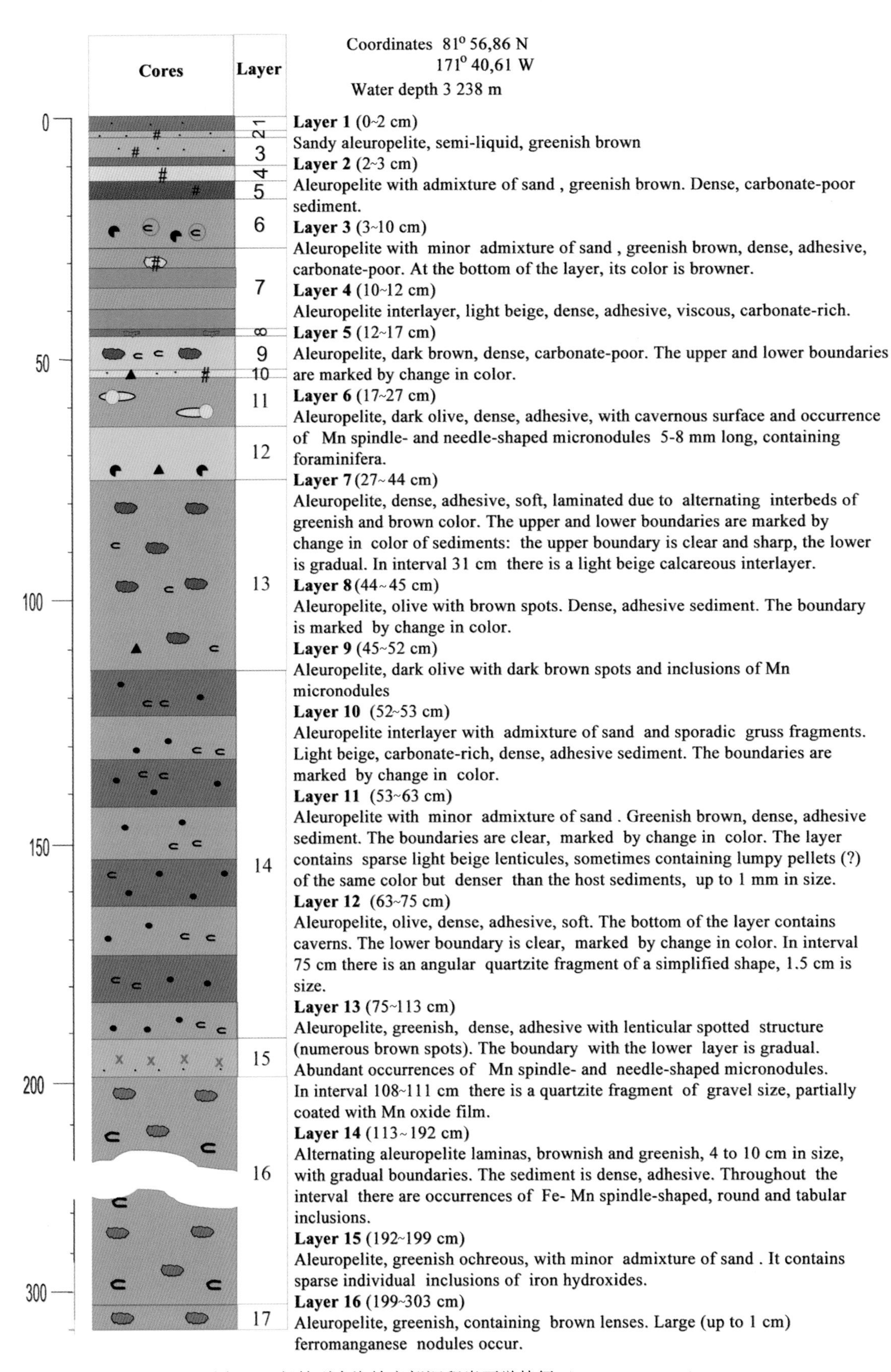

图 6.4 门捷列夫海岭底部沉积岩石学特征（st. AΦ-00-02）

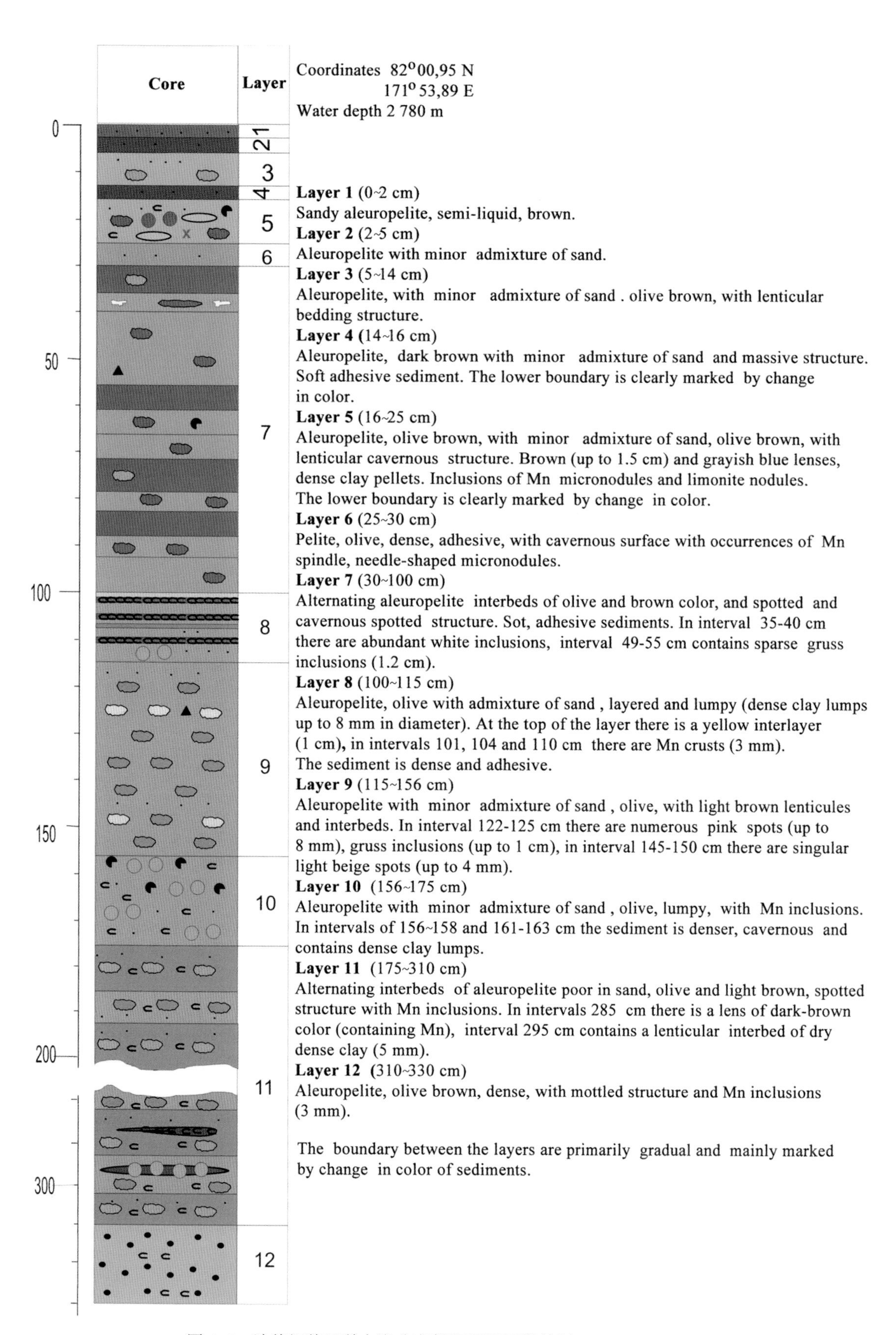

图 6.5　波德福德尼科夫海盆底部沉积岩石学特征（st. AΦ-00-23）

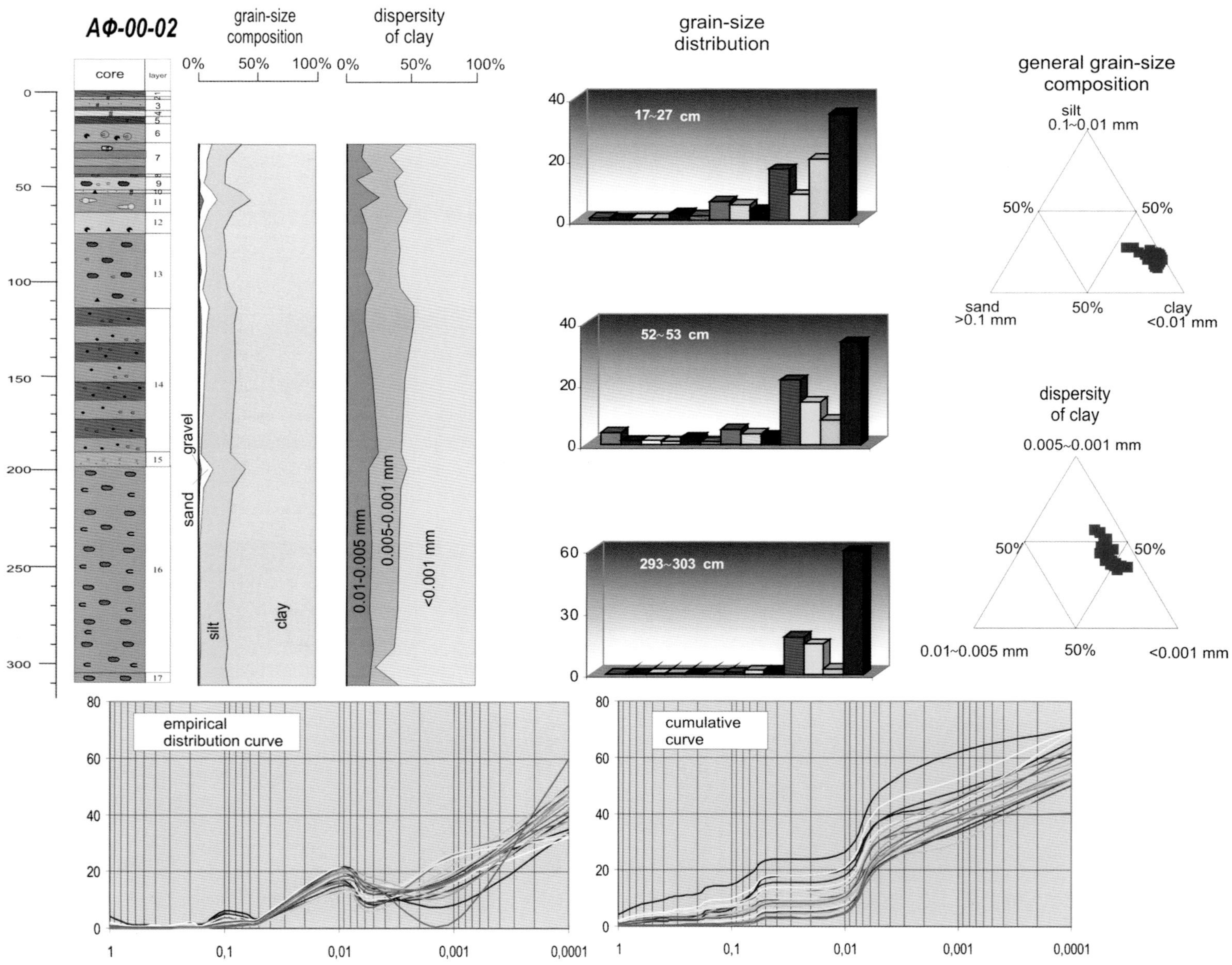

图6.6　门捷列夫海盆底部沉积粒度特征

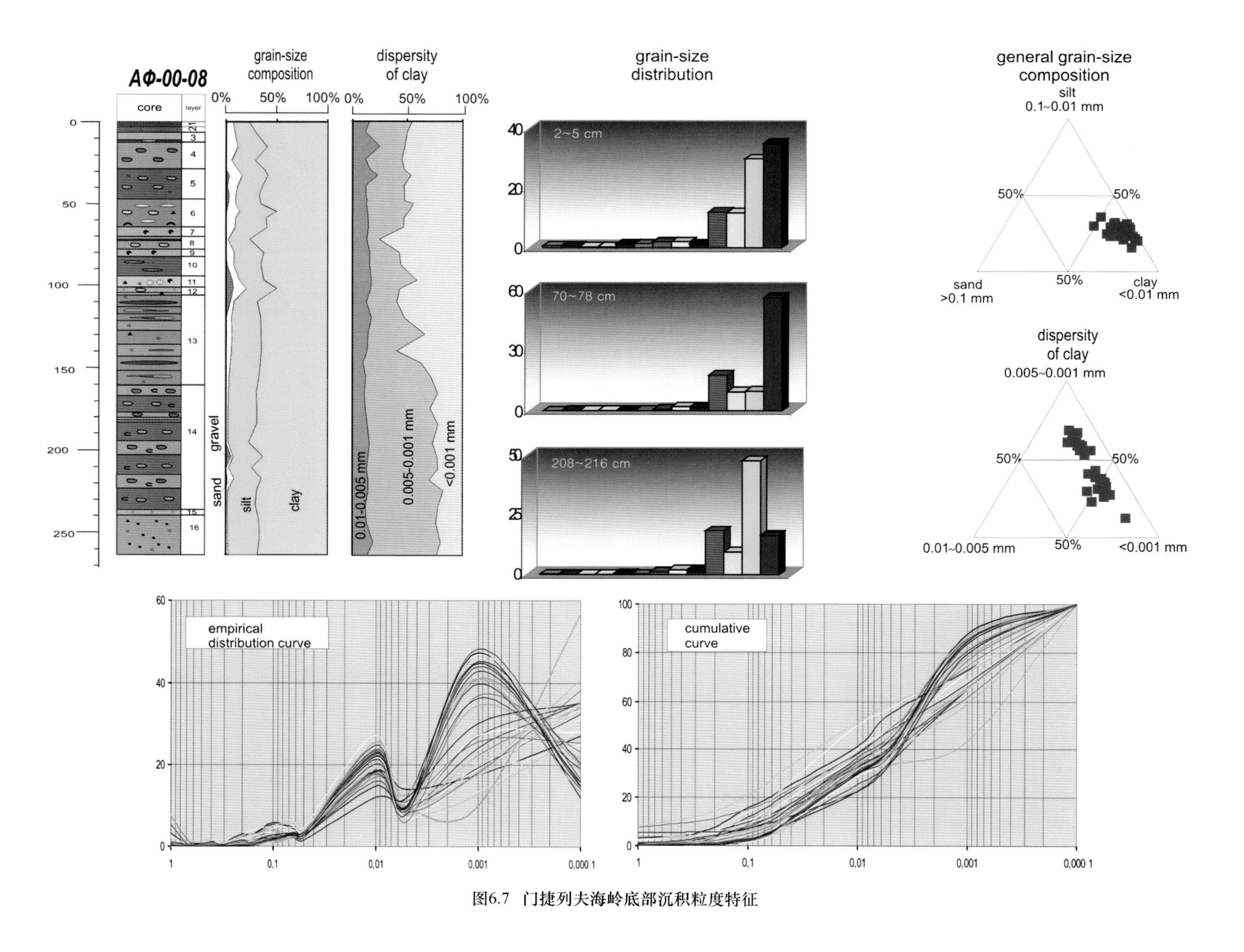

图6.7 门捷列夫海岭底部沉积粒度特征

颗粒运移的不均匀性，且大量浮游生物和底栖生物供给到沉积物中。

善舒拉海山山坡上的沉积（AΦ-00-06 站）形成于相似的环境，但是砂质粉砂颗粒含量更多。该处沉积主要为浊流沉积，为沉积过程中特定阶段剥蚀和积累的多样性结合，意味着不同的沉积动力学机制，是典型的水下残积—洪积过程。

海山（AΦ-00-08 站）沉积呈两个阶段：岩芯上部经验分布场和累计曲线与斜坡沉积相近，但更多变；下部沉积以复众数分布场为特点。这种分布是形成于水下再选冰水沉积细颗粒的残积—洪积沉积为特点。上部沉积环境与深水沉积环境相似，但当参数与最下部相接近时也会有例外。

3）重碎屑矿物学特征

重碎屑矿物学特征表现为沉积物中重矿物含量（粉砂粒径 0.1～0.05 mm）在整个区域和跨区域各有不同。发现其最大值出露于善舒拉海山（AΦ-00-08）岩芯的上部（2～94 cm）。而靠近门捷列夫海盆的一侧，重矿物含量沿整个岩芯都保持稳定，平均 0.7%，在 17～27 cm 和 85～95 cm 段略微增加，分别至 1.47%和 1.37%。

门捷列夫海岭重矿物矿物组成与门捷列夫海盆稍有不同（表 6.1）。总体而言，以成岩矿物（辉石、角闪石和绿帘石—黝帘石族矿物）为主，占 40%～50%。黑色矿物在海沟地区（主要是钛铁矿），自生矿物（铁的氢氧化物）在海岭地区扮演重要角色（图 6.8），在岩芯的不同位置矿物的质量比也各有不同。

表 6.1　门捷列夫海盆基性矿物平均含量

岩石地层单元 / 基础矿物（%）	斑驳泥质岩单元	多彩泥质岩单元	钙质泥质岩单元	氧化泥质岩单元
辉石	4.3	9.7	15.9	—
角闪石	25.4	15.0	14.6	—
绿帘石	16.1	13.4	12.5	—
铁的氢氧化物	6.3	7.3	7.3	—
黑矿	13.4	22.3	19.4	—
石榴石	9.5	7.9	7.6	—

整个岩芯中含量最稳定的是黑色矿物。在岩芯中部（85～95 cm 段）记录的含量最高为 43.1%。下部以角闪石为主（最高含量 31.7%）。中部也包含较高含量的角闪石。绿帘石—黝帘石族矿物含量变化范围为 5.9%～20.4%。铁氢氧化物分布几乎均匀，其含量 4.8%～9.8%。辉石出现在整个岩芯中，但其含量很不均匀。上部含量最大达 25.9%（52～53 cm 段），向下均匀减少至 2.8%（303～310 cm 段）。

门捷列夫海岭附近沉积的辨别特征是重矿物分布范围的多样性。在大部分岩芯中主要以成岩矿物为主，但上部自生矿物含量明显增加（图 6.9），70～78 cm 段和 160～170 cm 段自生矿物含量丰富。尤其值得注意的是表层（2～5 cm 段）铁氢氧化物超过 80%（表 6.2）。

表 6.2　门捷列夫海岭基性矿物平均含量（AF-00-08）

岩石地层单元 / 基础矿物（%）	斑驳泥质岩单元	多彩泥质岩单元	钙质泥质岩单元	氧化泥质岩单元（包括表层）
辉石	4.8	12.9	7.8	12（1.1）
角闪石	36.3	17.5	17.2	15.5（2.7）
绿帘石	16.8	8.2	12.8	8.6（4.6）
铁的氢氧化物	7.6	8.9	34.7	25.4（87.6）
黑矿	10.6	8.6	9.1	22.4（0.7）
石榴石	5.6	2.8	5.4	3.4（0.4）

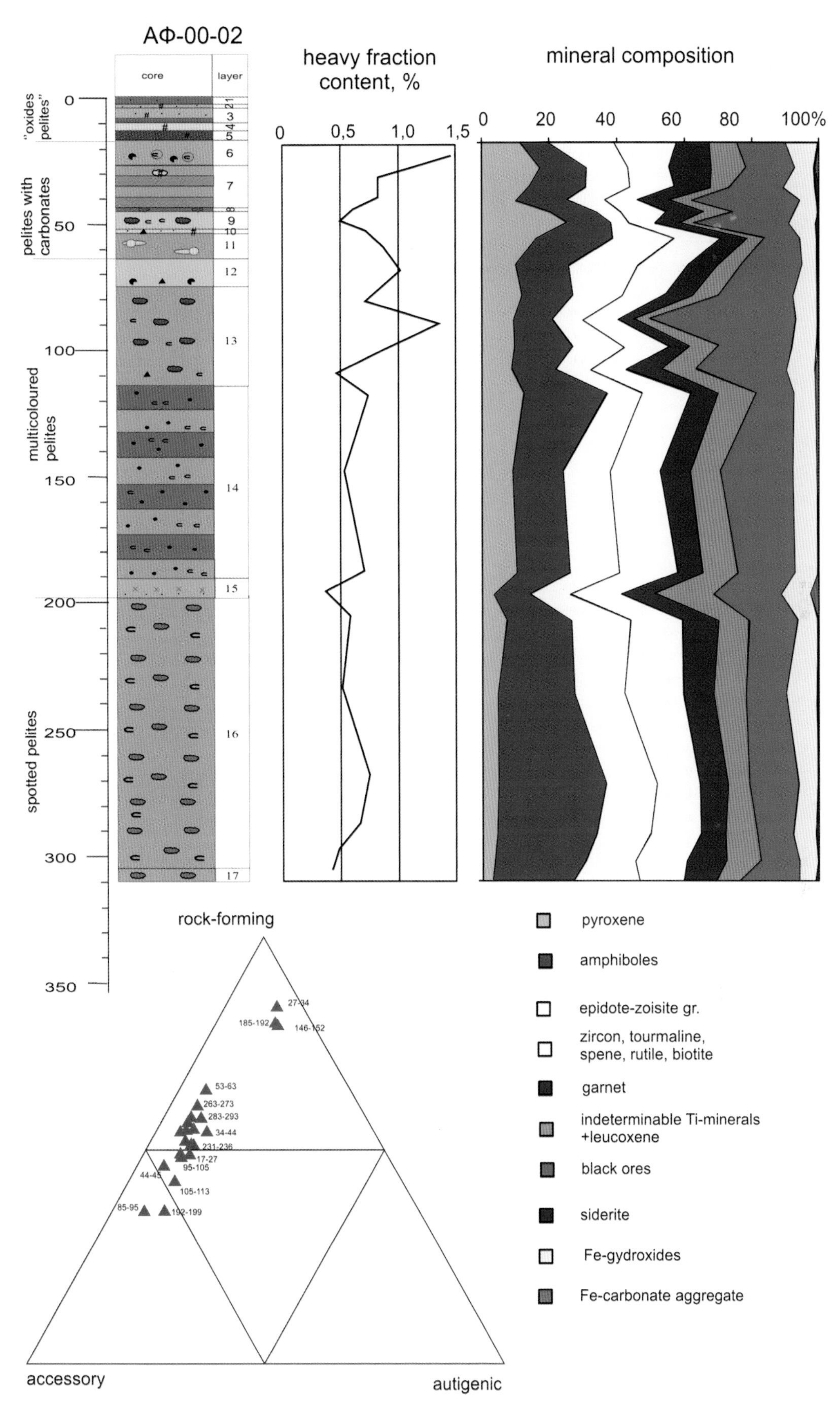

图 6.8 门捷列夫海盆底部沉积重碎屑矿物学特征

海岭底部沉积（AΦ-00-08）主要以角闪石（218~228 cm 段最大值 40.2%）和绿帘石（15%~18%）为主。通常黑色矿物在门捷列夫海盆中含量相当低，其分布相当不均匀：5~21 cm 段，34~36 cm 段，94~101 cm 段和 126~136 cm 段含量超过 20%。斜辉石含量变化也不均匀：94~101 cm 段最大值达 39.9%，2~5 cm 段最小值仅为 1.1%。

4）轻碎屑矿物学特征

轻矿物（AΦ-00-08）主要以石英为主，平均含量 60%~70%。此外，微石英（主要聚集在岩芯下部）、白云石（最多 10%）、钾长石（2%~10%）、斜长石（0.3%~3.3%）、黑云母（0.9%~6%）和铁氢氧化物大量出现。部分夹层中富含碳酸盐岩有机质（最大值达 40%~60%）。

与沉积物中泥质岩同样重要的是细颗粒矿物，尤其是反映陆缘沉积主要成分的细颗粒矿物。泥质岩 X 射线研究表明，其主要矿物成分是高岭石、绿泥石和蒙脱石（表 6.3）。此外细颗粒沉积还包括石英、长石和方解石。

半定量 XD 分析显示，沉积细颗粒物中主要成分为水云母（平均 52%）。在门捷列夫海盆和海岭上，高岭石的含量也十分丰富。海岭附近，高岭石平均含量约 25%，在某些样品中（在 AΦ-00-06 中，74~83 cm 段和 22~27 cm 段）甚至达到 51.6%和 56.5%。在海盆沉积中，其含量平均为 16%。

根据门捷列夫海盆和门捷列夫海岭松散沉积的岩性比较研究，两者区别如下。

（1）粒径方面，海盆沉积主要呈黏土状，而海岭多含砂。

（2）沉积相沉积环境不同。海盆沉积环境相对稳定，而海岭则不规则变化。海盆沉积主要受悬浮作用影响而非底流。海岭沉积开始与残积—洪积过程有关，残积—洪积过程后被悬浮颗粒沉淀而代替。

（3）下部松散沉积盖层中（斑驳和多彩泥质岩单元）重矿物成分以绿帘石—角闪石、含铁辉石系列为代表。在海岭上，岩芯上部以自生矿物（铁氢氧化物）、角闪石和黑色矿物为主。后者也是海盆顶部的主要矿物组成。

表 6.3　泥质岩矿物组成

岩芯编号	采样位置（cm）	泥质岩中黏土矿物相对丰度（%）			
		高岭石	绿泥石	水云母	蒙脱石
AΦ-00-02	17~27	18.8	30.8	50.3	微量
	63~75	15.5	24.5	57.9	微量
	146~152	16.3	31.9	51.0	0.5
	303~310	12.7	30.9	56.4	微量
AΦ-00-08	02~05	27	20.3	52.7	
	21~28	27.3	21.6	49.3	0.3
	64~70	42	25	29.6	0.8
	146~152	13	20.5	65.2	1.3
	258~265	25.5	26.3	47.1	1.1

（4）沉积物中黏土成分以高岭石含量丰富为特点。在海岭地区，其含量相较于海盆高 1.5~2 个丰度。由于高岭石在胶结质中大量出现，这也被看作与石英砂岩有关联的证据。

（5）该松散层的形成主要来源于当地，这从砂质黏土和粗颗粒沉积相的矿物学特征和浮游生物和底栖生物微化石可以得出的结论。

5）古地磁特征

底部沉积古地磁研究的第一阶段，是分析门捷列夫海盆（AΦ-00-01）和善舒拉海山（AΦ-00-08）获取的岩芯。天然剩余磁化强度（NRM）和磁化率的测量，沿岩芯每 2~2.5 cm 间隔分别进行。使用特殊设备通过交变磁场消磁来测量 NRM 的稳定性。

磁化率和天然剩余磁化强度：磁化率（k）可提供确定岩层边界的基础，因为其可清楚反映岩性变

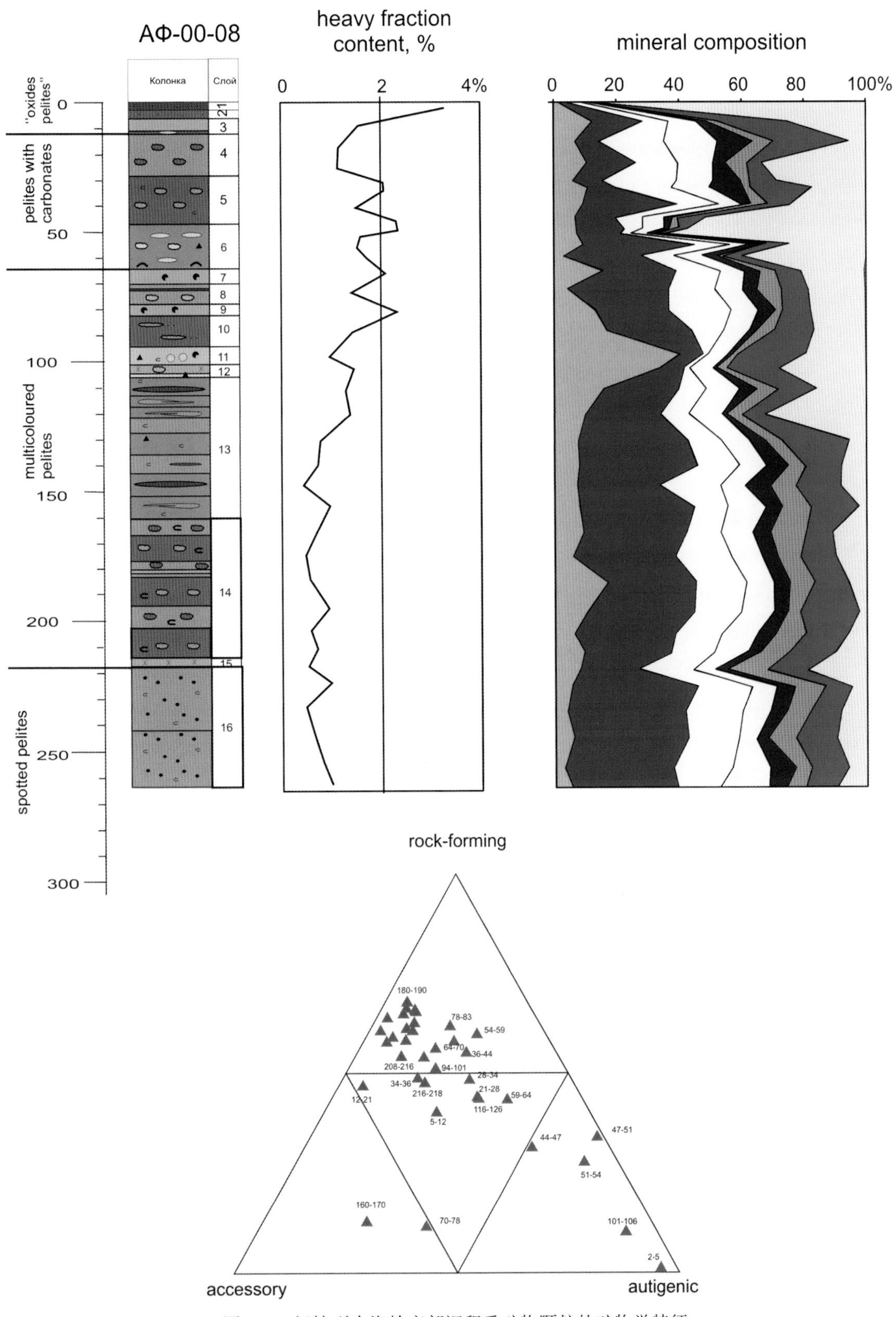

图 6.9　门捷列夫海岭底部沉积重矿物颗粒的矿物学特征

（图例同图 6.8）

化，每一个岩层都包括一些长石颗粒。在磁化率图（图 6.10、图 6.11）中，除了部分峰值，变化范围为 $0.2\times10^{-3}\sim0.6\times10^{-3}$ SI。AΦ-00-08 孔岩芯 101 cm 处磁化率顶部确切值有待于进一步探讨。值得关注的是在第一个岩层上部边界出现的高磁化率且极性反转，因此，这一异常表明为布容期—松山期转变。总之，磁化率记录不仅可用于确定边界，也可用于校正边界。

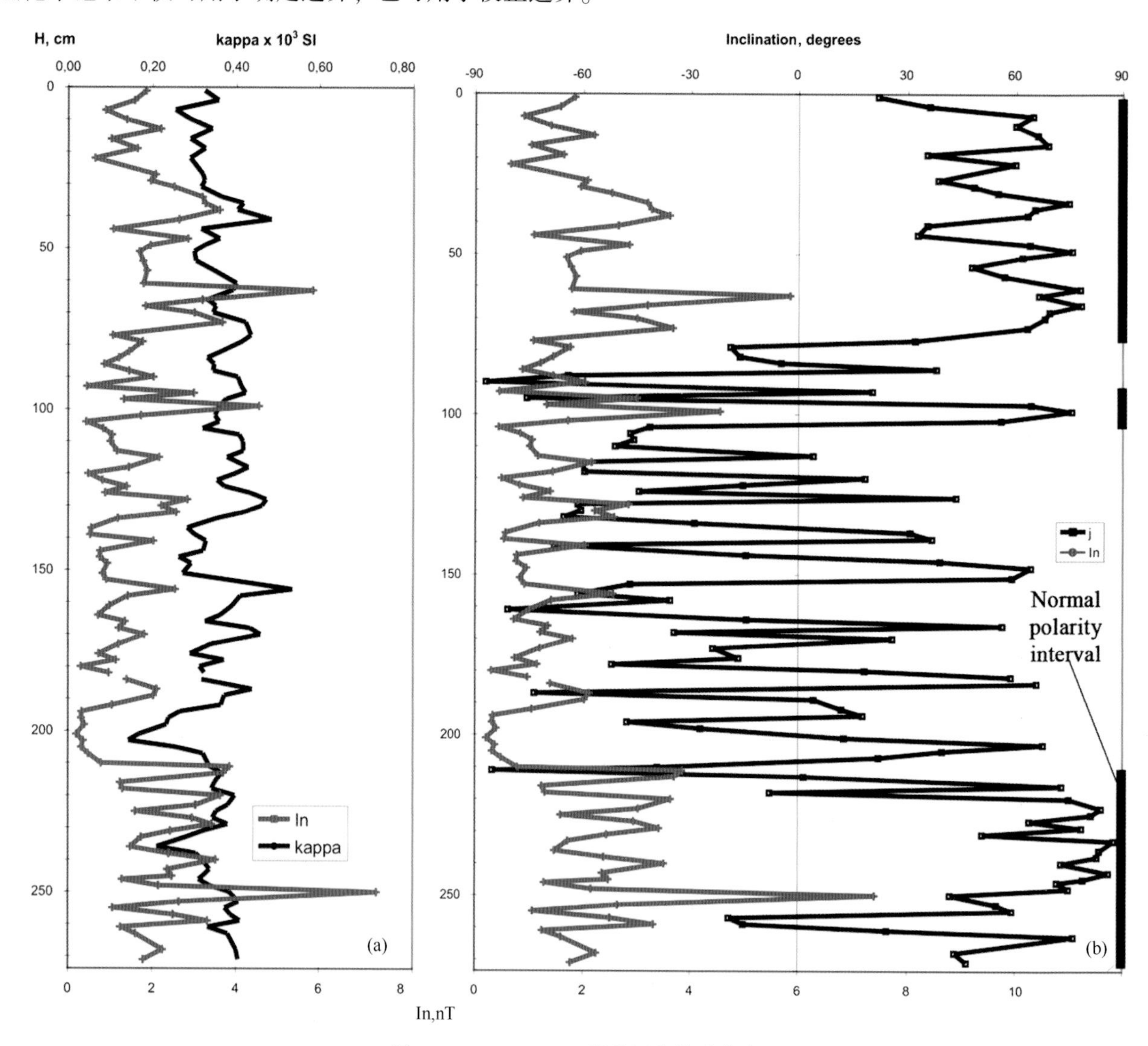

图 6.10　AΦ-00-01 岩芯沉积物磁化率

a—磁化率和剩余磁化强度；b—剩余磁化强度和倾向

与磁化率相反，剩余磁化强度（*In*）显示的大振幅，同样是识别和校正的标志。因此，在岩芯 AΦ-00-01 中，地磁场极性正向和反转期间，水平面上的泥沙沉积不仅剩余磁化方向不同，数值也有所不同。地磁场正向时，平均剩余磁化强度约为 2nT，地磁场反转时，则约为 1nT。当地磁场正向和极性反转沉积层的磁化率变化范围基本一致，不同的剩余磁化强度则归因于黏滞磁化的结果：在极性正常沉积层中黏滞磁化与沉积层中初始磁化相叠加；在极性反转时，黏滞磁化与初始磁化方向相反。在岩芯 AΦ-00-08 中，发现极性正向和反转期沉积层剩余磁化强度 *In* 相似。因此，剩余磁化强度 *In* 是根据地磁场正向和极性反转区分沉积层的另一依据。

剩余磁场方向分析（*In*）：由于岩芯平面取向随意，因此磁偏角未知，不同取样深度的剩余磁场 *In* 方向只能通过倾角矢量来测量。剩余磁化强度倾斜图中，岩芯中一个共同点是正极高值向负极低值转变。从一系列指标判断，在所有岩芯中都存在布容期/松山期的边界。布容期呈负极 *j* 峰值，松山期呈正极峰

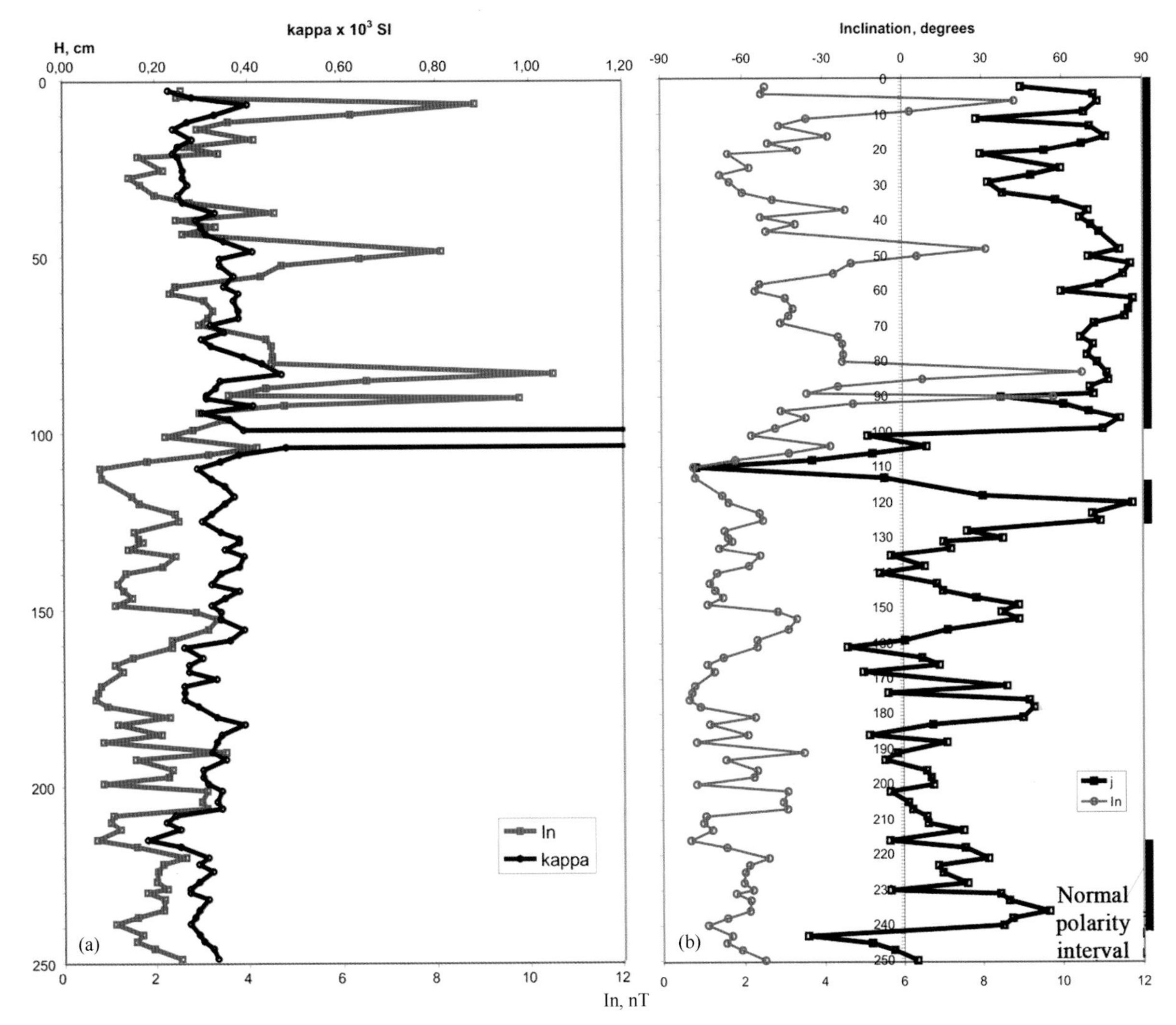

图 6.11 AΦ-00-08 岩芯沉积物磁化率

a—磁化率和剩余磁化强度；b—剩余磁化强度和倾向

值，这可用极性反转以及不稳定的沉积过程来解释，例如浊流扰动、生物影响和其他因素。确定地质事件可通过布容期岩群上部的平均沉积速率来判断（表 6.4）。

依据调查结果，岩芯底部沉积的古地磁分析方法可用于门捷列夫海岭底部沉积的区别、校正和年龄推断。

微体古生物特征：为对底部松散沉积盖层进行分层和获取沉积盆地的古气候环境信息，分别对两个岩芯样品进行微体古生物分析：门捷列夫海盆 AΦ-00-02 和善舒拉海山区 AΦ-00-07 岩芯。主要研究浮游和底栖生物及介形虫组合。取样采用海渠法，最小和最大取样间隔分别为 1 cm 和 21 cm。

6）浮游有孔虫组合

（1）有孔虫

在 AΦ-00-02 和 AΦ-00-07 岩芯中，浮游有孔虫包含多达 7 种：亚北极—厚壁新方球虫（*Neogloboquadrina pachyderma* sin.）（左旋）（埃伦贝格）、近肥胖球房虫（*Globigerina paraobesa* Herman）、闭合球房虫（*Globigerina occlusa* Herman）、北方—五叶抱球虫（*Globigerina quinqueloba* Natland）、泡抱球虫（*Globigerina bulloides* Orbigny）、厚壁新方球虫（*Neogloboquadrina pachyderma* dex.）（右旋）（埃伦贝格）、粘连似抱球虫（*Globigerinita Glutinata*）（Egger）。有孔虫保存完好。在特定寒冷的时期内，贝壳类相当稀少，有时甚至没有有孔虫。

在 AΦ-00-02 和 AΦ-00-07 孔中，浮游有孔虫的分布呈 5 个聚集带，对应地球历史上的温暖时期（图 6.12a）。在 AΦ-00-07 岩芯中出现一个侵蚀直接导致浮游有孔虫第四聚集期的形成。

表 6.4　底质沉积速率

岩芯编号	布容期—松山期边界（0.73Ma）	哈拉米约（0.90~0.97Ma）	奥都崴（1.67~1.87Ma）	留尼汪岛（2.48 Ma）	松山期—高斯期边界（2.48 Ma）	沉积速率（mm/ka）布容期
AΦ-00-01	76	92-103	?	?	210	1.04
AΦ-00-03	79	91-102	?	?	222	1.08
AΦ-00-08	100	115-127	218-241			1.37

AΦ-00-02 和 AΦ-00-07 孔与东北俄罗斯和阿拉斯加海侵岩系中发现的有孔虫聚集密切相关，两者具有相似的古生物学特征。岩芯下部温暖 Anvil 海侵的缺失表明该段跨度穿越氧同位素第 24 期（约 960 ka）。

（2）介形虫

在 AΦ-00-02 和 AΦ-00-07 孔中对介形虫的初步研究表明，在研究区域存在 5 个聚集期反映了古海洋环境的变化。一共有超过 25 个种类，包括具有北极深海区域特征，以及格陵兰岛和北海、北大西洋和北太平洋半深海、深海沉积特征。除此之外，某些岩芯中还包含冷水近岸介形虫种类。所有类型在当代海洋中都存在。

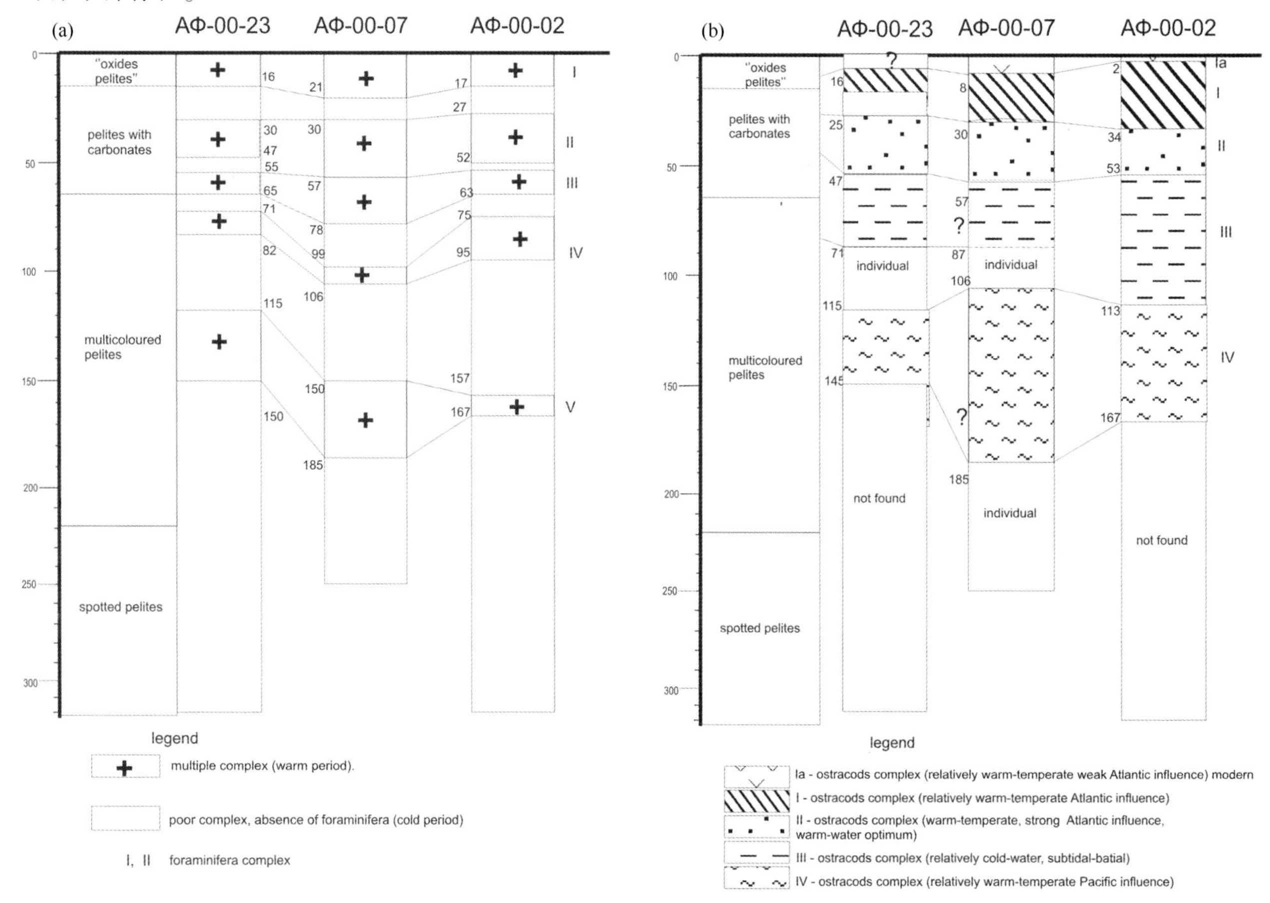

图 6.12　松散岩石的分选和相关性图标

a—浮游有孔虫；b—介形动物

门捷列夫海盆和海岭松散沉积盖层采集数据结果对比发现，不同的沉积环境条件形成不同的底栖生物聚集，特别是介形虫。但是环境与生物聚集的关系并不稳定（图 6. 12b）。

聚集Ⅰ（和Ⅰa）包含糙面亨氏虫（*Henryhowella asperimma*），克里特介属的几个未定种（*Krithe* spp.）与 AΦ-00-07 孔中（0~30 cm）发现的相同聚集密切相关。以包含大西洋半深海-深海和北大西洋深海流和表层流补给的近岸—深海种类为典型代表。

聚集Ⅱ包含布朗温翼花介（*Cytheropteron bronwynae*）（AΦ-00-02），可与海盆下沉形成的含有北冰洋深海翼花介（*Cytheropteron*）（AΦ-00-07）相比较。

贫瘠的聚集Ⅲ含有布朗温翼花介（*Cytheropteron bronwynae*），多夫翼花介（*C. sedovi*）（57~78 cm 段，AΦ-00-07 孔）表明其与大西洋关系较弱。

最后，聚集Ⅳ含有受太平洋影响的适度暖水种类（113~167 cm 段，AΦ-00-02 孔）与所有孔（AΦ-00-07 孔，106~185 cm 段，AΦ-00-23 孔，115~145 cm 段）都相关。

大西洋冷水介形虫聚集的沉积层可作为北冰洋深层水地层划分的标识物。

根据微体古生物学研究，松散盖层的年龄为更新世—全新世。获取的数据资料与北冰洋周边海域获得的结果一致——罗蒙诺索夫海岭和阿尔法海岭岩芯上部（距海底面约 20 cm）根据碳同位素测定年龄为 40 ka，270~340 cm 段同位素测定为 400~600 ka。但是，根据古地磁数据，门捷列夫海岭下部地层年龄为早更新统，门捷列夫海盆为上新统（图 6. 13）。两者沉积速率分别为 1. 06 mm/ka 和 1. 37 mm/ka。这一结果与加拿大海盆获得的结果并不矛盾，该孔岩芯钻孔穿透加拿大海盆沉积盖层底部（岩芯最长 180 cm），沉积年龄约 1. 2 Ma，沉积速率 1~3 mm/ka。

研究区域通过古生物学记录研究的地质历史事件（Andreeva et al. ，2007）及绝对年代，在下述层序中介绍。

上新世—早更新世与太平洋有关，来源于太平洋的聚集类和钙质底栖生物沉积到北极盆地深水区域。由于水循环失调，北极海盆和大西洋被分离开来，形成停滞的缺氧环境。稀少的钙质海底生物以腐蚀介形亚纲动物壳、小泡虫类 *buliminides*、近缝口虫类 *parafissurines* 和其他缺氧型有孔虫群为代表。浮游生物也以小浮游有孔虫为主。再沉积的白垩纪类群漂移很常见。

晚更新世由于大西洋现代水循环系统的发展和加强，钙质底栖生物和介形亚纲动物占统治地位。

7）底质粗碎屑沉积

粗碎屑沉积指具有特殊性质的底部硬质岩石碎屑。粗碎屑是获取当地基岩资料的一个独特的来源。分布很不均衡，海岭富集于大陆坡脚，海盆粗碎屑以零星碎片出现。研究区底部硬质岩石分布的认识主要通过一些要素分析来获得：海底地形、取样工程控制、可视化和摄影定位、样品形态学、物理性质和岩相学特征。

根据水深地形数据，等深剖面 *AA′*、*BB′*和 *CC′*用于展现粗碎屑沉积粒度和成分的分布（图 6. 14）。

图 6. 14 顶部黑色三角形的大小与通过底质采样器获取的底部硬质岩石样品体积（CU）呈正比，取样方式一致。样品中基质物质和底部硬质岩石的体积比是合理的，岩芯样品直径也保持不变。对每个站位的碎屑尺寸进行比较，包括采集到最大样品（cm）的站位。底部硬质岩石样品的岩相学特征在图表中以薄片列展示。

对 25 个取样点采集到的含有岩石碎屑的样品进行研究，研究结果详见表 6. 5 至表 6. 9。

表 6. 5 为拖网点水文测量结果。为了便于计算拖曳距离和方位角，运用“Range”软件。

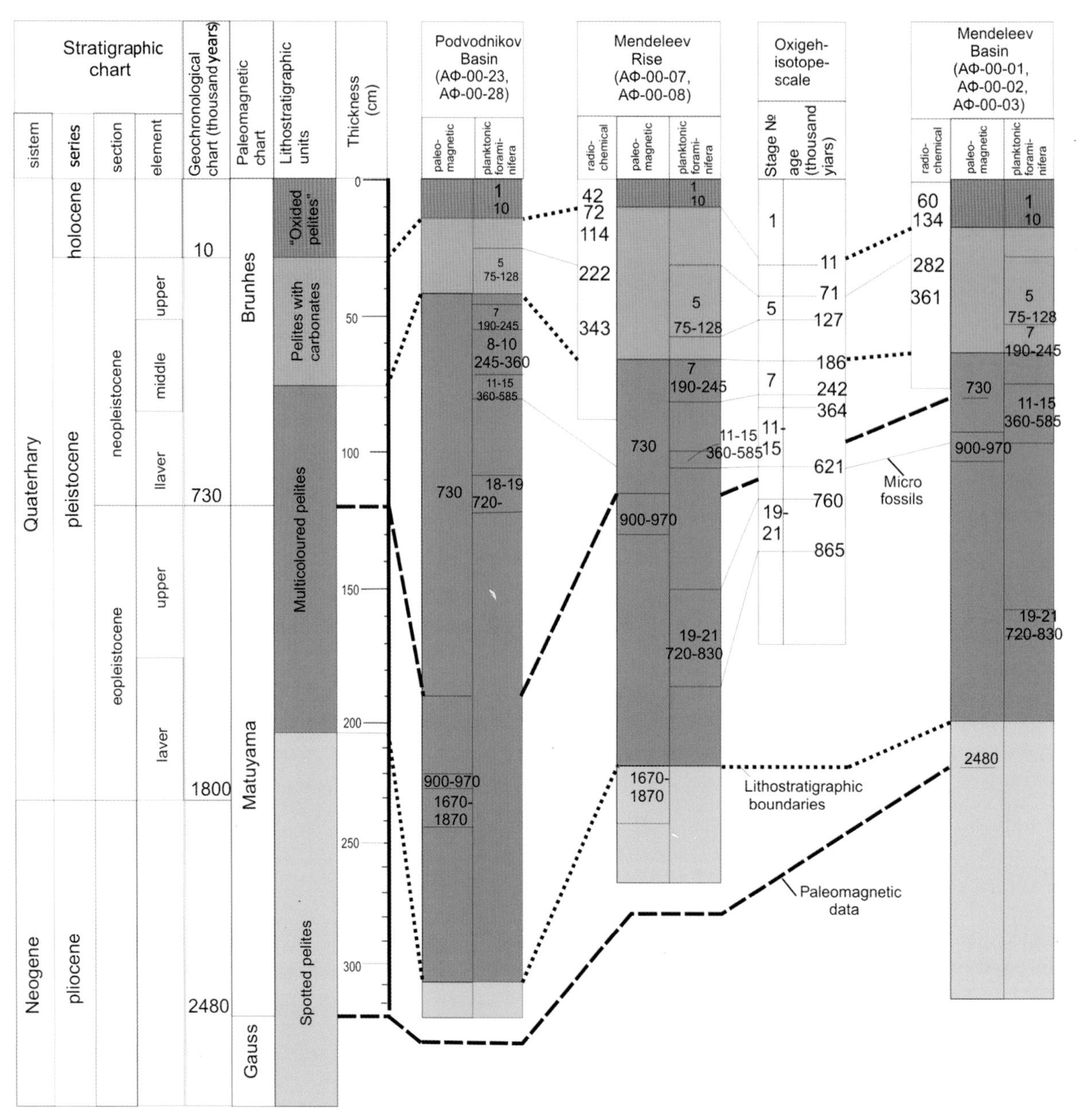

图 6.13 门捷列夫海岭松散盖层沉积岩性、古地磁和微体古生物特征相关图

表 6.5 善舒拉海山地形拖网取样站参数

岩芯编号	位置				方向	长度	总时间	速度
	取样起点		取样终点					
	纬度	经度	纬度	经度	(°)	(m)	(h)	(m/s)
АФ-00-05	82°10. 29′N	177°09. 20′W	82°10. 38′N	177°43. 51′W	271. 4	8 700	3. 46	0. 64
АФ-00-10	82°02. 40′N	179°57. 26′W	82°02. 81′N	179°57. 64′W	353. 7	769	3. 14	0. 07
АФ-00-13	82°04. 41′N	179°11. 79′E	82°04. 94′N	179°14. 94′E	39. 3	1 275	4. 00	0. 09
АФ-00-27	81°55. 72′N	169°13. 16′E	81°55. 50′N	169°11. 95′E	217. 7	517	6. 22	0. 02

结合水文测量结果和取样工程特性（底部取样器状况、钢缆倾角、涌浪等），船只（与浮冰一道）在拖网过程中主要向北和西北方向。这与该区域海流方向一致（北极地图集，1985）。АФ-00-05 站漂移（拖网）速度最大达 0. 64 m/s，拖网距离约 8 700 m，样品体积在所有站位中也最大。АФ-00-10 站点漂

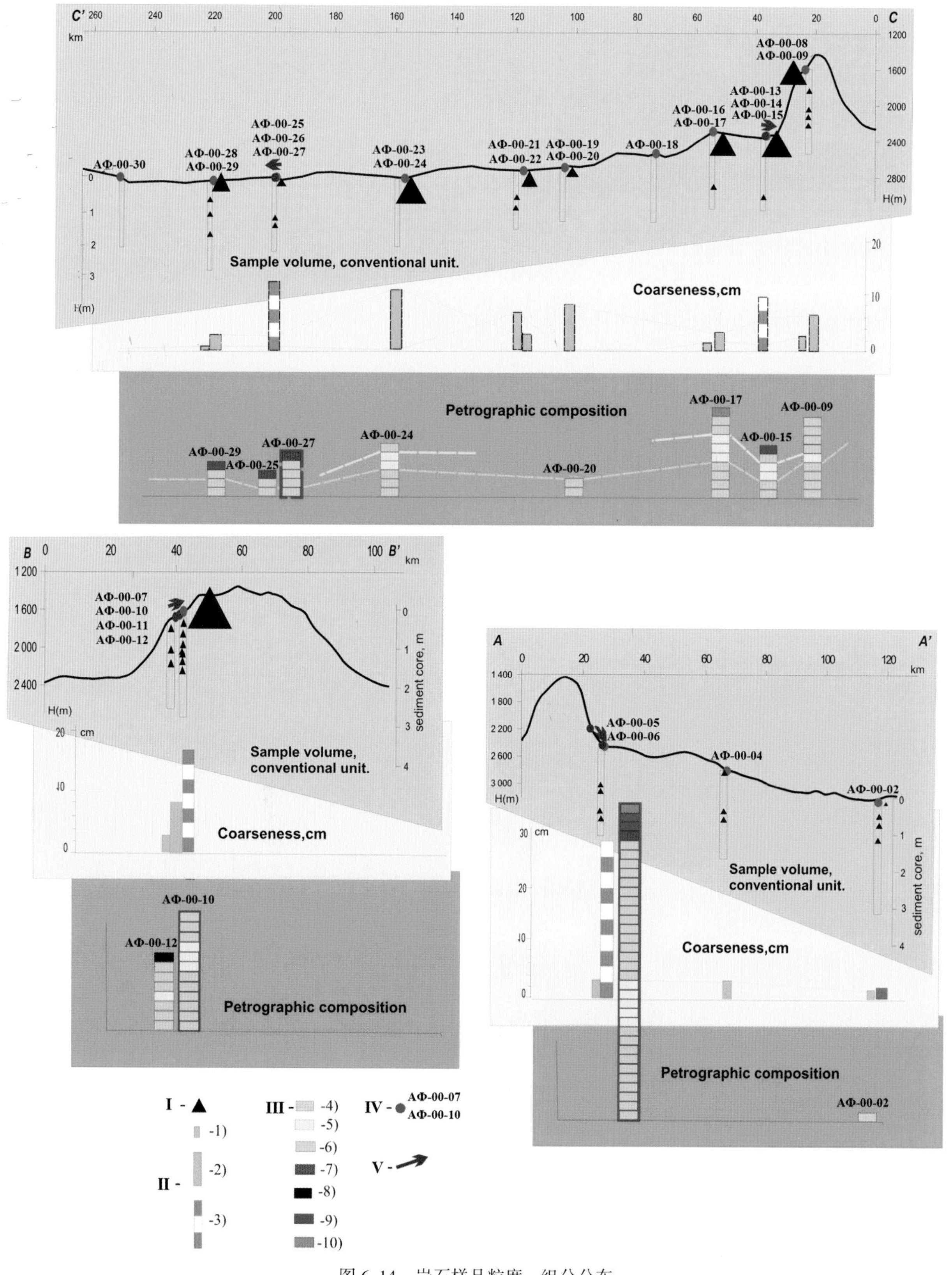

图 6.14　岩石样品粒度、组分分布

Ⅰ—样品体积；Ⅱ—最大粒径（cm）：活塞岩芯（1），立式钻孔（2），拖网（3）；Ⅲ—岩石碎屑岩石成分：4—砂岩，5—石灰岩，6—白云石，7—辉绿石，8—玄武岩，9—花岗岩，10—片岩；Ⅳ—钻孔号；Ⅴ—取样方向

移速度比 AΦ-00-05 站点慢约 9 倍，拖网覆盖距离短 11 倍，样品体积小 4 倍。在 AΦ-00-13 站点，沿斜坡拖网，其他参数都相似，但拖网效果并不好。只采集到两个样品。在 AΦ-00-27 站点，位于距海岭以西 180 km 处的波德福德尼科夫海盆，底部硬质岩石通过近 6.5 h 拖网才采集到，相当于其他站点的两倍时间，但该样品仅含有黏土沉积物，岩石碎屑很少。

表 6.6、表 6.7 为样品体积数据，使用习用单位，所有样品以直径测量最大值为准。

表 6.6　岩芯样品中底部硬质岩石碎屑体积（CU）

岩芯编号	岩芯长度（cm）	BHR 观测间隔（cm）	体积 （CU）	合计
AΦ-00-01	273	37~43	2.5+1	3.5
		63~81	1+1	2
		121~129	1+1	2
		159	1	1
AΦ-00-02	310	53~53	1	1
		75	1.5	1.5
		108~111	0.5	0.5
AΦ-00-03	310	6	2	2
		57	1	1
		58	1	1
		116	0.5	0.5
		121	0.5	0.5
AΦ-00-04	240	7	2	2
		119	3+1	4
		125	1	1
AΦ-00-06	240	103	1.5	1.5
		126	1	
		186	2.5	2.5
		192	1	1
AΦ-00-07	245	21	0.5	0.5
		34	1	1
		48	3	3
		50	3.5	3.5
		68	1	1
		100	1	1
AΦ-00-08	265	54	3	3
		100	0.5	0.5
		106	5	5
		130	3	3
AΦ-00-11	224	18	1	1
		57	0.5	0.5
		81~89	1	1
AΦ-00-14	250	171	0.5	0.5
AΦ-00-16	243	162	2	2
AΦ-00-18	253	—	—	—
AΦ-00-19	170	—	—	—

续表

岩芯编号	岩芯长度（cm）	BHR 观测间隔（cm）	体积 （CU）	合计
AΦ-00-21	165	84 102	1 6. 5	1 6. 5
AΦ-00-23	330	—	—	—
AΦ-00-26	195	125 135	0. 5 1	0. 5 1
AΦ-00-28	334	48 95 150	1. 5 0. 5 0. 5	1. 5 0. 5 0. 5

表 6.7　底部采样器和拖网硬质岩石碎屑体积（CU）

岩芯编号	体积（CU）	合计
AΦ-00-02	2	2
AΦ-00-09	6+4+3+2+2+1+1+1	20
AΦ-00-12	8+6+4+3+3+2+2+2	30
AΦ-00-15	6+5+5+3+2+1	22
AΦ-00-17	3. 5+2+3+2+2+2+1+1+1	19. 5
AΦ-00-20	8+1. 5	9. 5
AΦ-00-24	2×5+12	22
AΦ-00-25	2. 5+2. 5+2	7
AΦ-00-29	3+3+2. 5+2+1+1+1	13. 5
AΦ-00-31	6+5+5+3+2+2+1	24
AΦ-00-05	28+9+9+7+6. 5×10+3×4+17×3	181
AΦ-00-10	18+7+4+4+4+3+2+1+1+1+1	47
AΦ-00-13	9+4	13
AΦ-00-27	12+6. 5+8+2+1	29. 5

位于善舒拉海山山顶 AΦ-00-09 和 AΦ-00-12 站和山脚下 AΦ-00-15 和 AΦ-00-17 站采集到的底质样品中含有的硬质岩石量最大。门捷列夫海岭梯状斜坡上 AΦ-00-24 站点采集的样品含量相近。海岭（AΦ-00-06、AΦ-00-07、AΦ-00-08、AΦ-00-11）站的沉积芯中碎屑含量也最多。

因此，硬质岩石样品含量主要根据其采样位置，例如山顶、斜坡或坡脚。善舒拉海山坡脚处 AΦ-00-05 站点采集的样品最大。陆坡上碎屑物质的分布表明其来源于残积层—坡积物。

几乎所有采集到的硬质岩石样片，无论其大小、位置，磨圆都不好，呈棱角形状（图 6. 15）。

碎屑岩样品的岩石成分几乎一致。包含砂岩、石灰岩、白云岩和少量岩浆岩和变质岩。岩芯取样穿透沉积物底部深度达 5 m，主要以砂质黏土、少量碎石和碎砂砾为代表。底部表层，碎石和砂砾碎屑伴有粗碎屑颗粒分布均匀。

8）岩相学

取样过程中，将超过 170 个（大于 1 cm×2 cm）样品切成薄片。其中，56 个样品以陆源沉积岩为主，70 多个主要为白云岩，19 个为石灰岩，13 个为火成岩。少量样品为硅质灰岩、变质片岩、花岗岩—片麻岩、角岩、铁锰氧化物、海绵岩等。来源不明的球状体被制成 7 个薄片（表 6. 8 和表 6. 9）。

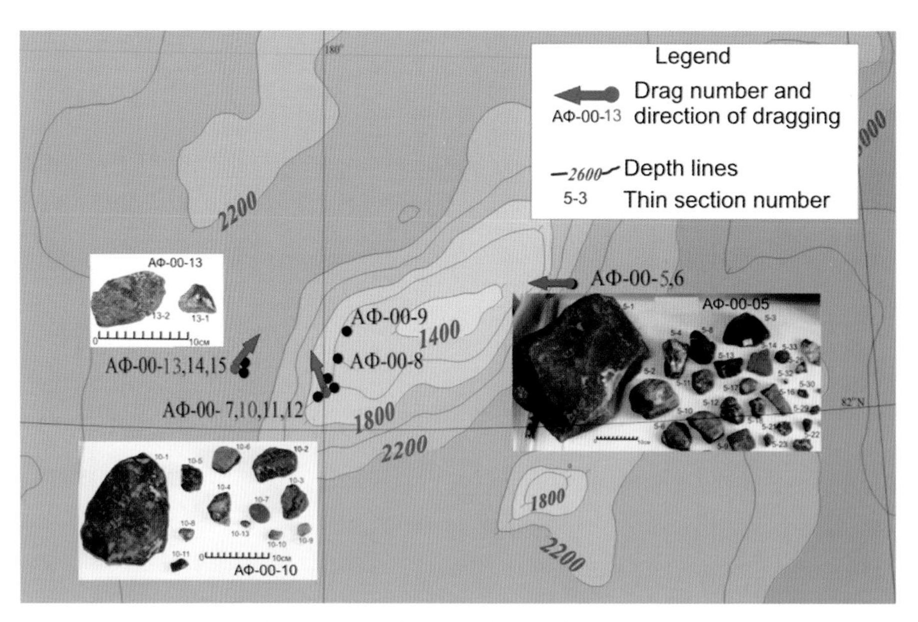

图 6.15　石英砂岩和白云岩碎片形态

表 6.8　底部取样中硬质岩石样品岩相特征和含量

岩芯编号	地貌位置	砂岩	灰岩	白云岩	辉绿岩	玄武岩	花岗岩	片岩
		样品中含量（%）						
AФ-00-02	海盆			1/100				
AФ-00-09	高地	4/44	1/12	4/44				
AФ-00-12	高地	3/38	1/12	3/38		1/12		
AФ-00-15	高地	2/23	2/33	1/17			1/17	
AФ-00-17	斜坡	4/40	3/30	2/20				1/10
AФ-00-20	斜坡	2/100						
AФ-00-24	斜坡	3/50	2/33	1/17				
AФ-00-25	海盆	1/33		1/33	1/33			
AФ-00-29	海盆	2/50		1/25			1/25	
AФ-00-31	海盆	2/29	1/13	2/29				2/29

表 6.9　拖网中海底硬质岩石样品岩相特征和含量

岩芯编号	地貌位置	砂岩	石灰岩	白云岩	辉绿岩	玄武岩	花岗岩	片岩
		样品中含量（%）						
AФ-00-05	高地	10/29	5/15	15/44	1/3		2/6	1/3
AФ-00-10	高地	6/50	3/25	3/25				
AФ-00-13	高地		1/50	1/50				
AФ-00-27	高地	1/20		3/60	1/20			

陆源沉积岩主要以浅色（灰色，浅灰色），中等和细粒、不同含量粉砂的砂岩为主，偶有粗粒砂砾和细砾出现，通常含量较大且分布均匀，偶尔呈层状。碎屑岩常呈褐色，富含细粒砂岩，粉砂岩约占10%。

岩石中75%~85%由砂岩组成，而砂岩中陆源沉积约占80%~90%甚至更高，以磨圆的石英碎片和不均匀的碎屑为特征（图6.16a）。碎屑通常等轴或近等长，有些呈球形。粗颗粒物质尤其明显，其他矿物含量较小。大部分常见矿物为经变质后的黑云母，含量达5%~6%；白云母含量较少（不超过2%），经过不同程度水化和亚氯酸化作用。此外，钛含量的变化主要受白钛石含量的影响，在某些薄片，其含量可达1%~2%。有时，某个地层富含白钛石，钛含量则会达到5%~7%。斜长石、微斜长石、黑色矿物、电气石和锆石则呈零星分布。

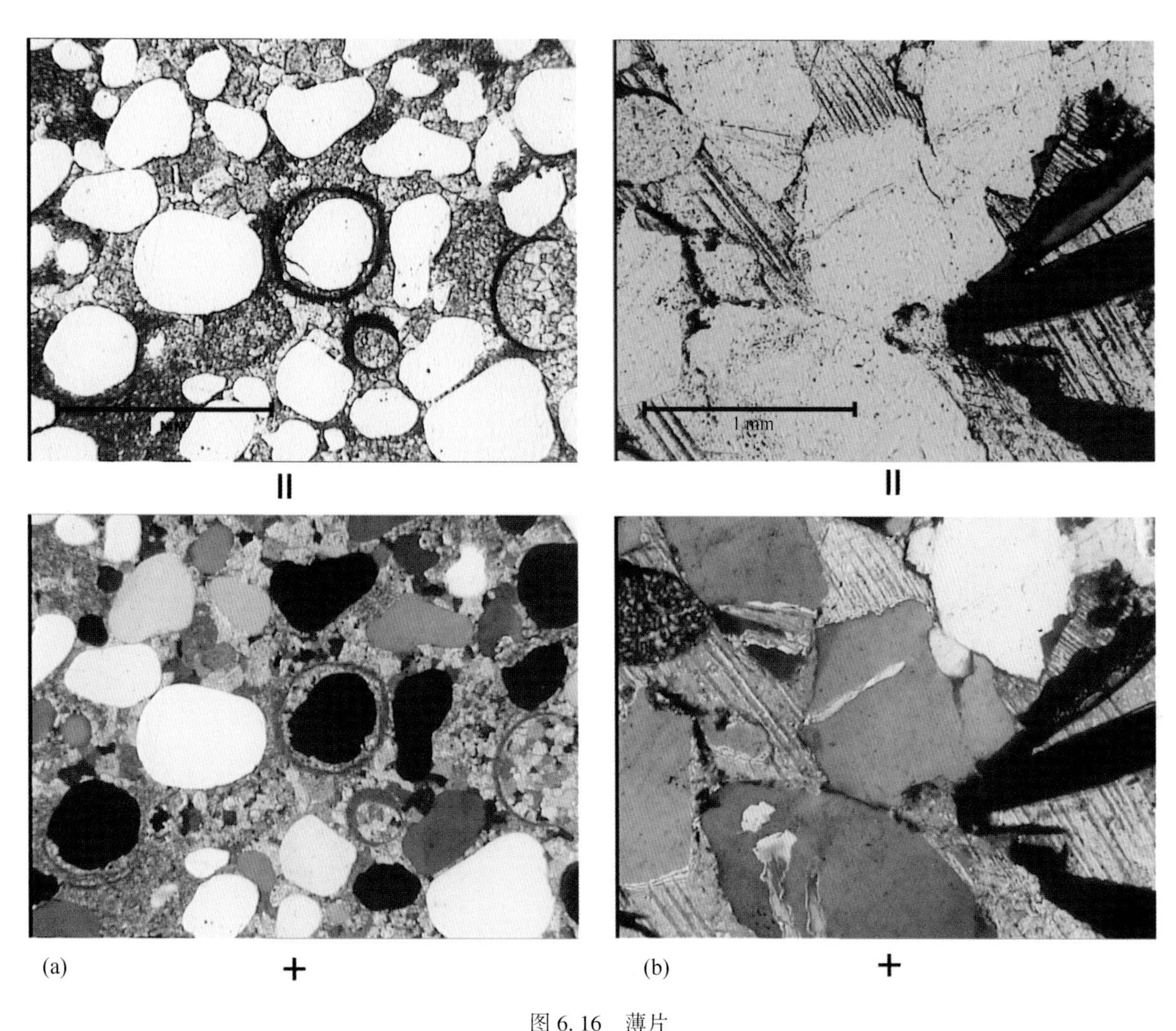

图6.16　薄片

a—含钙质胶结物的石英砂岩；有壳核形石残片；b—含钙质腐蚀性胶结的石英砂岩（黑色矿物—浑浊黑云母）

岩石中胶结物质约占15%~25%，成分多样，含多种矿物，形成于不同阶段。首先，早期形成的胶结物以绿泥石—石英—水电云母高岭石细聚合，饱含铁的氢氧化物和白钛石化为特征，常形成多孔的基质型胶结物。第二阶段形成石英再生型胶结物，呈区域性石英出现。胶结的第三阶段以碎屑状、主要胶结岩石中发育的白云石或方解石为特征。这类胶结物约占岩石的5%~10%；有时方解石代表了几乎所有主要胶结物和碎屑颗粒，因此形成具有嵌晶结构的基质型胶结（图6.16b）。在这种胶结过程中，主要胶结表现为饱含铁的氢氧化物和白钛石化的绿泥石—石英—水电云母—高岭石的复杂聚合。边缘清晰的小断面为明显的碎屑颗粒。

在某些岩石产状中（样品 5-22、样品 29-1、样品 12-7），碎屑颗粒变化很大。除石英和聚合黏土颗粒外，斜长石含量最高可达 15%~20%，其中微斜长石最高可占 5%；石英最高可占 10%~15%。含有如此高含量的长石，在大多数砂岩中并不常见。这很有可能是由于这些岩石来源不同的原岩地层，与前文提及的大多数碎屑有所不同。

砂岩的另一种类以样品 12-2、样品 12-3 为代表，其特征是铁的氢氧化物高含量（15%~20%）和磨圆度好、具有纤维结构和微腹足类动物的黑矿壳含量较高。这类砂岩呈褐色，其所含的基质方解石具有嵌晶碎屑胶结物结构，形成于包含铁的氢氧化物和白钛石化的黏土—硅质—水电云母环境。

粉砂岩比砂岩色彩更丰富，呈细卷和交错层理。其显著代表为以下 13 个样品（样品 5-6、样品 5-10、样品 9-4、样品 10-5、样品 17-7、样品 17-10 等），主要位于善舒拉海山附近。与含有相似碎屑含量和胶结物的砂岩不同，这些粉砂岩中碎屑物质主要由石英组成，有时甚至全部由石英组成（样品 9-4、样品 10-5）。粉砂岩和砂岩一样，通常含有被多色绿泥石交代的黑云母（最大含量达 10%）。也能见到微细粒结构的绿泥石，含量约 5%，呈层状聚集。

粉砂岩中的胶结物质和砂岩非常相似，有三个生成阶段。第一阶段由原始岩石衰变产物构成，伴有黑云母碎屑，尤其是亚氯酸化白云母，硅质或石英集合，饱含铁氢氧化物和白钛石化的黏土物质。第二阶段产物为再生石英。而第三阶段则为方解石交代胶结物，有时交代部分甚至超过岩石的 1/3，以细颗粒和粗颗粒聚集于岩床。

一例样品（样品 17-3）为薄层黏土和粉砂岩，伴有石英夹层分布，与丝云母—绿泥石等细粒聚合物质一起尖灭。

碳酸岩以白云岩和灰岩为代表。

白云岩以浅色（浅灰、灰、灰红色）为主，通常密度大，块状，少见气泡，有时呈中等层理。2 例样品（样品 27-1，样品 27-2）中都是藻灰结核构造，来源于植物的产物。白云岩常常为细—微细颗粒，颗粒形状近等长，圆形或菱形。白云岩晶体常含有粉状包裹体；有时，相似物质可形成薄膜包裹在颗粒外部（图 6.17-1）。粉状物质在细颗粒再结晶过程中向孔隙移动聚集像黏土颗粒在反射光下聚集一样，有时分散饱含铁的氢氧化物。白云岩常包含细颗粒硫化物侵入体，且被铁氢氧化物包裹。零星的白云岩含有粉砂混合物（含量达 5%~10%），主要由石英、长石和白云母零星颗粒组成。一些碎屑物质（如样品 24-2、样品 13-1、样品 12-8、样品 12-6、样品 5-12、样品 5-30）表明再结晶并不均匀（从微颗粒到粗颗粒再到巨颗粒），不同类型的白云岩晶体形状也有所不同。重结晶处轮廓复杂，在岩石中分布不均，呈角砾岩状外表。白云岩偶含骨骼残骸。

与纯白云岩种类一起相伴生的还有石英质白云石和白云质石英岩（样品 15-4、样品 10-9、样品 5-4、样品 5-27）。此类岩石中石英成分以微—细颗粒存在，含有很多白云质石英或石英微晶洞。白云岩大多以轮廓杂乱颗粒或结晶完好晶体发育，且不同大小集聚而成。在一些样品中（样品 10-9），颗粒微小散布（>0.01 mm）在反射光中发白，在硅质和白云石重结晶过程中向颗粒外围积聚。

由微藻类磨圆片岩质碎片组成的多种结核（样品 27-2），粒径在 0.1~1.0 mm 之间，偶见更大粒径，由微颗粒白云石部分石英交代组成。结核中心所含再结晶物质比边缘多。有时，较大的结核比小颗粒多。

白云岩样品（样品 09-2）以岩化程度差的沉积物滑动形成的角砾状结构为特征。由具有不规则形状和复杂轮廓的隐晶构成，粒径从毫米级到 1~2 cm 变化。其形成可能与基岩一致。

灰岩呈深色，偶见灰色，常见旋绕层理，角砾岩状较少（图 6.17-2a）。细颗粒至微颗粒结构，包含黏土物质，夹层分布或透镜体出现，铁氢氧化物细颗粒（>0.05 mm）含量变化大，在一些样品中可达 10%。灰岩通常含有大量（最大达 40%~45%）不同种类的骨骼碎片，偶尔有磷化微藻类遗迹（样品 10-8，样品 5-7），后者以椭圆形、圆形为主，偶见拉伸球状，外壳 2~3 mm（图 6.17-2b）。在两个样品中（样品 08-106 和样品 11/4-81-89），骨骼残片以有孔虫为主。

岩浆岩最值得注意的是 4 个黑云母花岗岩样品，不同程度的风化、碎裂，部分再结晶。唯一深色矿物

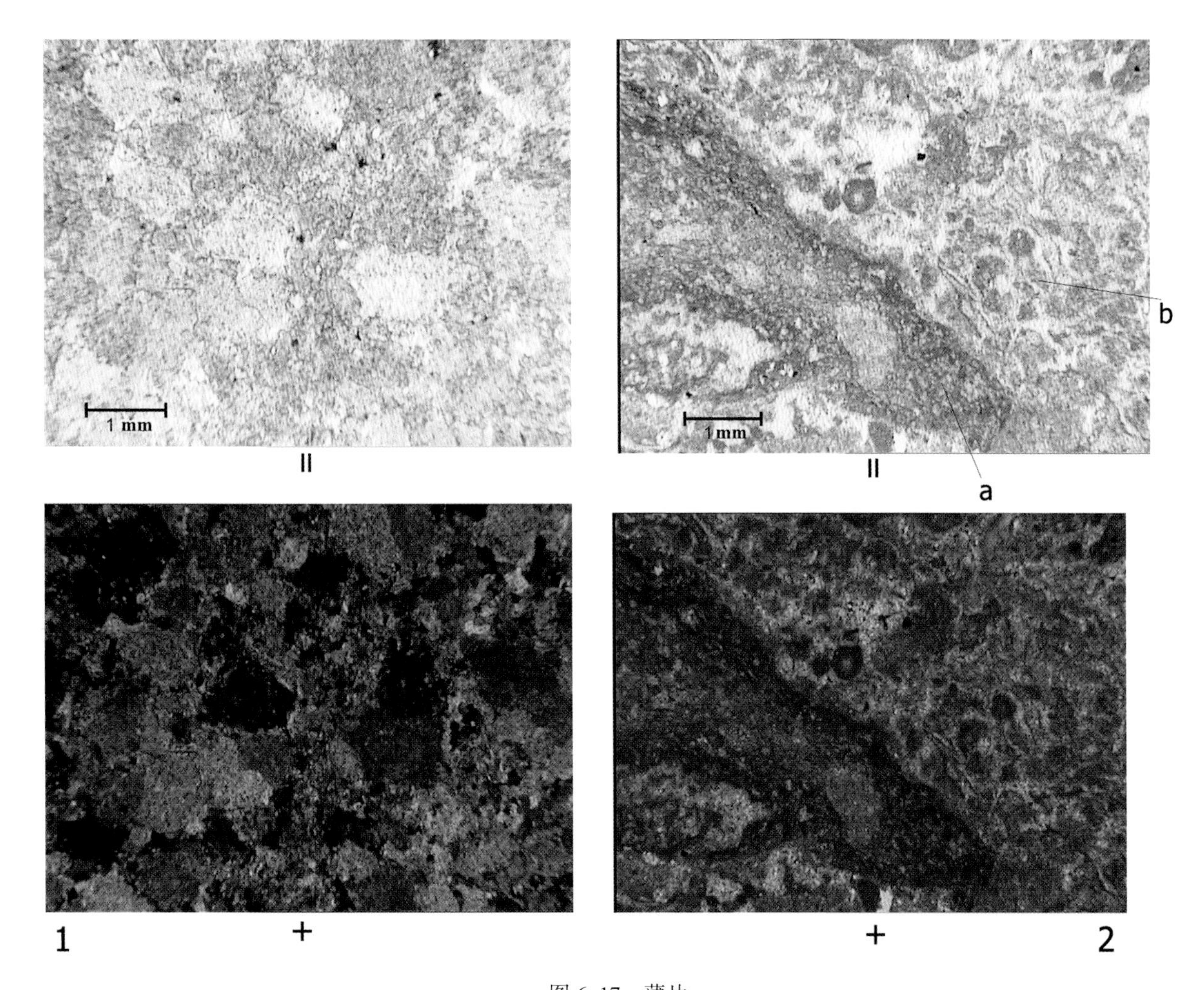

图 6.17 薄片

1—含尘状包裹体细颗粒白云岩；2—石灰岩：a—不规则凝块状结构；b—规则凝块状结构

是含二价铁深褐色黑云母（铁黑云母），可达 5%~10%。3 个样品（钙碱性）都是普通中等和粗颗粒花岗岩，由相同比重的斜长石、微斜长石和石英组成。第 4 个样品（样品 12-1）钾长石在显微镜下并未发现，但斜长石、石英和黑云母的比重却和典型花岗岩（斜长花岗岩）类似。石英和黑云母的存在是火成岩的特征，它们是北极群岛和俄罗斯东北部地壳的典型组成部分。

基性岩以辉绿岩家族中的 4 个结晶颗粒样和 1 个喷出岩样为代表。辉绿岩由不同程度蚀变的基性斜长石和斜辉石组成。在结晶度和结构上，这组矿物以中颗粒和粗颗粒辉长石—辉绿岩及罕见的长柱状斜辉石（钛辉石）为特征，约占基性岩的 50%。次生蚀变通常给人的印象是岩石会发生轻微碱化。火山岩的样品常以非常细小的风化玄武岩玻璃碎片为特征。

拖网采集的基性岩的一个特点是深色成岩矿物的出现，如斜辉石（辉石、钛辉石），以及斜方辉石和橄榄石的缺失，这是海相岩石的典型特征。在科考过程中，基性岩标准序列可能同时具有大陆和大洋特性。没有标准的海相岩石矿物，橄榄石和单斜辉石在这些岩石中都存在。在岩相学上，岩浆岩本质上属于陆源性质。有关基性岩起源的问题至今仍未有定论，但是磨圆程度差，棱角状表明这样样品来源于当地。

除上述岩石外，其他岩石零星碎片介绍如下。

片岩（样品 5-14、样品 31-4、样品 31-5）由白云母—石英—灰岩构成，丝鳞片状再结晶或花岗鳞片变晶结构，其由白云石薄片和与叶理平行的石英、方解石颗粒组成。

角页岩由石英、黑云和绿泥石的他形变晶颗粒组成，变斑晶结构。石英以变嵌晶状侵入到黑云母和绿泥石中。微斜长石和斜长石他形变晶颗粒零散分布。

铁锰氢氧化物（样品 10-1、样品 17-1）呈灰褐色，由均质不透明物质包括石英粉砂颗粒等构成。

海绵岩（样品 11/1-81-89）由硅质骨针碎屑构成。

7 个薄片（样品 07-11、样品 07-08 等）由岩芯取样器采集的松软沉积物中的钙团粒组成。其中黏土钙质隐晶和富含粉砂质细颗粒岩石均匀分布，约占 10%～12%。细碎石颗粒和现代有孔虫遗骸偶见。

在薄片 07-08 中，以白云岩晶体、石英角状碎片和石英岩及组成砂岩胶结物的微颗粒为代表的砂质黏土约占 50%。在薄片 07-11 中，陆源物质以石英砂岩碎屑为主。白云岩晶体碎屑，含钙质胶结物的石英砂岩、不同程度蚀变的黑云母，富含铁氢氧化物的硅质岩和云母岩数量较少。还出现一些类似花岗碎裂岩中的零散微斜长石和绿帘石化斜长石。钙团粒无疑是由出露地表基岩遭破坏和黏土胶结构成的现代产物。

9）粗碎屑来源物质的年龄和特征

根据我们所采集到的有关松散沉积物中矿物和粗碎屑物质数据资料显示，两者来源相同。粗碎屑物质来源于地表，加之松散盖层，与相同比例的陆源和碳酸盐岩在成分和构造上相似。松散盖层中砂质粉砂和黏土物质继承了粗碎屑岩的矿物成分。因此，松散地层常含有大量的白云岩晶体碎屑（10%～15%），少量石英粉砂岩、钙质胶结物、含有铁氢氧化物和白钛石化物质的石英和黏土（云母）聚合颗粒。松散沉积中细粒部分 50%或更多为高岭石，常存在石英砂岩胶结物中。

底部沉积的总体分布受美亚海盆海底地形的影响和控制。在海底高地顶部和坡脚，粗碎屑样较其他地方更为丰富。最大碎屑（最大达 24 kg）发现于善舒拉海山。各种不同成分的样品也都采集于此，这也可看作松散沉积沿坡下滑的证据。因此，我们认为基岩为海山陆坡出露的岩层。

根据某些学者的研究，底部硬质岩石来源于加拿大群岛，随冰块受波弗特环流移动至此。波弗特环流沿加拿大群岛至门捷列夫海岭和阿尔法海岭，后返回埃尔斯米尔岛。但是，加拿大群岛的岩石是北极海盆周边褶皱或变质作用形成的，底部硬岩是否与遭到破坏的典型地台单元有关还不得而知。

为了确定门捷列夫海岭底部硬岩的性质，必须考虑其空间分布和与底部地形之间的联系。因此，科学浮冰站 NP-31 沿罗斯威德海岭东部和加拿大海盆西部采集的数据表明，在加拿大海盆未发现粗碎屑岩石，在门捷列夫海岭和波德福德尼科夫海盆也几乎没有。

根据 N. A. Belov 的研究，粗碎屑物质的运移不仅由于冰筏作用而且归因于基岩侵蚀（Belov，Lapina，1961）。

在明确底部沉积的特征时，底部地形差异对其分布的影响必须得到重视。粗碎屑物最大集中于高地坡脚部位。底部堆积大多与斜坡作用有关，必然形成残积坡积物地层。总之，水下环境的底部沉积来源于底部洋流携带的物质补充和老碎屑岩再沉积。

综上所述，我们认为目前所掌握的资料表明门捷列夫海岭上的粗碎屑物质来源于当地，与底部岩石露头遭受侵蚀、老残积坡积物再选有关。虽然也不排除某些碎屑的不确定性，但没有相关的实际资料。

底部硬岩来源物质的年龄可通过鱼、牙形类和有孔虫残骸来确定。

16 个研究样品的岩石薄片用于揭示骨骼残骸。其中，12 个样品经过稀释，3 个样品中含有牙形石和鱼残骸、结节和无结节腕足类动物壳、腹足类动物细胞核和海百合等。5 个岩相薄片样品（样品 08-106、样品 12-3、样品 5-16、样品 11/4-81-83、样品 17-9）研究发现其中 4 个含有有孔虫遗骸。

所有用于古生物学研究的样品都采集于善舒拉海山地区。样品中含有晚志留纪—泥盆纪牙形石和鱼类遗迹，集中出现在约 2 200 m 等深线区域。采集于海山顶部附近的样品 08-106 含有早二叠世有孔虫遗骸。位于上述两个样品采集区之间海域的样品 11/4-81-89 和样品 12-3 含有中石炭世有孔虫遗骸。样品中不同时代生物遗骸与地貌之间的关联表明其来源地为附近基岩露头区，可能是平缓倾斜的间接证据。

根据牙形石的成分构成，奥泽克刺属（Branson and Mehl）被认为是志留纪—泥盆纪（上拉德洛统—洛霍考夫阶）的典型沉积。牙形石小针刺属（*Belodella*，N. N. Sobolev）认为其年代不晚于早泥盆纪。背棘鱼在晚志留纪—早泥盆纪（埃姆斯期）常见，其所在的母岩年龄为晚志留纪—早泥盆纪。

有孔虫有多个种类，其中（样品08-106）以多种类别的舒氏虫为特点，包括模糊苏伯特蜓（*Schubertella obscura* Lee et Chen）、压扁苏伯特蜓（*S. compressa* Raus.）、莫斯科苏伯特蜓（*S. mosquensis* Raus.）、细小苏伯特蜓（*S. gracilis* Raus.）、属于疏板苏伯特蜓类（*S.* ex gr. *pauciseptata* Raus.）和小孔虫类的原刺节房虫（*Nodosaria proceraformis* Gerke）、罗多提夫节房虫亲近种（*N.* aff. *lodotifiri* Boryshn.）、格涅茨虫属未定种（*Geinitzina* sp.）以及其他类型。此类有孔虫的出现表明母岩年龄为早二叠世。

在样品11/4-81-89中也发现有孔虫遗骸，位于上述样品采集地更低的陆坡上。以伸长小米勒虫（*Millerella elongata* Raus.）、近普列奥布拉斯基假内卷虫［*Pseudoendothyra* aff. *preobrajenskyi*（Dutk）］、平坦四房虫（*Tetrataxis planolocula* Lee et Chen）、纺锤蜓新属新种（*Fusulinidae* gen. et sp.）为代表。M. F. Solovieva认为，具有个体特征的蜓的出现标志着母岩年龄为中石炭世（莫斯科期）。

在样品11/4-81-89附近相似水深处采集的样品12-3研究发现重结晶的内孔虫科有孔虫遗骸，与完全平旋盘虫（*Planospirodiscus effetus* Sossip.）很相似，这有助于M. F. Solovieva据此来判断其属于巴什基尔阶。

最后，样品17-9位于门捷列夫海岭以西，水深约2 200 m，并没有发现类似泥盆纪常出现的双眼虫未定种（*Bisphaera* sp.）。

因此，样品反映的是晚志留纪—泥盆纪—石炭纪和二叠纪沉积。根据陆坡底部硬岩矿物成分和分布，可分为两个大序列：第一个（下部）以砂岩和白云岩为主，少量石灰岩；第二个由石灰岩为主，砂岩为辅。从含有石炭纪鱼和牙形石样品所处的水深位置来判断，第一个序列构建于剖面的下部。含有二叠纪和石炭纪有孔虫遗骸石灰岩仅出现在海岭的上部，可能位于剖面的上部。

基于岩层平缓地出现在研究区的假定，断面这部分的岩层厚度约500~600 m，与通过水深与年龄对应关系测算的结果一致。

在底部沉积粗碎屑物的研究中，在VSEGEI同位素研中心使用SHRIMP-II方法（A. N. Larionov）对石英砂岩中锆石碎屑进行局部U-Pb测年。根据U-Pb和Pb-Pb分布曲线（图6.18）可以看出，所研究的锆石聚集主要集中在古老岩石（1 000~2 000 Ma）中。这些数据大多来源于阿尔法海岭陆源沉积物中钾长石的同位素和地球化学研究结果（Clark et al.，2000）。样品5-1含有少量古生代颗粒，其中还有一个为早中生代，后者与地质资料相矛盾。首先，东北部三叠纪沉积中发现锆石碎屑，但存在于杂岩中。三叠纪或中生代纯石英陆源岩石等中生代岩石在北极地区缺失。北极海盆晚古生代至早中生代之间界限分明，沉降方式发生剧烈改变，大范围黏土沉积开始。其次，砂岩中早中生代锆石碎屑与碳酸盐岩伴生，常见中晚古生代动物残骸遗迹。

6.1.2 通过地震观测获得的沉积盖层断面特征

沿Arctic-2000 WAR剖面，通过数字单道反射地震探测时间剖面反映沉积盖层结构（图6.19）。在地质构造上，该剖面横跨门捷列夫海岭北部圈闭（82°N）及其陆坡至毗邻的波德福德尼科夫I海盆和门捷列夫海盆，并与NP-28和NP-26冰站漂移剖面向交。

利用NP剖面交叉点和区间相关性原则，我们在反射剖面上成功识别出海底，区域不整合面和变质碎屑岩序列面（图6.19）。WAR近场区域记录研究沉积序列的速度参数将在下文详细介绍。

在门捷列夫海岭脊部，发现一区域水下高地，科考队以科考船名字命名为R/V Akademic Fedorov高地（现在称为善舒拉海山）。从剖面来看，海山陡坡是一个陡坎，其海底找到变质碎屑岩序列露头，这为研究前新生代底部地质结构提供了难得机遇。

6.1.3 地壳速度模型

在准备这本专著的过程中，Arctic-2000 WAR数据进一步更新（总结、加工、解译），基础剖面共485 km，辅助横向测线130 km（总共700个水深探测点）。

图6.20和图6.21介绍了WAR数据动力学解释方法，先建立不同炮点地震射线模型，最终模型生成

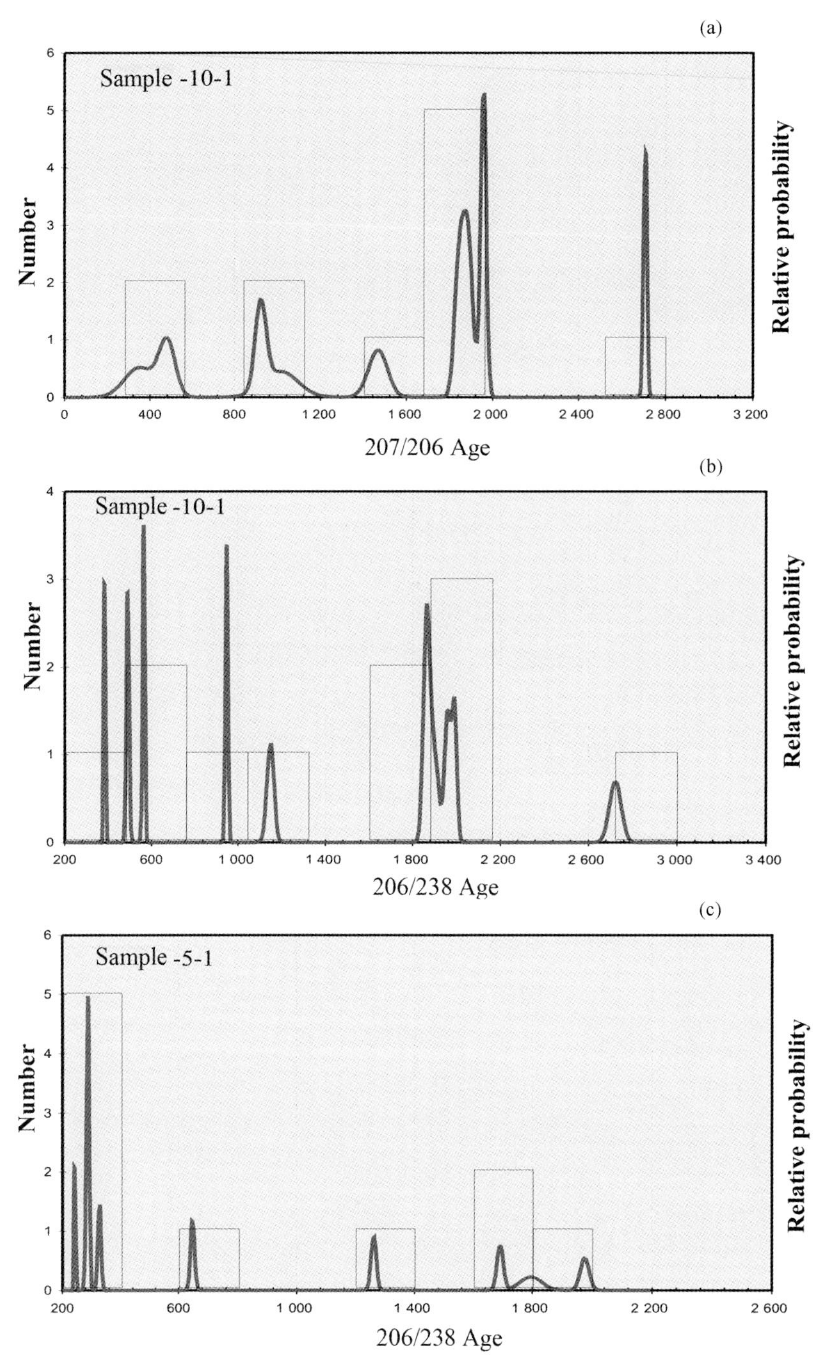

图 6.18　同位素年龄变化

a. Pb^{207}/Pb^{208}(sp. 10-1)；b. Pb^{206}/Pb^{238}(sp. 10-1)；c. Pb^{206}/Pb^{238}(sp. 5-1)

合成波场，由不同的地震记录叠加计算出反射波和折射波时距曲线，生成无波场解码的震动图。

地震记录对 P_g、P_L、P_n、$P_{MS}P$、P_LP 和 P_mP 含义做了解释。从 P_mP 时距曲线计算得到的下地壳速度最大值不超过 6.9 km/s。

Arctic-2000 地质断面最终地壳速度模型见图 6.22。

模型如下所述。

以区域不整合面（RU+pCU）为界分为两个沉积序列。详尽的横向测线提供有关沉积序列速度参数的完整信息。沉积序列上层速度为 1.8~2.6 km/s 至 2.1~2.8 km/s，下层 2.9~3.5 km/s。沉积厚度在波德福德尼科夫 I 海盆最大达 3.5 km，门捷列夫海岭轴部（善舒拉海山）减薄至 0.5 km。

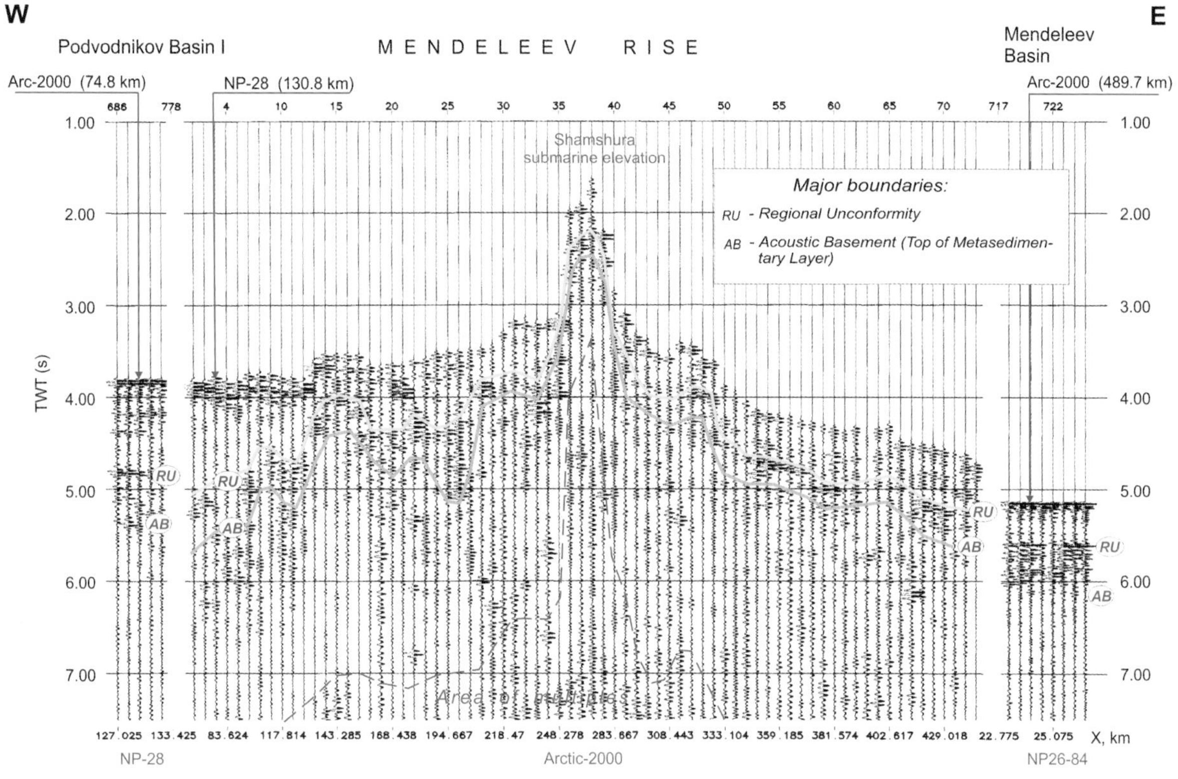

图 6.19　门捷列夫海岭及陆坡至相邻海盆的沉积结构

（Arctic-2000 反射地震记录，间隔 5 km）

（1）变质碎屑岩序列（声波基底表面）（MS）。波德福德尼科夫 I 海盆和门捷列夫海盆横向变化速度参数为 4.6~5.3 km/s，门捷列夫海岭为 4.5~5.3 km/s。沉积序列厚度变化 1~4 km，在善舒拉海山达到最大值。

（2）上地壳：上地壳 P_g 折射波偏移距 20~25 km，记录两相、三相波直达波。速度变化为 6.0~6.1 km/s 至 6.3~6.4 km/s。门捷列夫海岭上地壳厚度 4~5 km，波德福德尼科夫 I 海盆减薄至 1.5 km，门捷列夫海盆 2 km。

（3）下地壳：下地壳折射波（P_L）初至波偏移距 70 km，单相波抵达偏移距 50~70 km。速度参数变化范围 6.7~6. 9 km/s，最大值 6.9 km/s 通过 P_mP 波间接计算得出。下地壳厚度门捷列夫海岭轴部为 20 km，波德福德尼科夫 I 海盆减薄至 10 km，门捷列夫海盆 7 km。

（4）上地幔：有关上地幔的数据资料通过 P_n 时距曲线（初至波相距 90~120 km，偏移距 50 km）和 P_mP 得到。地幔速度 8.0 km/s。莫霍面深度变化从门捷列夫海岭轴部 30 km 到波德福德尼科夫 I 海盆 20 km，门捷列夫海盆 15 km。

地质断面西部结晶地壳厚 12 km，中部增厚至 24 km，东部侧翼减薄至 10 km。

因此，通过 Arctic-2000 地质断面调查结果表明，门捷列夫海岭地壳结构和速度参数总体上具有陆壳性质。门捷列夫海岭下地壳相较于上地壳显著增厚，与埃尔斯米尔岛和格陵兰岛（图 6.23）大陆边缘类似。

6.2　Arctic-2005 断面

6.2.1　通过地质取样获得的沉积盖层断面特征

2005 年，R/V Fedorov 调查船开展的 Arctic-2005 航次对门捷列夫海岭底质沉积做了深入的调查研究，采集地学剖面沿 178°W，78°—79°N，横穿研究区域。获取岩芯样 10 个，拖网样 5 个，抓斗底质样 13 个

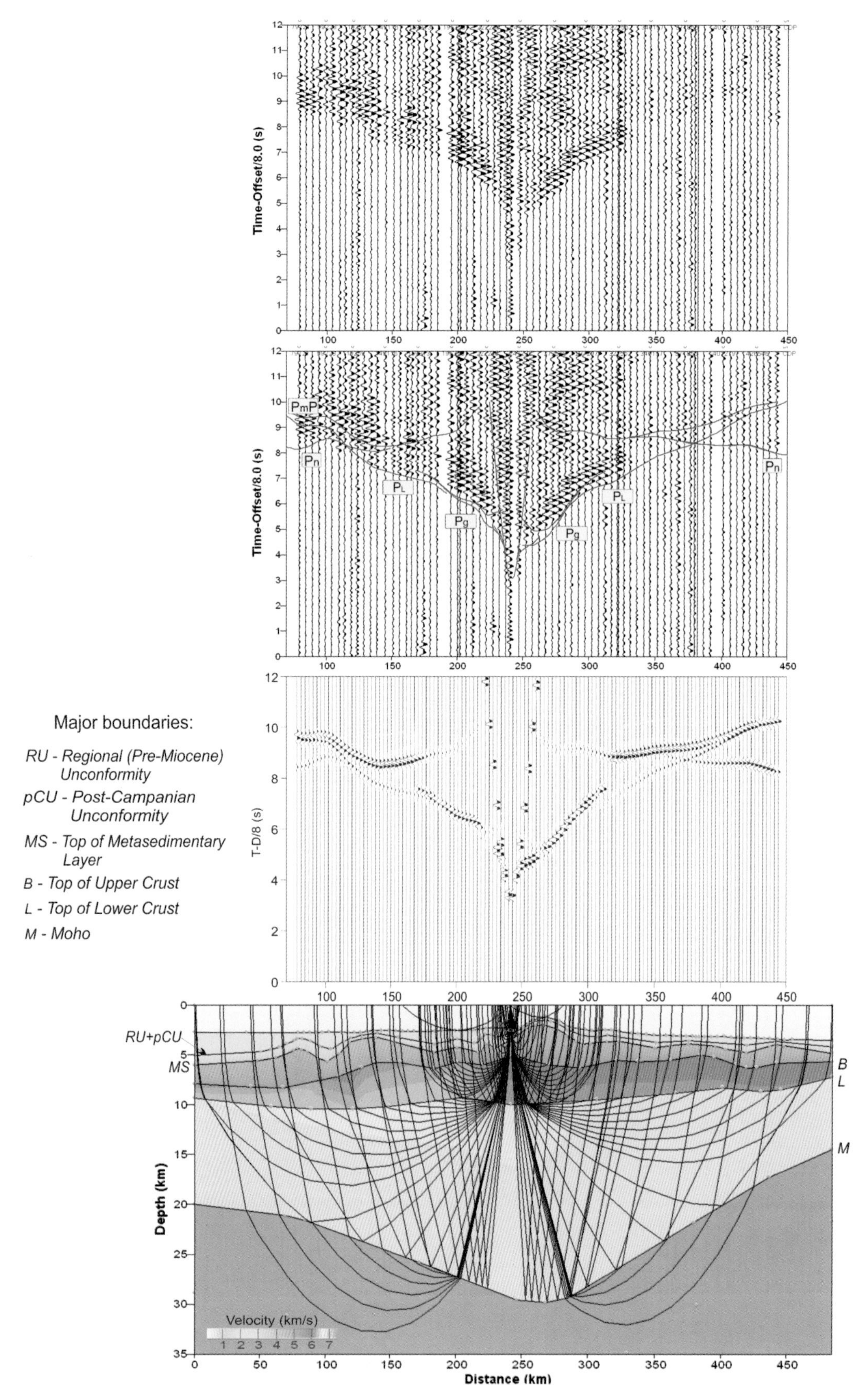

图 6.20 Arctic-2000 剖面射线跟踪和合成模拟（SP307+204+101）

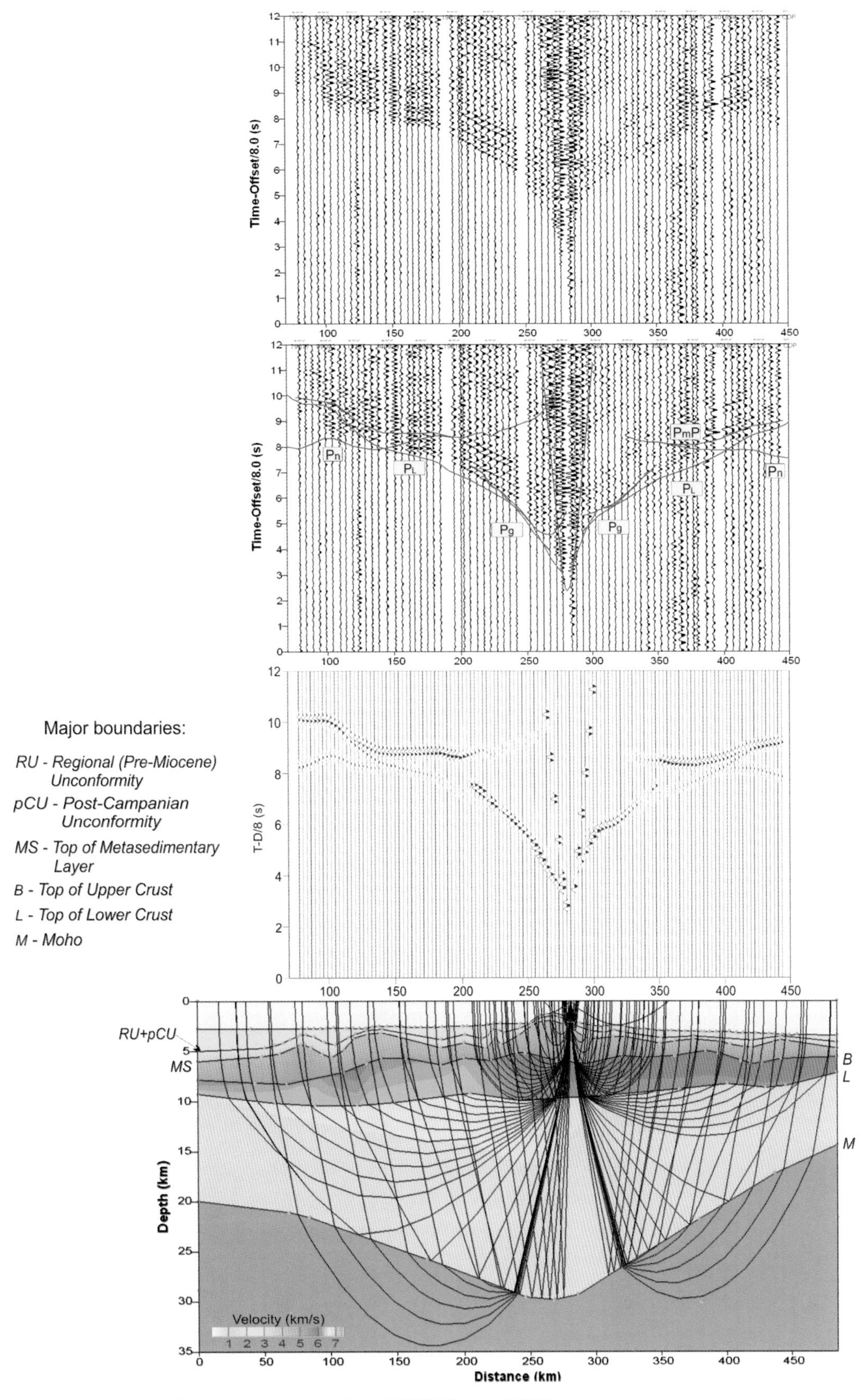

图 6.21　Arctic-2000 剖面射线跟踪和合成模拟（SP308+205+102）

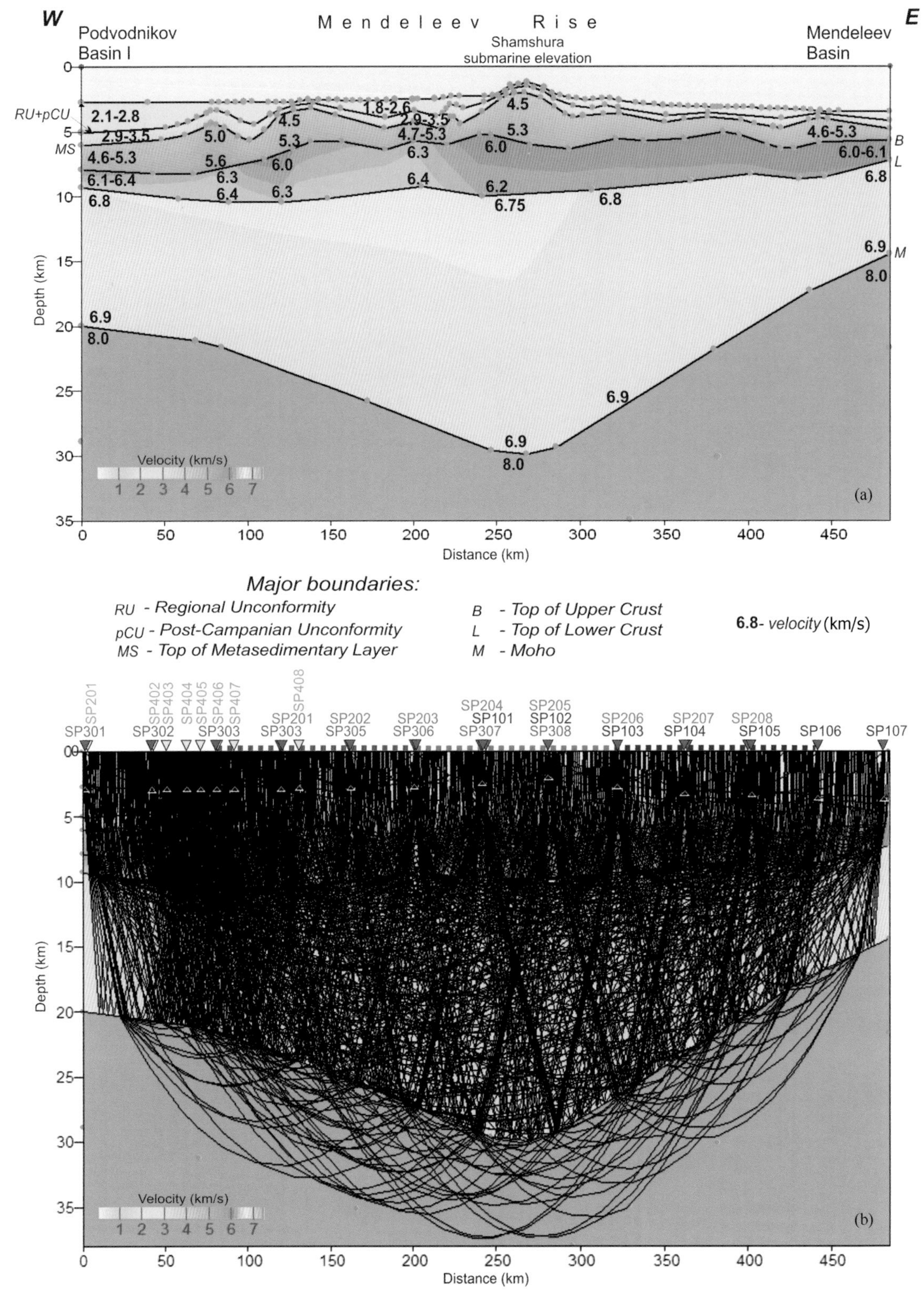

图 6.22 地壳速度模型（a）和 Arctic-2000 测线射线覆盖（b）

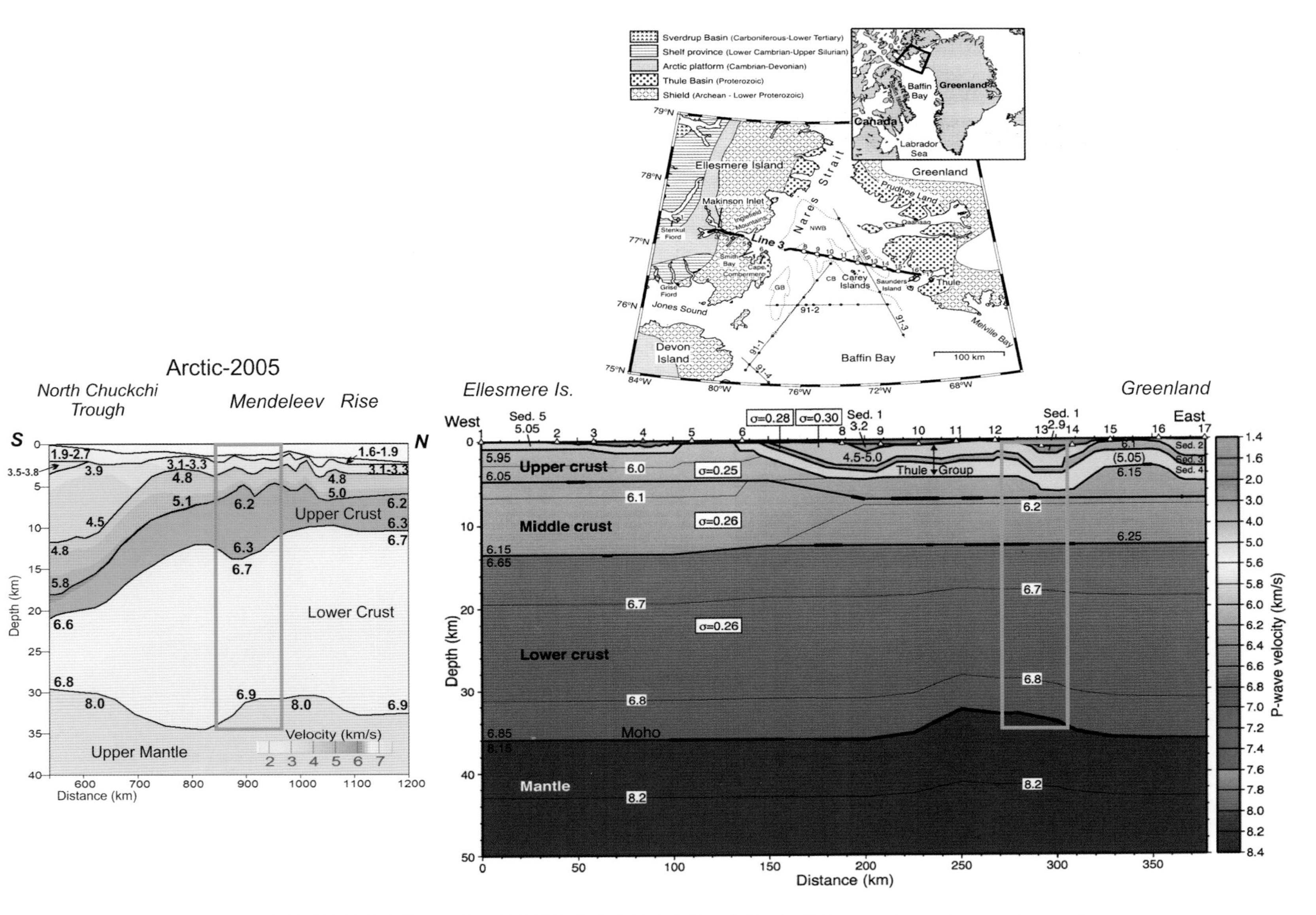

图6.23　门捷列夫海岭和格陵兰岛、埃尔斯米尔岛大陆边缘地壳结构的相似性（Funck，Jackson et al.，2004）

(图 6.24)。岩芯和拖网取样于平坦高原、高地顶部和斜坡以及区域低洼地带。在邻近门捷列夫海岭的库罗夫台地也有取样。

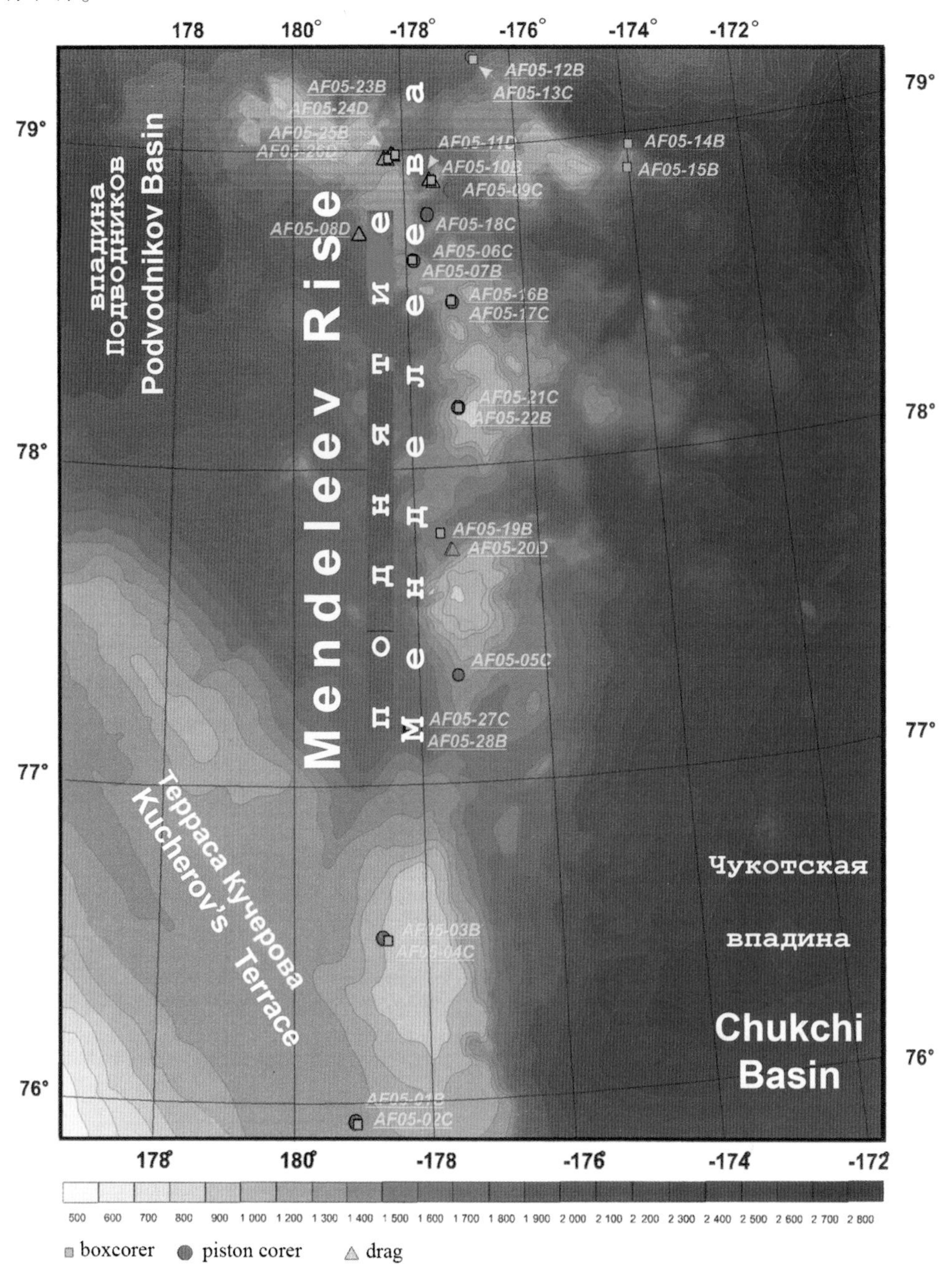

图 6.24 海底取样站点位置

Arctic-2005 航次为研究门捷列夫海岭地质、构造性质，探讨其美亚海盆体系中的作用以及与西伯利亚大陆边缘的关系提供了新的数据资料。

期待解决的主要问题是底质岩石的起源，通过海底地形分析了解沉积物输运和沉积的地貌环境。最终，我们建立了门捷列夫海岭地貌岩性动力学模型，作为研究粗碎屑和细颗粒物质以及有机质来源的基础。此外，地质地貌环境也有助于对岩性和地球化学数据做更合理的解释和推断。

6.2.1.1 海底地形

无论是大区域还是小范围，海底表面形态都对海底沉积流的动力机制和聚集有重大影响。薄底部边界层上的沉积物很不稳定，易受水流和重力影响而搬运。由于缺少可靠的海洋学模型来描述这一过程，海底地形的研究有助于进一步了解沉积物的最终来源、运输路径和沉积区域。为此，通过最新形态系统方法绘制海底地形地貌分析图（Lastochkin，2002），海底表面得以多方面完整展示，仅有少部分特殊特征分析是未考虑之前已掌握的信息。形态学系统方法严格限定了绘图要素的范围和数量，为认识了解地形和沉积的地形控制提供了很好的思路。在此之前，这种方法也曾被全俄海洋地质矿产资源研究所成功用于确定俄罗斯北冰洋海域污染物积累潜在区（Geology，2004）。俄罗斯海军航保部绘制的1∶2 500 000～1∶5 000 000比例尺的北极深海盆地海底地形图（Bottom topography，1998；Central Arctic，2002）和1∶1 000 000[①]比例尺的俄罗斯国家地理地图可作为地貌调查的参考。

取样区域的海底地形相当复杂（图6.25）。

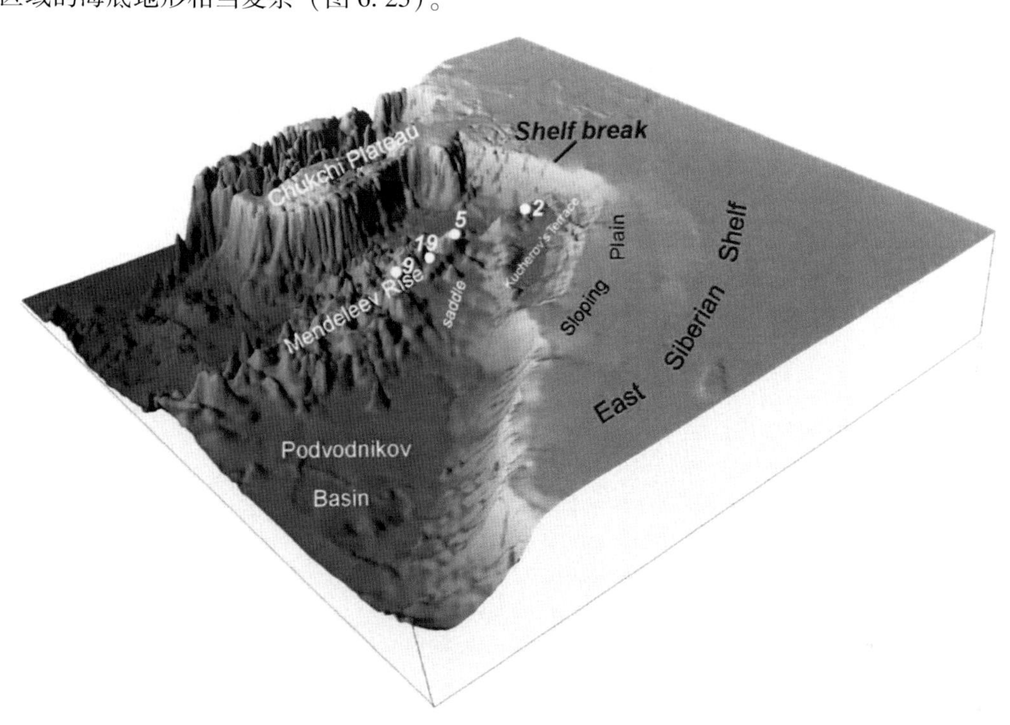

图6.25　门捷列夫海岭及其相邻地区立体图
白色点为取样站位

基于上述的水深数据资料，绘制了门捷列夫海岭及其邻近海域地貌图，分析构成海底表面的要素（地形剖面），界定每一个可能与岩性动力流（主要为下降流，缺少横向流详细数据）有关的要素的位置，结果反映在地貌图的图例中（图6.26，图6.27）。海底底流的可能路径及其相对速度通过不同厚度的箭头来表现。因此，地貌图展现区域地貌的同时，也描绘了相关的岩性动力学环境。

研究区域的地形地貌具有区域性的梯形特征，向深海海盆轴逐渐下降。主要特征为陆架、门捷列夫海岭、楚科奇海台和深海海盆槽地。这些构造之间以明显的陡坎或斜坡为界。反之，每个构造又可以细分为许多小的单元。门捷列夫海岭及其与东西伯利亚海和楚科奇海陆架之间的连接带就是一个典型的梯形结构。门捷列夫海岭附近大陆坡并不是一个完整的大陆坡，因为首先其高度迅速减少（至1 000 m）；其次，库奇罗夫阶地上部向陆架倾斜，而不是向深海槽底倾斜。因此，我们仅可看见大陆坡复杂结构的上陡坎。

库奇罗夫阶地的特征是同时出现两个地貌构造。西部阶地像是大陆坡之上的长椅子，东部与门捷列夫海岭相连。因此，库奇罗夫阶地是陆架至门捷列夫海岭间过渡带一个重要环节。门捷列夫海岭本身也

① 地质图，比例尺1∶1 000 000；系列：海洋。图幅U-53、54、55、56—罗蒙诺索夫海岭—St. Pertersburg. VSEGEI绘，印刷厂. 2011.

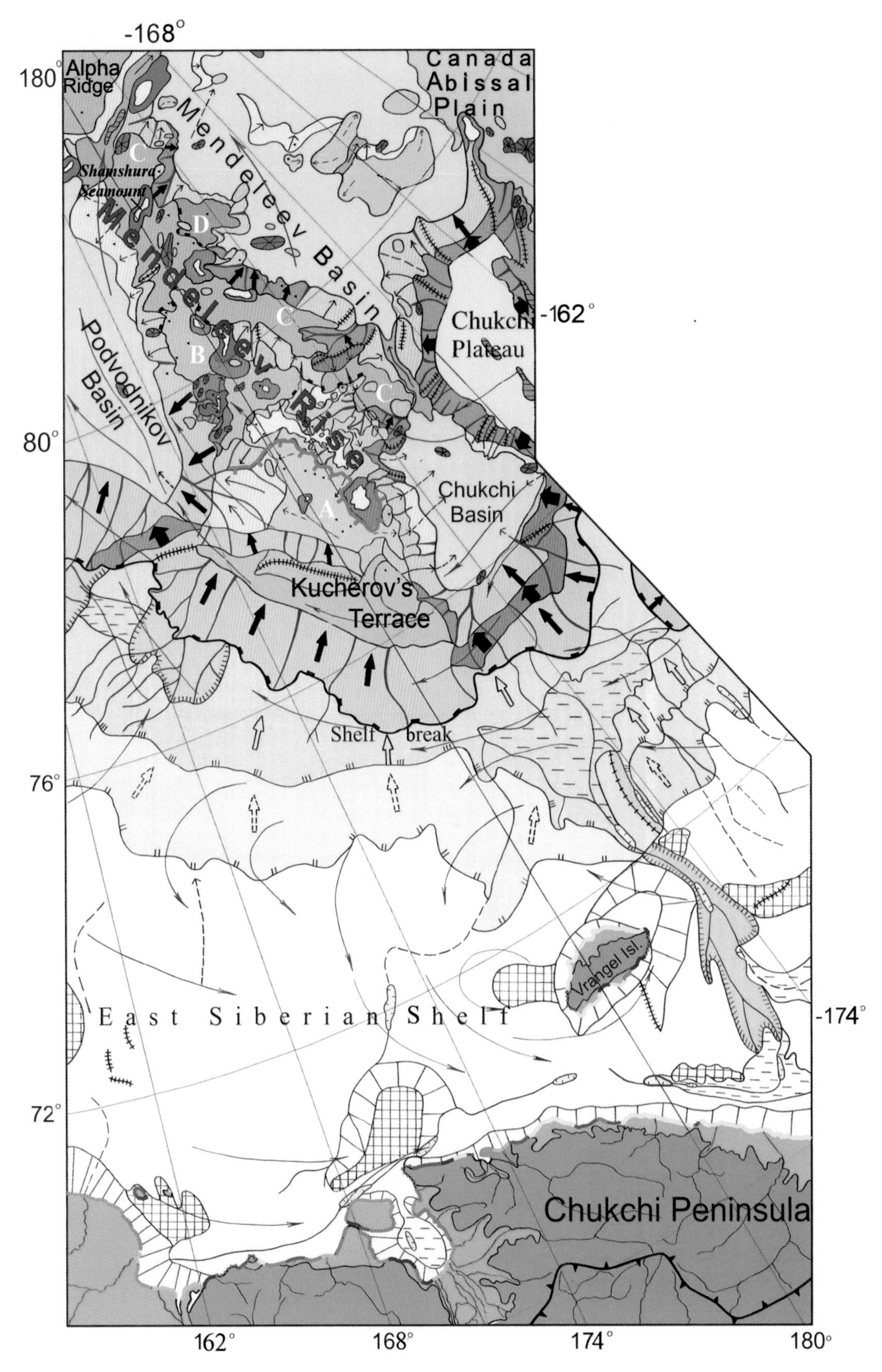

图 6.26 东西伯利亚陆架、门捷列夫海岭地貌图和岩石动力学要素

图例见图 6.27

由许多阶地构成（图 6. 26A ~ D），向北逐渐变深。海岭上部阶地结构复杂，包含位于陆坡连接带的一个鞍状山，鞍状山北部和西北部边缘一连串高地，高地链东北部有一个相对较小的阶地。高地链正好成为从陆架和库奇罗夫阶地而来的底部流的地貌屏障，其南部为陆架沉积物临时沉积中心。因此动力流主要向西沉降至波德福德尼科夫海盆。高地链北部，根据海底地形分析，我们认为以来源于当地的沉积为主。阶地 A 水深不超过 1 800 m，多为 1 400 ~ 1 700 m。高地山顶的水深约 1 000 ~ 1 200 m（偶尔至 800 m 水深）。阶地 A 与库其罗夫阶地相隔 1 个 200 ~ 400 m 的高斜坡，与阶地 B 相隔 1 个 400 ~ 600 m 高的陡崖。

阶地 B ~ D 也同样因海山、海台和高地而结构复杂。上述阶地水深分别为 1 700 ~ 2 000 m（B）、2 000 ~ 2 500 m（C）和 2 500 ~ 3 000 m（D）（图 6. 26）。研究区域中北冰洋地形较低的部分（除门捷列夫海岭外）主要以阶梯型深水盆地为代表。门捷列夫海岭东部逐渐倾向加拿大海盆，水深范围从楚克奇海盆 2 200 ~ 2 400 m，门捷列夫海盆 3 000 ~ 3 400 m 至加拿大海盆 3 800 m。

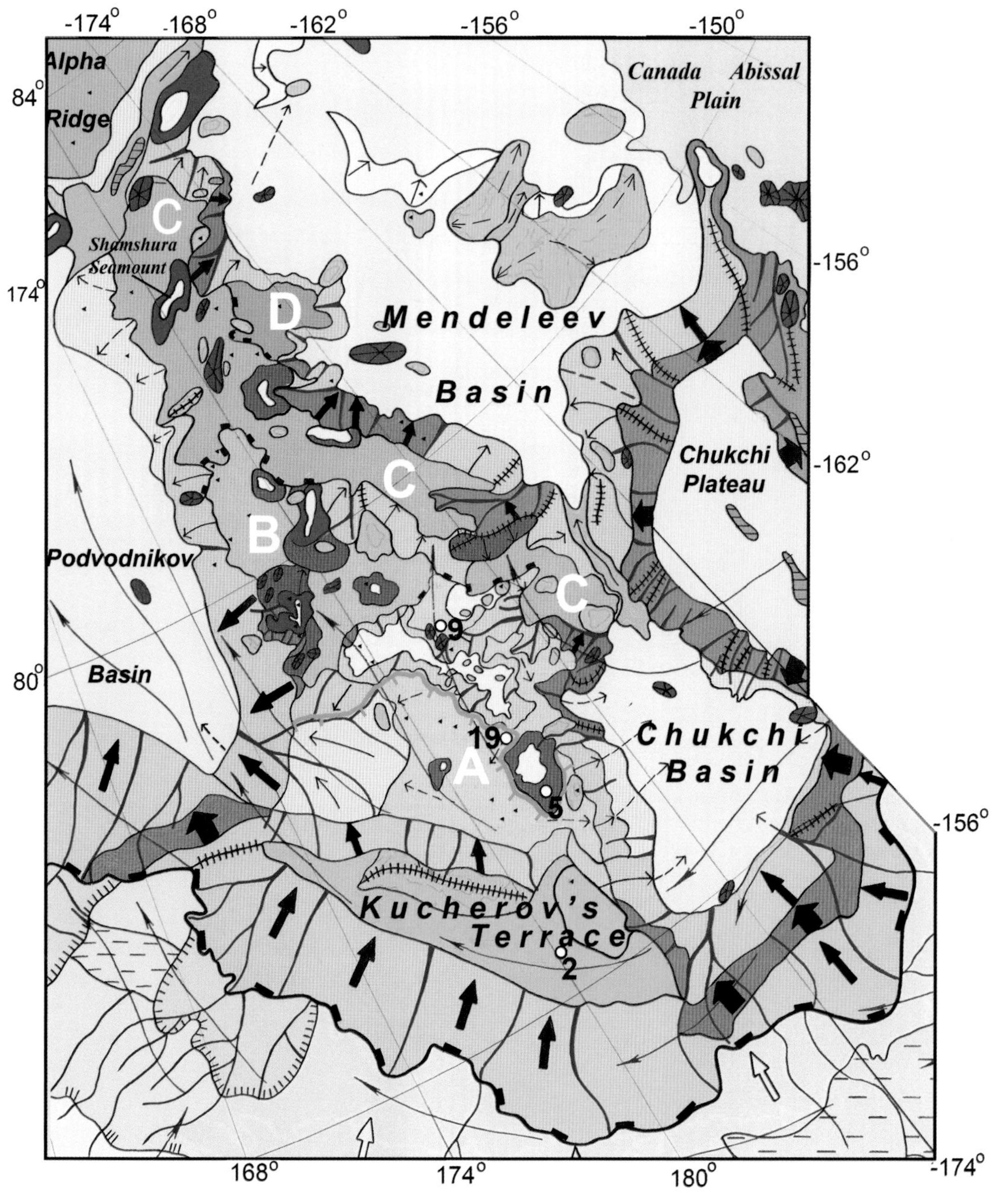

图 6. 27　门捷列夫海岭及其邻近地区地貌（一）

圆点表示取样点

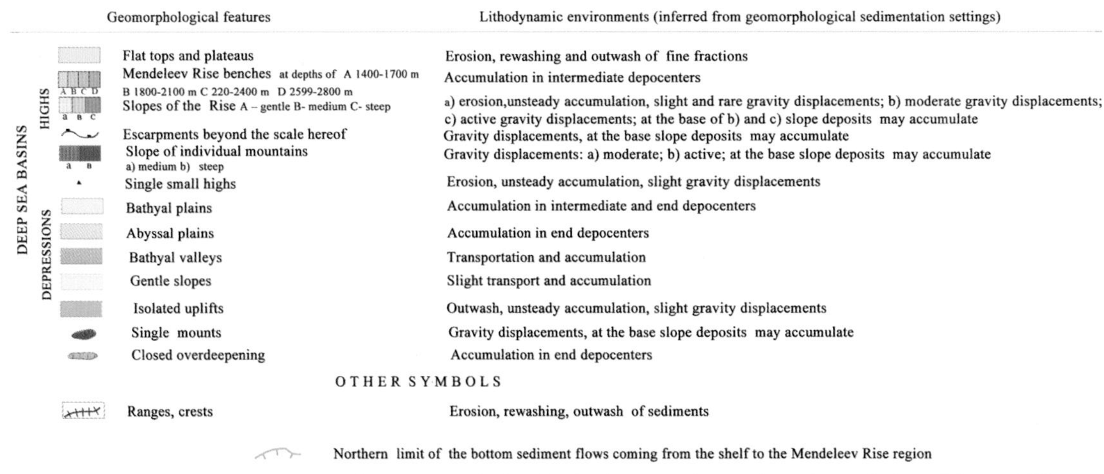

图 6.27 门捷列夫海岭及其邻近地区地貌（二）

讨论的北极地球动力学坳陷区（Pogrebitsky，2001）包括所有关键构造部分：造山带边界（如楚科奇半岛上楚科奇海台）、陆架平原为主的向中心倾斜的陆壳、洋壳。因此，北极地区，Y. E. Pogrebitsky 所提及的沉积连续的所有要素都具备，从遭受剥蚀的地质坳陷中的最高处到持续沉积为主的最低处。在深水盆剥蚀同样存在，但仅见于集中在海山和隆起斜坡上的海脊和高地。剥蚀也发生于大陆坡内壕中。上述变化的梯形结构导致下降动力流呈间歇连续模式。阶地上，动力流减速或停止，可形成临时沉积中心和地貌圈闭。在陡坎和斜坡上，沉积速度和传输率增强。最终，具有可持续沉积地貌条件的深水盆地底部、地貌圈闭内，上述临时沉积中心的过渡沉积平面可能成为沉积物质再度开始搬运的地方。

下降流可能平缓宽阔（在倾斜平原和阶地上），也可能细长并限于山谷和峡谷中。重力迁移也可能发生于斜坡上，包括缓坡。沿斜坡流动的横向流目前研究还很少。横向流流速慢，受底部地形控制。根据地貌分析，对沉积物输运从陆架到深海海盆的初步认识很可能形成这样一种设想，即从陆架下降的动力流使得门捷列夫海岭呈流线型，有一个地方例外，就是陆架和门捷列夫海岭的连接带，来源于陆架的沉积物在此处可能沉积下来（图 6.26、图 6.27）。

由于斜坡和海山顶部、高地和丘陵的岩石露头，海底峡谷的岩墙和门捷列夫海岭陡坎表面遭受水下风化，形成一个特定的来源于当地，包括粗碎屑和细碎屑沉积的沉积序列。基于以上认识，只能用地貌屏障北部重新采集到的岩石来研究门捷列夫海岭的地质特征。我们认为海岭上的沉积岩供给主要依靠冰筏作用。如果这是真的，这将限制和抵消当地动力学环境的特殊特征。地貌屏障不应发挥显著作用，其北部和南部的沉积物应相似。我们不得不加强对门捷列夫海岭不同地貌位置采集的沉积物的地质和地球物理学研究，以揭示地貌屏障两边沉积及其有机物的特征。这也证实了当地来源沉积物扮演主要角色，而冰筏作用为次要作用的观点以及地貌分析对样品结果分析的重要性。

6.2.1.2 采样点地貌位置

根据此前野外工作总结的地貌分析结果，选择门捷列夫海岭陆坡陡峭部分和海山高地陡坡以及峡谷作为拖网采集点。

根据统计，这些地点比较大且高、易辨识寻找，采集任务容易完成。相反，岩芯取样则选择缓坡和地貌圈闭构造，这些地区为细颗粒物可能沉积的区域。2005 年，门捷列夫海岭采样主要集中在海山、高地和海台复杂阶地 A（表 6.10）。相比之下，2000 年选择了构造较简单的阶地 C 和阶地 D 来采样。同时，2005 年还在库奇罗夫阶地进行采样。

表 6.10　门捷列夫海岭拖网点地貌位置（阶地 A）

拖网点	地貌位置
AF05-8D	高原南部陡坡下部
AF05-11D	高原北部陡坡上部
AF05-20D	东部鞍部孤立海山北部陡坡上部
AF05-24D	高原北坡中部
AF05-26D	高原北坡上部

AF05-02C、AF05-05C、AF05-09C、AF05-10B 和 AF05-19B 采样点的地貌学位置见图 6.27 和表 6.11。

表 6.11　使用岩芯取样和箱式取样采样区地貌动力学特征

取样点 NO.	采样点地貌位置	地貌动力学情况
AF05-01B、AF05-02C	库奇罗夫阶地东南部，阶地表面	库奇罗夫阶地为陆架沉积物的临时非封闭性圈闭（图 6.26，图 6.27）
AF05-03B、AF05-04C	库奇罗夫阶地东部，平顶海山西部缓坡，陆坡上部	本地起源沉积物缓慢下降输运区
AF05-27C、AF05-28B	门捷列夫海岭与陆架连接带、阶地 A 和鞍部	鞍部为沉积临时非封闭性圈闭，从上部 Kucherov 阶地至邻近海山
AF05-05C	门捷列夫海岭、阶地 A、阶地东南部孤立海山南部缓坡、陆坡中部	当地来源沉积物缓慢下降输运区
AF05-19B	海山北部陡坡坡脚（见 AF05-05C）	主要来源于海山斜坡的沉积临时非封闭性圈闭
AF05-09C、AF05-18C	门捷列夫海岭、阶地 A、北部。延伸高原两个东北部海崖之间的峡谷。AF05-09C 点位于峡谷出口，AF05-18C 位于峡谷上游深处	主要来源于高原斜坡的沉积当地非封闭性圈闭

1）门捷列夫海岭底质沉积

与前文所述的善舒拉海山区域相似，砂质黏土沉积为主，碎石和砂砾分布不均，块状颗粒 20~30 cm 罕见。

砂质黏土沉积通过 AF05-01B、AF05-02C、AF05-05C、AF05-09C、AF05-19B 5 个站点的样品来研究矿物组成、粒径分选、古地磁属性、有机质残余（图 6.28）。

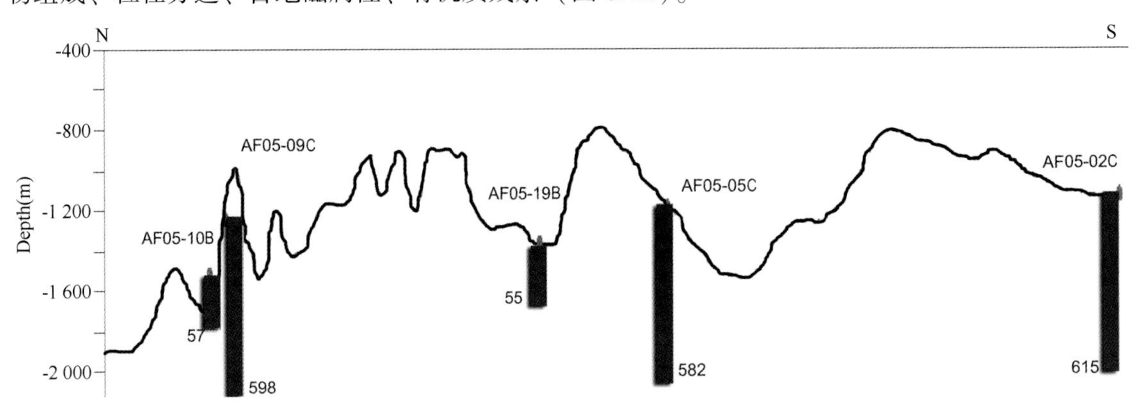

图 6.28　地质采样示意剖面图（178°W）

从岩性上看，样品可分为 4 个单元对应门捷列夫海岭北部的岩性单元，厚度更厚（近 2 倍）。岩芯从上往下 4 个岩性单元如下：氧化泥质岩、钙质泥质岩、多色泥质岩和斑驳泥质岩。

（1）氧化泥质岩位于岩芯上部，研究区域南部厚 33 cm，中部厚 71 cm，北部厚 160 cm。由含有大量微化石（浮游生物和底栖生物）的砂质褐色和深褐色粉砂泥岩组成，常见瓣鳃类软体动物壳。该层特点为上部出现半流体雾状层（厚 2 cm），通常为浓稠沉积，且有 2~7 cm 厚的薄固结夹层出现，以深褐色基部为下边界。该层与下伏沉积物界限清晰。

（2）钙质泥质岩单元最均一，厚度 60~150 cm。该层以富含微动物群遗迹（浮游生物和底栖生物）橄榄褐色粉砂泥岩或浅棕色夹层、砂透镜体、松软钙质和蓝色黏土为特征。浅水环境隆起地带含有大量粗碎屑物质。该层下界为过渡带，受沉积物颜色和结构变化而变化。

（3）多彩泥质岩单元由橄榄色和褐色粉砂泥岩交互层、斑点和透镜状层结构泥岩、富含微动物群遗迹的砂岩和透镜体组成。厚度变化范围 125~200 cm。该单元沉积受生物扰动，富含 Mn 微结核、壳和块及含铁氢氧化物的薄片。该层上部含干燥钙质黏土团粒和夹层及钙质透镜体（100~130 cm 段），70~80 cm 和 120~130 cm 段富含岩化岩石碎块。大部分岩石碎块发现于当地隆起坡脚处的沉积物中。下边界清晰，标志为沉积物颜色和结构发生改变，出现铁氢氧化物夹层。

（4）斑驳泥质岩单元位于岩芯底部，呈墨青色和浅橄榄色粉砂泥岩，含有大量 Mn 包裹体。该层最厚达 340 cm。

2）沉积物粒径

松散盖层上部沉积物的晶粒大小非常一致。通常，以泥质岩（表 6.12）和粉砂质泥岩为主，特别是海山间海槽采集的样品为典型（AF05-02C）。在 AF05-09C 和 AF05-05C 站点也发现超过 1%的砂岩和砾岩。

表 6.12　底部沉积粒径

样品编号	平均粒径（%）			
	砾岩	砂岩	粉砂岩	泥质岩
AF05-02C		1.3	10.4	88.3
AF05-05C	0.11	1.0	13.5	85.1
AF05-09C	0.8	2.8	13.9	82.4
AF05-19B	0.4	2.0	15.8	81.8

海山间海槽内的泥质岩最稳定，且分布均匀（图 6.29、图 6.30），隆起斜坡带稳定性较差（图 6.29、图 6.31）。AF05-09C 样品的中下部和上部粒径大小变化最大。砂岩含量丰富，常见砾石形式碎砂砾堆积夹层和透镜体。

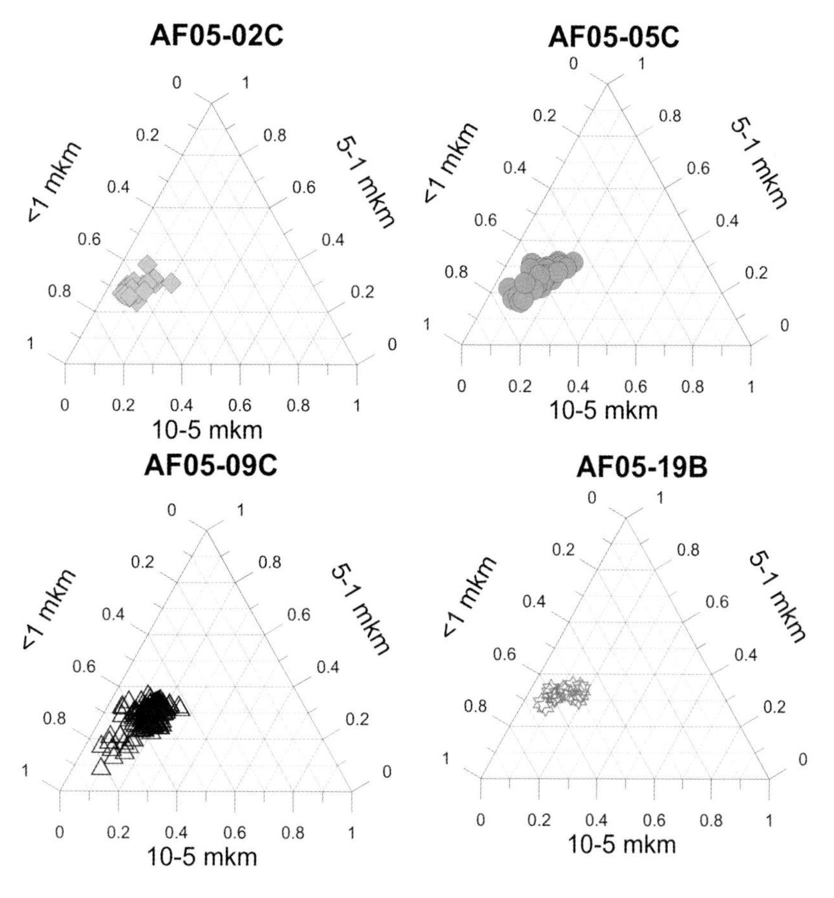

图 6.29　沉积物中泥质岩分布类型

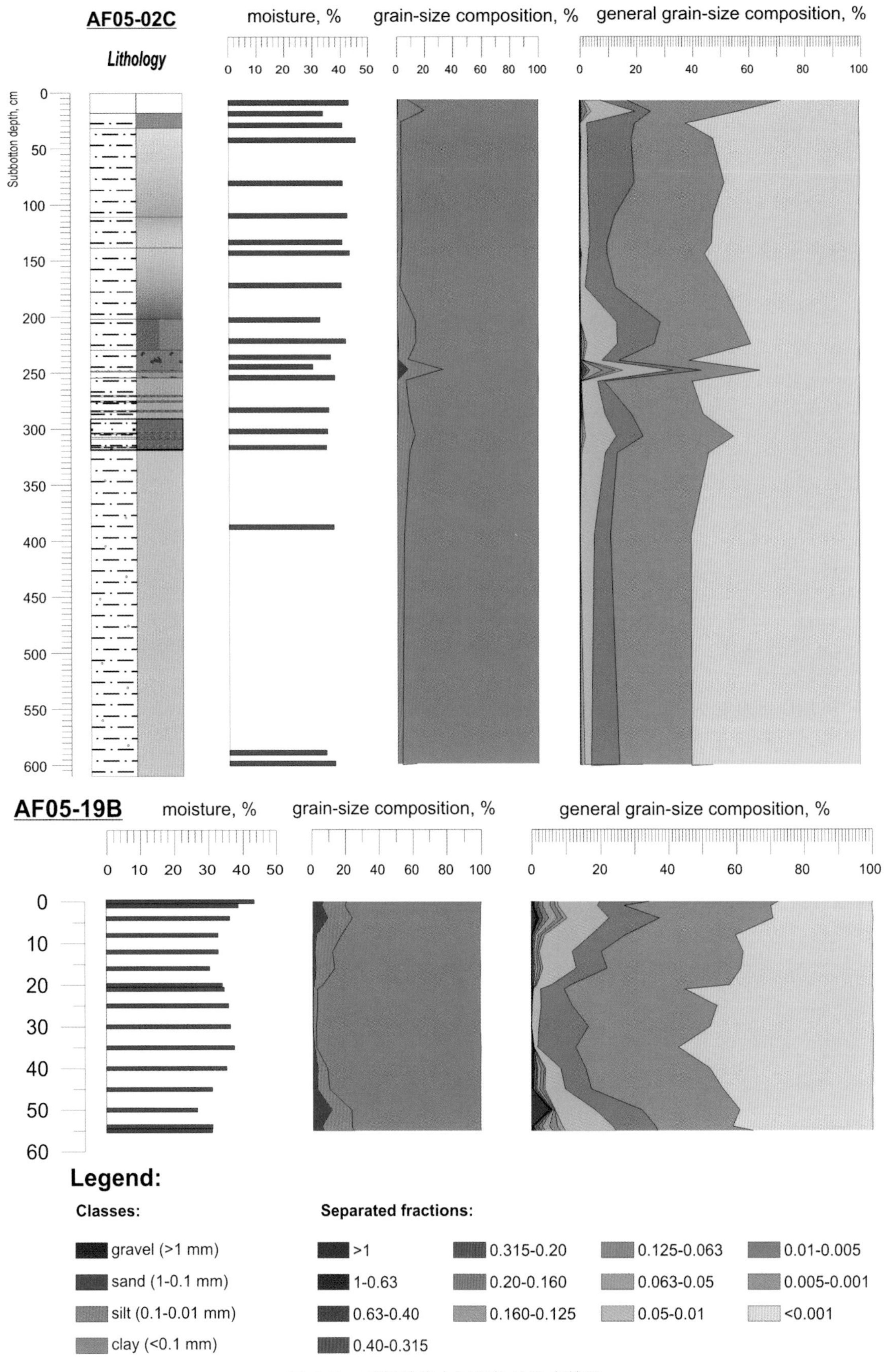

图 6.30　局部坳陷中沉积物的粒度特征

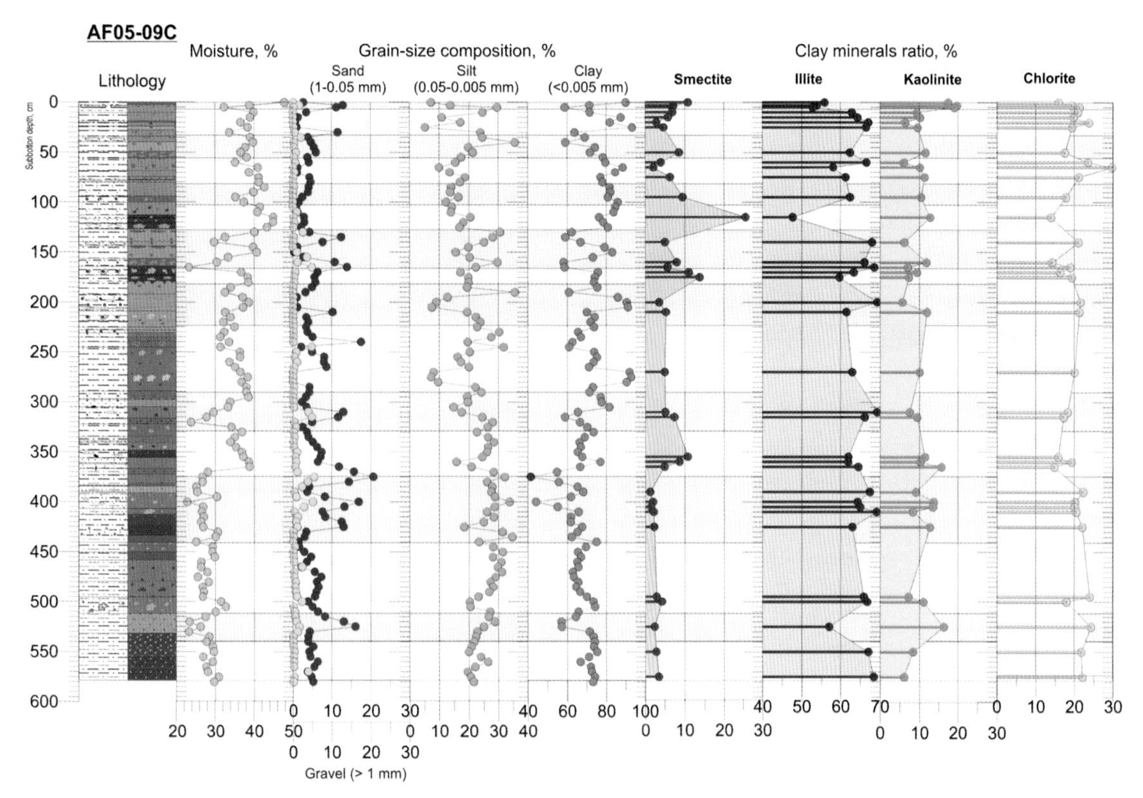

图 6.31　沉积物中粒度成分和泥质形态矿物成分的关系（AF05-09C 站点）

岩芯中虽然以细颗粒为主，但岩石性质和比值也有很大差异（图 6.32）。海槽的经验分布场与砂砾组相似。粗砂呈不完整的最大值，细砂呈模糊复杂的最大值。不同点在于粉砂泥土中高度不对称的极值，以及岩芯上部细泥质比值出现高值，下部出现两个基本最大值（泥沙和中等泥质岩）呈多态性。增长曲线较平缓，呈复杂 S 形，在细砂区域、粉砂和粉砂—泥质岩界面出现明显断裂。表层（0~10 cm）最明显的特点是，比例柱状图中分散和细分散泥质岩呈双峰。经验分布场为多态分布，其中粉砂区域最大值界限不明，泥质岩部分极值不完整，砂岩-泥质岩界限呈小的正极值。表层增长曲线同样为 S 形。

沉积物中特殊粒径特点表现为经验分布的特性，底部沉积呈增长曲线，有助于研究沉积动力学特征。经验分布场双峰值表明水流环境中缺少细颗粒物质分选。部分增长曲线较为平缓，表明沉积过程呈单一方向。斜坡上沉积主要呈似浊流积岩特征。沉积过程中某些阶段的复杂和可变表明不同的沉积动力环境，包括侵蚀和堆积，为典型的水下残积—洪积过程。

根据岩芯位置的不同而有所不同，总体主要由成岩矿物（辉石、角闪石和绿帘石—黝帘石组矿物）和副矿物（花岗岩、锆石和钛铁矿—磁铁矿等）交互构成（表 6.13、图 6.33、图 6.34）。

表 6.13　底部沉积矿物学

站点编号	重碎屑矿物学（%）		
	成岩矿物	副矿物	自生矿物
AF05-05C	45.8	48.5	5.7
AF05-09C	40.8	52.1	6.3
AF05-02C	27.1	59.8	13.1
AF05-19B	34.0	39.7	26.3

AF05-02C 站位于门捷列夫海岭与陆架连接带 Kucherov 阶地边界，以副矿物为主，是陆源物质和铁碳

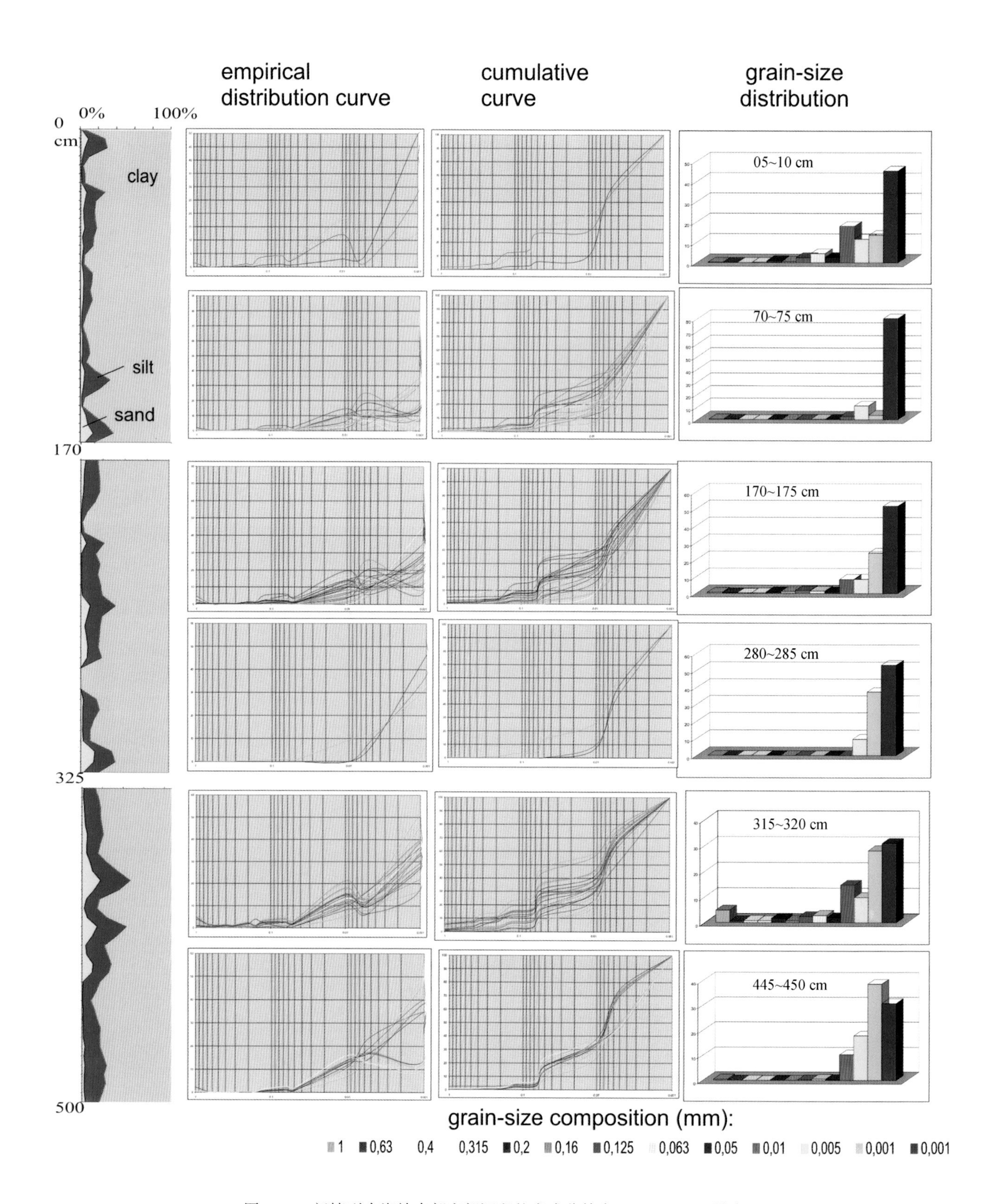

图 6.32 门捷列夫海岭南部底部沉积粒度成分特点（AF05-09C 站点）

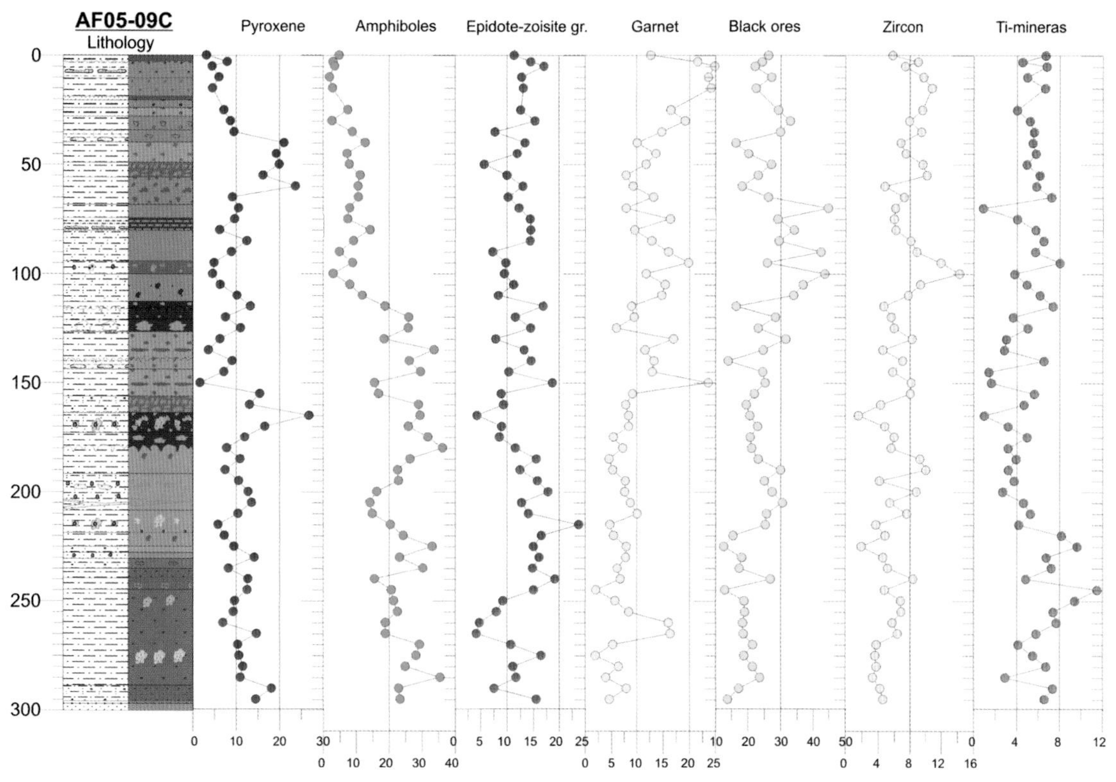

图 6.33　岩芯上部矿物成分（AF05-09C 站点）

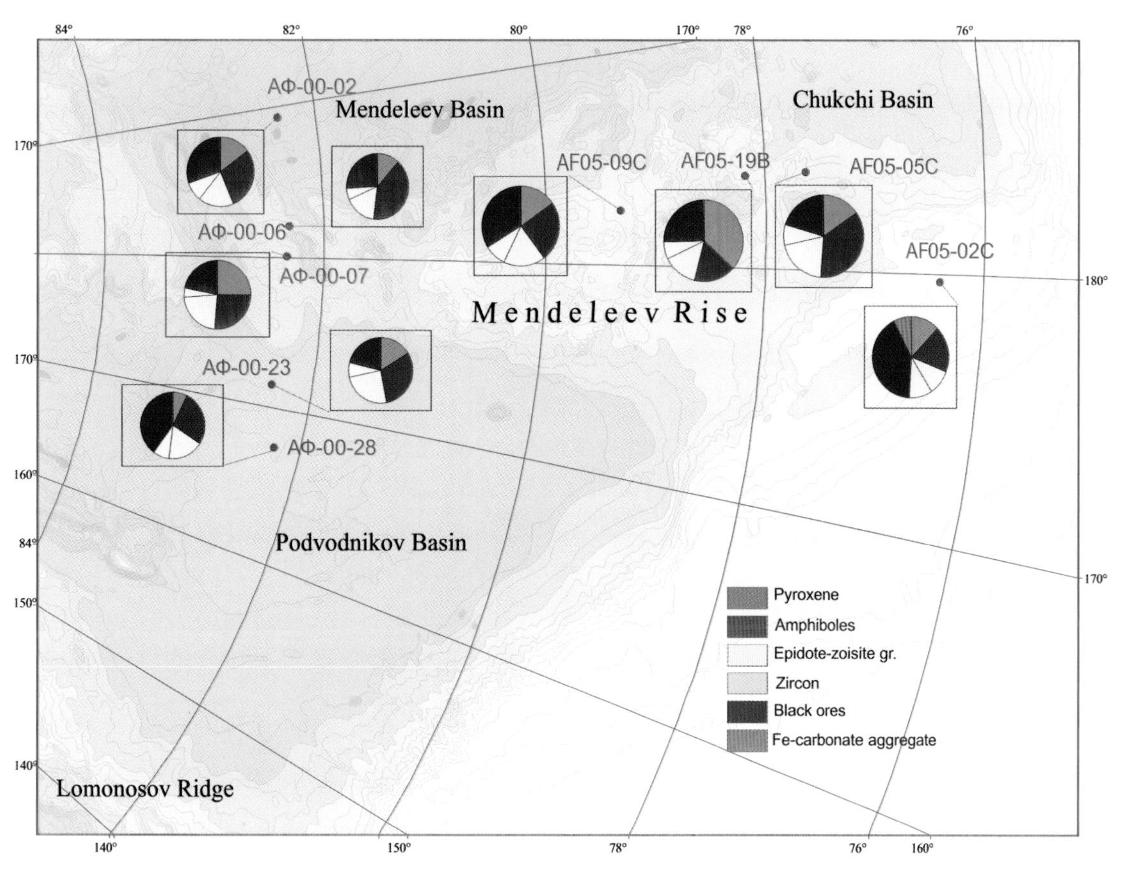

图 6.34　门捷列夫海岭重碎屑主要矿物分布

酸盐聚合物长期搬运的证据。显而易见，大部分具有陆架性质的矿物都来源于陆坡。AF05-19B 站自生矿物（铁氢氧化物、黄铁矿）和白云岩碎屑扮演重要角色，白云岩碎屑很有可能为当地来源（老碳酸盐陆源序列）并补充到沉积物中。

3）泥质岩矿物学

泥质岩是沉积中一个重要组成部分，因此细颗粒物本质上可以反映陆源物质的基本矿物成分。泥质岩 X 射线检测结果显示，其主要成分为高岭石、伊利石、绿泥石和蒙脱石。此外，细颗粒物中包含石英、长石、白云岩和方解石。半定量 X 射线衍射结果显示，沉积物中细颗粒中主要矿物伊利石（平均 55%），高岭石占 7%~20%，研究序列中最底部岩芯上部高岭石含量达到最大值。

根据门捷列夫海岭北部早前调查结果，沉积物中高岭石含量平均为 25%（研究区域中某些样品中高岭石含量高达 51.6%~56.5%）。值得注意的是松散沉积中矿物特征取决于粗颗粒沉积的组成成分。因此，在门捷列夫海岭北部（近 82°N），砂岩和石英砂岩的胶结物常含有高岭石混合物，海岭南部则出现岩石碎片，高岭石几乎没有。现有数据资料已证实松散沉积和粗颗粒碎屑之间存在紧密的联系。

6.2.1.3 微体古生物化石特征

研究区域中心位置水深 1 620 m，AF-05-10B 站岩芯长 57 cm，AF05-09C 站岩芯长 580 cm（图 6.35），均发现有微体古生物化石（有孔虫、介形虫和硅藻）。从分样过程中，岩芯 AF05-10B 每个 2 cm，共取 8 个样品，重 40 g；岩芯 AF05-09C 相隔 5 cm（偶尔 10~15 cm）共取 62 个样品用于分析。岩芯中有孔虫和介形虫变化的追踪使用 MIS 和古地磁方法，便于重建古地理沉积环境以及研究门捷列夫-阿尔法海岭北部岩芯中沉积物之间关系（Andreeva et al.，2007），也可判定沉积年龄。

1）岩芯 AF05-10B

（1）有孔虫

该岩芯沉积上部 6 cm 段富含大量且种类繁多的钙质底栖有孔虫（2 个样品中超过 200 个壳体，14 个种）。以大西洋来源的 3 个种为主（占全部壳的 75%~80%）：伍勒斯托夫韦氏虫［*Fonbotia wuellerstorfi*（Schwager）］、次圆栗虫相似种［*Miliolina* cf. *subrotunda*（Montagu）］和分布较少的（4%）娇孔背虫［*Oridorsalis tener*（Brady）］。样品中也含有大量有孔虫［塞诺宁虫未定种（*Cribrostomoides* sp.）和壳屑］。有孔虫种类组成具有北冰洋同时代底层沉积的特点，所处水深受大西洋流作用明显。

在岩芯 9~10 cm 段，前两种有孔虫大量减少，物种多样性降低，娇孔背虫（*Oridorsalis tener*）趋向深层冷水的作用增加。岩芯下部 32 cm（2 个取样）有孔虫明显减少［4~6 个种，约 50 个壳体，零星伍勒斯托夫（*F. wuellerstorfi*）］。*O. tener* 丰度和其壳含量增长至 50%。沉积物中也可见植物遗迹（见介形虫）。底栖有孔虫分布主要由于海底出现冰川水的冷水层，这可能意味着沉积于末次冰期（MIS2，11~24 ka）。

33~44 cm 段（2 个样品），伍勒斯托夫韦氏虫（*F. wuellerstorfi*）数量再次大幅度增加。这是受大西洋洋流底部弱冷水层的强烈影响。此段与末次冰期 MIS3（24~57 ka）期间增温高度吻合。

最后一段岩芯（55~57 cm）含有零星底栖有孔虫［16 个壳体，56%为娇空背虫（*O. tener*）］，表明第四冰期 MIS3（24~57 ka）的气候条件非常恶劣。

（2）介形虫

岩芯 AF05-10B 中，介形虫聚集在数量上出现两个峰值，分别是 0~10 cm 和 34~44 cm。

第一段（0~10 cm）含有膨胀深海花介（*Bythocythere turgid* Sars）和多支介（*Polycope*），0~2 cm 段中物种多样性尤其丰富（最多有 160 个瓣膜，17 个种），下部则明显减少。所见到的种类在北冰洋和西大西洋深水区广泛分布，通常可占 60%~70%。其中包括深海-半深海种群，有布朗温翼花介和壳（*Cytheropteron bronwynae* Joy and Clark），糙面亨氏虫［*Henryhowella asperimma*（Reuss），*Krithe* spp.］和多种多肢介属的几个未定种（*Polycope* spp.）（5 种），与深海洋流密切相关。这些种群的介形虫的出现标志着海水中饱含碳酸钙、氧和微量元素。中—深海北大西洋物种翼状翼花介（*Cytheropteron alatum* Sars），具钩翼花

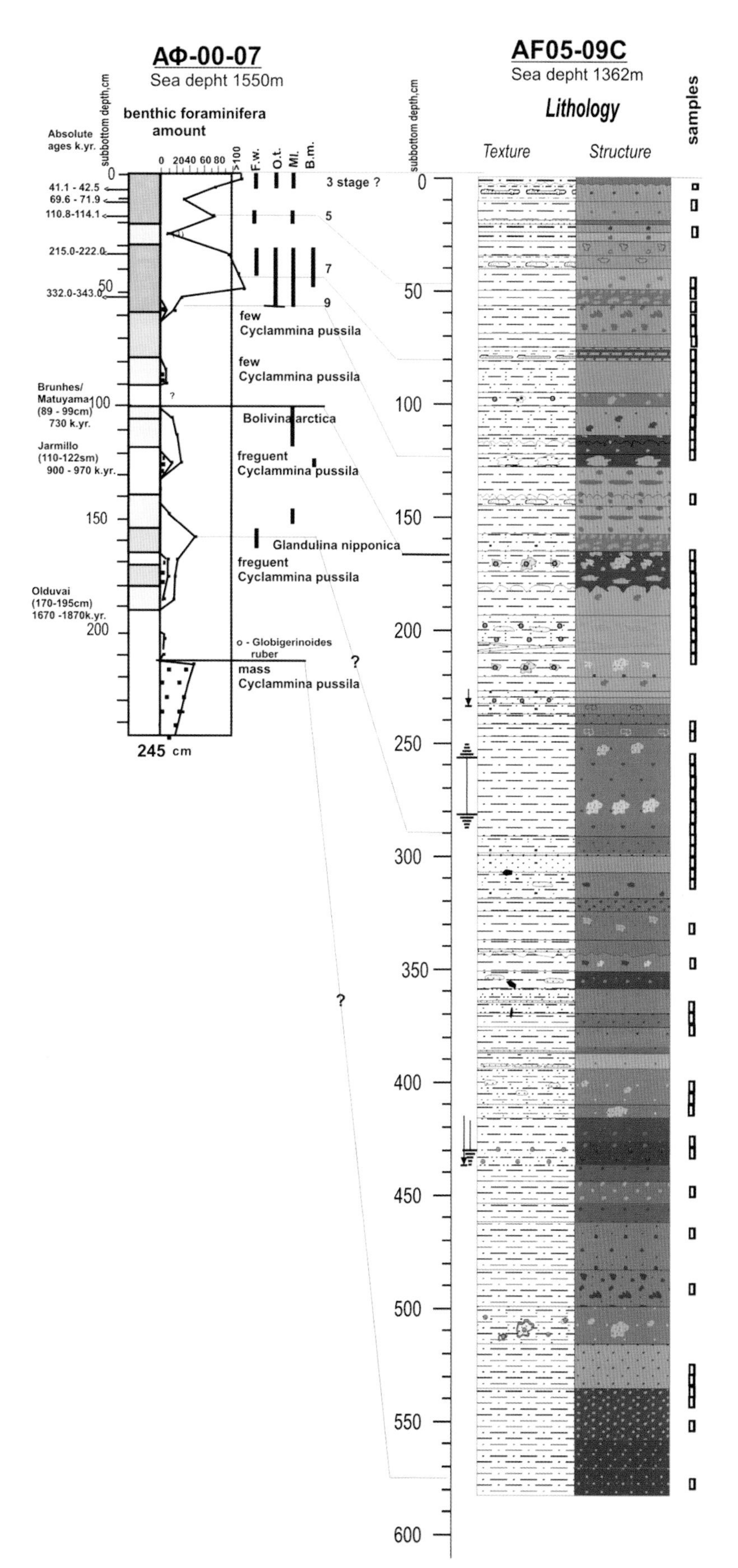

图 6.35　底部沉积微动物群数量分布（一）

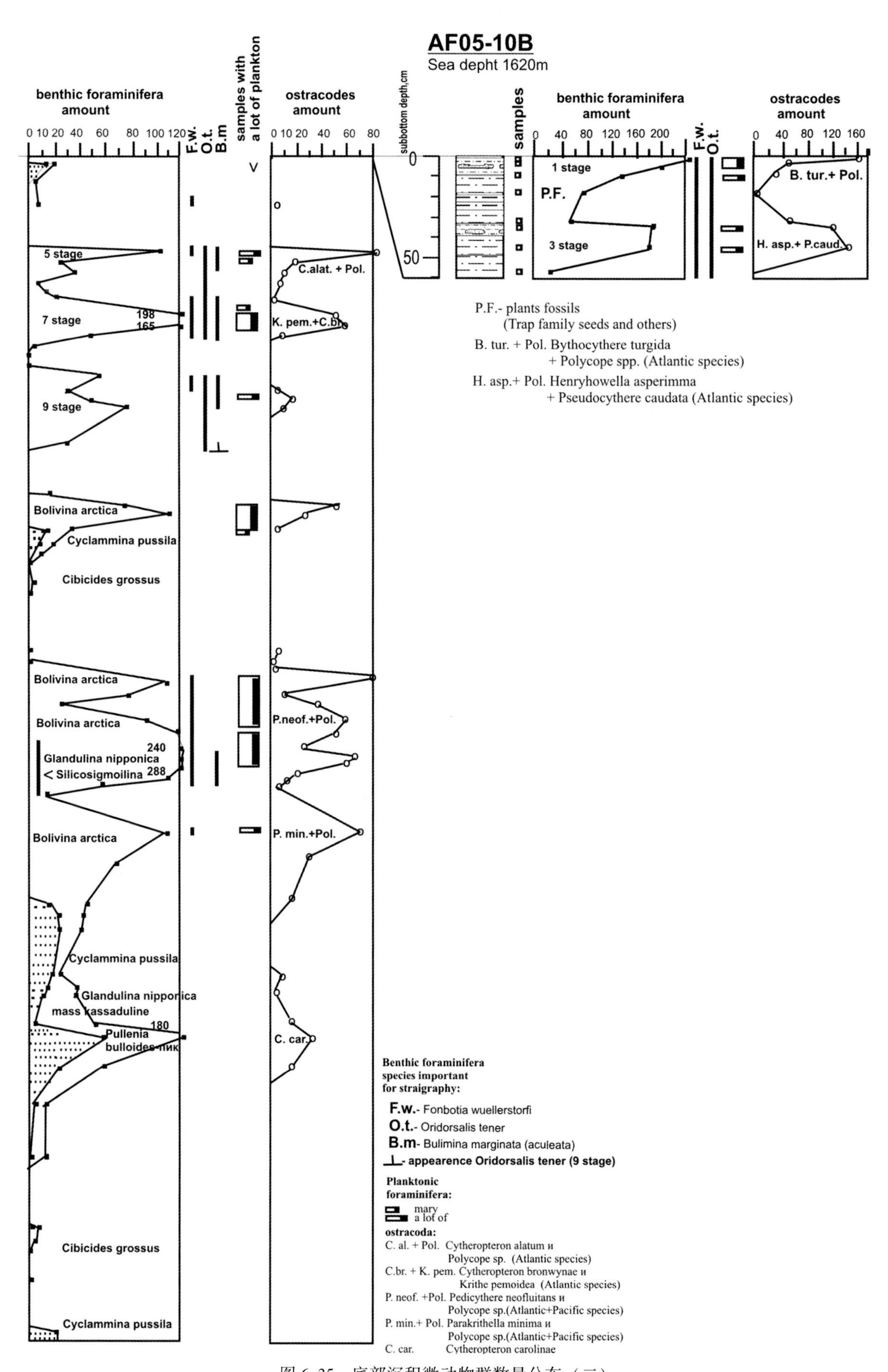

图 6.35 底部沉积微动物群数量分布（二）

介（*C. hamatum* Sars），锥状白泥介（*Argilloecia conoidea* Sars），柱状白泥介（*A. cylindrical* Sars），尾假花介（*Pseudocythere caudata* Sars）含量较少，约10%~15%。现代北大西洋物种膨胀深海花介（*Bythocythere turgida*）在之前我们的调查中并未发现，由于其仅在特殊的水深区段出现，因此可以将其作为首个介形虫聚集的指标。介形虫集合物中含有膨胀深海花介（*Bythocythere turgida*）表明沉积物堆积受相对温暖的富含氧和碳酸钙的大西洋深海水团的影响。这种适合北冰洋大量且多种深海介形虫动物群发育的良好的水生生物条件在现代和全新世底部介形虫种群中很普遍。

第二个峰值出现在34~44 cm岩芯段，所对应的介形虫集合包括尾假花介（*Pseudocythere caudataI*）和糙面亨氏虫（*Henryhowella asperimma*）。北冰洋和北大西洋种类在第一个峰值占多数，但是也出现新的大西洋半深海物种如尾假花介（*Pseudocythere caudata* Sars），中射温翼花介（*Cytheropteron? medistriatum* Joy and Clark），加罗琳翼花介（*Cytheropteron carolinae* Whatley and Coler），翼花介未定种属（*Cytheropteron?* sp. n.）。尤其值得注意的是，在34~36 cm段出现北冰洋近岸物种，如巨层真花介（*Eucythere macrolaminata*）、克罗德介未定种（*Cluthia* sp.）。这一介形虫群中不包含第一类种群中的指标物种膨胀深海花介（*Bythocythere turgid*）。介形虫可能形成于气候适宜时期，因为大量出现MIS3时期大西洋暖水区物种尾假花介（*Pseudocythere caudata*）、糙面亨氏虫（*Henryhowella asperimma*）。上述两种数量最多、种类最复杂的介形虫群的出现与间冰期温暖的气候相吻合。16~34 cm和55~57 cm段种群数量急剧减少，正好对应冰期的恶劣气候环境条件，两者相互交替。第一样品段16~17 cm区间中留存有植物遗迹，以植物的种子为主，伴有零星海洋介形亚纲动物壳类。根据L. A. Fefilova的研究，这可能有3个种类，其中1种可暂定为菱形介（*Trapa*），现生活在西西伯利亚北部死水和浅水环境中。

因此，岩芯AF05-10B中所含有的有孔虫和介形虫两个微体化石种群，一同揭示多变的古海洋沉积环境。岩芯表层段0~10 cm，形成于全新世受北大西洋水团的剧烈影响（MIS1）。下部16~34 cm含有少量有孔虫和介形虫群，以深海嗜冷种娇空背虫（*Oridorsalis tener*）为主，形成于挪威—格陵兰海盆北极重冷水环境（MIS 2）。再往下，34~44 cm段富含北大西洋种群，对应间冰期MIS 3。最后，在岩芯底部，55~57 cm段介形虫和有孔虫群落急剧减少，娇空背虫（*O. tener*）含量高，表明当时环境为寒冷的冰川水，是冰期MIS 4的标志。

2）岩芯AF05-09C

（1）有孔虫

与AF05-10B不同，岩芯AF05-09C中沉积盖层从含有稀少有孔虫群落的沉积物开始（3~5 cm，10~15 cm和20~25 cm，表层3 cm厚褐色沉积未研究）。上部主要以小型群落反弯介未定种（*Recurvoides* sp.）为主；下部岩芯段，有零星钙质类群出现。具有大西洋特性的种群在岩芯AF05-10C上部没有发现（在20~25 cm段零星出现）。由于岩芯AF05-09C中的有孔虫群落和钙质种群在岩芯AF05-10B中缺失，想要讨论AF05-10B岩芯层有孔虫含量低和AF05-09C上层微体生物稀少的直接关系几乎不可能。因此，岩芯AF05-09C比AF05-10B沉积开始更早的假设显得较为合理。这一假设通过岩芯AF05-09C下部分析得到了支持。

在45~50 cm段岩芯样品中有孔虫组成变化明显。遗憾的是，并未对25~45 cm这一重要层段的微体化石进行研究。45~50 cm段含有以伍勒斯托夫韦氏虫［*Fonbotia wuellerstorfi*（Schwager）］为代表的多种（10种）北大西洋微动物群。大西洋种群例如棘刺小泡虫*Bulimina aculeata*（Orb.）的出现说明沉积物堆积于温暖的间冰期。值得注意的是，所有含有这一种群化石的样品都富含浮游有孔虫。根据L. Polyak（Polyak et al.，2004）的研究，这一种群对应北冰洋MIS 5，MIS 7（含量最大）和MIS 9三个时间段。因此，45~50 cm和50~55 cm［后者数量上骤减，但也出现北极箭头虫（*B. aculeata*）］属于MIS 5。

岩芯下端55~60 cm中娇空背虫［*Oridorsalis tener*（Brady）］含量明显增加（78%）。这一现象的可能原因在上文中已有讨论。60~75 cm段种群数量大大减少，5~6种零星可见。因此，55~75 cm整段代表着冷高密度底层水停滞不前的冰川环境。

75~90 cm段，大西洋种群再次占优，北极箭头虫（*B. aculeata*）数量最大（一个样品中最多有55个壳体）。该段极有可能对应 MIS 7。

90~105 cm 段有孔虫壳体（包括浮游）几乎没有。偶见胶结壳群零星出现。这标志着当时处于极不适宜有孔虫生存的环境，不仅仅是由于冰川覆盖和缺少营养资源，而且纵向水交换停滞，底部环境缺氧。后者是由海平面下降，北大西洋富含氧和碳酸钙的海水不再供给而造成的（可能发生于 MIS 8?）。

另外一个重要的沉积段为 105~125 cm，大西洋种群出现，总体上北极箭头虫（*B. aculeata*）含量较少或偶有出现，伍勒斯托夫韦氏虫（*F. wuellerstorfi*）极少，相反娇空背虫（*Oridorsalis tener*）含量丰富。娇空背虫（*Oridorsalis tener*）在 140~145 cm 段也有出现，再往下就没有出现。L. Polyak（Polyak et al.，2004）研究认为，北冰洋岩芯样品中此类有孔虫的消失对应于 MIS 9。因此，我们暂时将 105~145 cm 段标记为 MIS 9。遗憾的是，下部 20 cm 段岩芯的微体化石没有进一步研究。

70~175 cm 段，有孔虫组成变化巨大，新组合中某些共同特征一直可以向下追踪至 530 cm。该段含有北极箭头虫（*Bolivina arctica* Herman）和凝集微足砂环虫（*Cyclammina pussila* Brady），上部沉积中典型的娇空背虫（*Oridorsalis tener*）则较少。某些段也含有一些上部沉积中没有的其他种类，如 *Silicosigmoilinella* genus、一些近岸种类和再生的中生代（?）种群（有孔虫和介形虫）。这些变化可能与海盆变浅有关。根据现有的微体化石记录，将沉积与某一 MIS 时期相关联还不太可能。

170~185 cm 段，以大量浮游有孔虫和伍勒斯托夫韦氏虫（*Fonbotia wuellerstorfi*）为特征。首次发现北极箭头虫（*Bolivina arctica*）、小假平行虫［*Pseudoparella* cf. *minuta*（Cushm. et Laim.）］，特有的砂屑节房虫（双形虫?）亲近种［*Nodosaria*（*Amphimorphina*?）aff. *dolaria* Parr in Lagoe］及胶结壳类型微足环砂虫（*C. pussila*）。盔形虫类属别（Cassidulinas）也很常见。有孔虫组成大多以浮游有孔虫为主，表明该沉积发生于间冰期。

185~250 cm 段，有孔虫含量和多样性都骤减。该段一些样品中有孔虫都很少见。很多学者（Feiling-Hanssen R. et al.，1983；Slobodin，1985）都认为该层中出现的近岸厚剑锤虫（*Cibicides* cf. *grossus*）种壳体为上新世产物，该层沉积对应于冰期。

255~280 cm 段含有大量的浮游有孔虫和伍勒斯托夫韦氏虫（*Fonbotia wuellerstorfi. Bolivina arctica*），似泡幼体虫（*Pullenia bulloides*）（上部岩芯中没有），凝集砂圆虫也常见。有孔虫种群组成具有典型的间冰期特征。

285~310 cm 段同样以大量的浮游有孔虫和伍勒斯托夫韦氏虫（*Fonbotia wuellerstorfi. Bolivina arctica*）、似泡幼体虫（*Pullenia bulloides*）（样品中最多有 200 多个种类）为特征。该段中的小泡虫类（bulimindes）（盔形虫属 *Cassidulina*?）具有很重要的意义，为数不多的扁豆虫和潮下带浅海环境希望虫属类（*Elphidium*）也常见。类似墨西哥小泡虫（*Bulimina mexicana* Cushm）但更宽更短的壳体仅在此段中发现，之前在门捷列夫海岭岩芯中从未发现过。只有这段岩芯发现旋栗虫类（*Spirosigmoilinella*）种样本（每个样品中最多 19 个）具有硅质墙壳体。根据 Kh. M. Saidova（Saidova，1982）的调查研究，深海钻探项目（DSDP）在格陵兰岛 348 钻孔中新世—更新世沉积中发现此类有孔虫，与火山活动和海水中溶解的硅酸含量增大有关。该段岩芯与上一段岩芯相似，可能也形成于间冰期。

310~350 cm 段，是最后一个在大量浮游有孔虫和多种（多达 50 种）北极箭形虫（*Bolivina arctica*）.出现的背景下，含有零星伍勒斯托夫韦氏虫（*F. wuellerstorfi*）的沉积层。该段海洋环境可能与上述出现的沉积段相似，但是受北大西洋洋流影响较小。

365~405 cm 段，以少量钙质有孔虫，几乎没有浮游有孔虫，偶见再生白垩纪（?）有孔虫为特点。微足砂环虫（*Cyclammina pussila*）在此段中数量也有所增加。所有这些特点表明因陆架区域海底遭受剥蚀出现海水回退和停滞。

405~470 cm 段以高含量钙质有孔虫为特点，尤其是盔有孔虫含量在 425~430 cm 段样品中出现峰值（38），似泡幼虫体［*Pullenia bulloides*（Orb.）］（在 430~435 cm 段样品中有 55 个壳体）。特别是出现了一个以前未曾发现过的上新世种群日本橡果虫（*Glandulina nipponica* Asano）以及前文提及过的西西伯利亚（Ust-Solenin）建造（上新世?）著名的近普列奥布拉仁斯基假内卷虫［*Pseudoparella* cf. *minuta*

(Cushm. et Laim.)]。该段峰值与微足砂环虫(*Cyclammina pussila*)凝集有关，出现少量再生白垩纪(?)壳体和潮下带浅海环境希望虫属类(*Elphidium*)，浮游有孔虫在钙质底栖有孔虫出现峰值时几乎没有发现。

490~555 cm 段以钙质和底栖有孔虫含量极低，几乎没有浮游有孔虫为特点。

岩芯底部 575~580 cm 段含有凝集微足砂环虫(*Cyclammina pussila*)壳体。

AF05-09C 岩芯中有孔虫群落特殊的分布特征与门捷列夫海岭北部 AF05-07C 和门捷列夫海盆 AF05-02C(Andreeva et al., 2007)相似。所有岩芯中，明显特征是上部含有大西洋型钙质有孔虫，出现 3~5 个峰值。根据最新数据资料分析，我们在富含碳酸盐的岩芯段中可以确定 9 个海洋同位素阶段。岩芯下部(AF05-09C 岩芯 205~250 cm、AF05-07C 岩芯 80~100 cm)，有孔虫含量和种类急剧减少(第 10 个阶段?)。这可能与沉积间断有关，因此，要在老沉积物中直接判断同位素阶段很困难。

岩芯深部从 170 cm 开始，所含有的有孔虫群落与上部岩芯对比，不论结构上(种数比)还是成分上都明显不同。下部岩芯中没有出现深海喜冷娇孔背虫(*O. tener*)这种北大西洋深部的种群，但含有近岸种群，极有可能来自陆架和再生中生代(?)及零星上新世种群。岩芯底部以具有硅质墙壳旋栗虫类(Spirosigmoilinella)和独特的小泡虫(*Buliminas*)有孔虫的出现及日本橡果虫(*Glandulina nipponica*)、砂环虫类(Cyclamminas)数量增加为特征。

(2)介形虫

对介形虫种群成分的分析可以帮助我们理清其含量和种类的变化，在岩芯 AF05-09C 中介形虫种群形成过程中可分为两个主要时期。

第一个阶段，为岩芯 45~170 cm 段(图 6.35)，含有的介形虫种群比 AF05-10B 岩芯中要少。出现 3 个峰值，其中两个含有具有特征指示的物种。

45~55 cm 段，含有多个种类的有孔虫，具有代表性的有翼花介属(*Cytheropteronalatum* Sars)和多肢介属(*Polycope* spp.)。与岩芯 AF05-10B 不同，翼花介(*Cytheropteron*)含量更少，但种类更多(*C. hamatum* Sars)，包括多夫翼花介(*C. sedovi* Schneider)、布朗温翼花介(*C. bronwynae* Joy and Clark)、加罗林翼花介(*C. carolinae* Whatley and Coles)。如多肢介虫含量(高达 60%)非常普遍，这是当时受大西洋剧烈影响，海水中饱含氧、碳酸钙和微量元素的证据。

75~85 cm 段，大约 60 种不同的介形虫出现，以大西洋种如多肢介虫和北冰洋深海特有的布朗温翼花介(*Cytheropteron bronwynae*)为主。在喜热的介形虫种类中，发现有巴顿克里介(*Krithe bartonensis* Jones)、扁形克里介(*K. pemoidea*, *Krithe* sp.)。温暖海水沉积环境可通过指示冰川海洋环境的北极碟形口足介(*Acetabulastoma arcticum* Schornikov)幼虫零星出现来确定。该段中含有的代表性种类扁形克里特介(*Krithe pemoidea*)、布朗温翼花介(*Cytheropteron bronwynae*)在深海环境中很常见，且该种介形虫喜温，这就表明在冰川作用仍然影响介形虫聚集时，有一个更强的大西洋暖流也同时对其产生影响，虽在冰川作用下稍有减弱。

110~125 cm 段，前文中发现的介形虫种群在种类上稍有减少。多肢介属(*Polycope*)几乎没有，但仍有大量的北冰洋深海种群，这说明深海海盆处于大西洋影响变弱的时期。

在北大西洋深海和半深海介形虫种群在某一沉积段为主的背景下，介形虫种群丰度的变化是 125 cm 厚岩芯上部的典型建造特征。以大西洋深海种群为代表的介形虫数量峰值的垂向分布表明，45~125 cm 段受大西洋影响逐渐减弱(图 6.35)。

岩芯 AF05-09C 岩芯中第二个介形虫发育期为 170~450 cm 段，当时水团同时受大西洋和太平洋的影响。可从岩芯中来源自北大西洋和太平洋不同种类的介形虫种群的同时出现得到证实。该段与上文中的介形虫种群不同，出现有太平洋深水种群新浮游足花介(*Pedicythere neofluitans* Joy and Clark)、小似小克里特介(*Parakrithella minuta* Joy and Clark)和楚科奇似花介(*Paracytherois chukchiensis* Joy and Clark)，它们在 270~290 cm 和 330~370 cm 段的出现，表明当时沉积物堆积受太平洋洋流影响，而与大西洋的关联减弱。此外，与上文提及的半深海—深海种群一起出现的还有北冰洋北部和北冰洋近岸生活在陆架上的介形虫种群，似网格翼花介（*Cytheropteron paralatissimum* Swain）、弓形翼花介（*C. arcuatum* Brady, Crosskey et Roobertson）、瘤状格翼花介［*Robertsonites* cf. *tuberculatus*（Sars）］、泥小掌弓介［*Palmenella limicola*（Norman）］及其他种类，表明当时沉积环境为北冰洋海盆陆架附近浅水环境。这些种群的出现对应的是介形虫包括标志性种群加罗林翼花介（*Cytheropteron carolinae*）出现峰值的温暖时期，是岩芯 410～450 cm 段下部的典型特征。

因此，介形虫种群，包括随太平洋水体迁移到北极海盆的太平洋深海种群，发育的新阶段开始于岩芯的 170 cm 处。

通过对 AF05-09C 和 AF05-10B 岩芯的对比研究，完善了早前对门捷列夫海岭及其邻近海盆富含有孔虫和介形虫化石的沉积剖面的研究。毫无疑问，对所有采集到的古生物学数据进行深入专门处理，可作为北冰洋岩芯研究的参考。

3）底部粗碎屑沉积

粗碎屑物集中在粒径达 30 cm 砾石和砂砾碎屑堆积的底部表面。

粗碎屑物质大部分（70%～80%）以碎屑砂岩和白云岩为主（图 6.36）；10%～15% 为粉砂岩、泥岩和片岩。火成岩占 5%～8%，以辉绿岩为代表。花岗岩—片麻岩以片段出现。

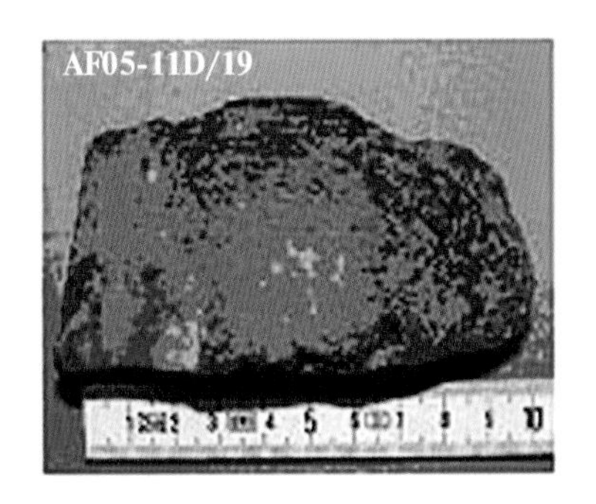

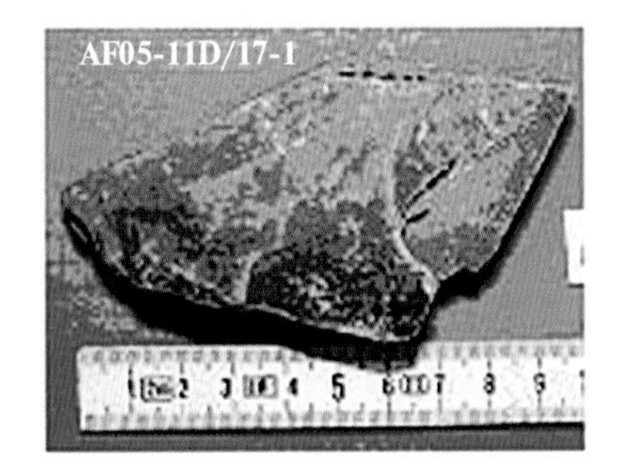

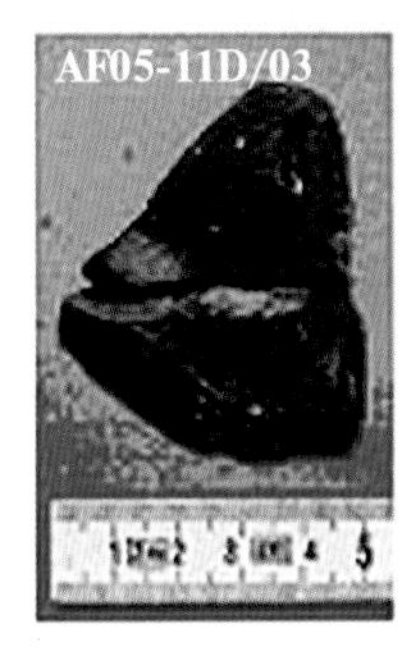

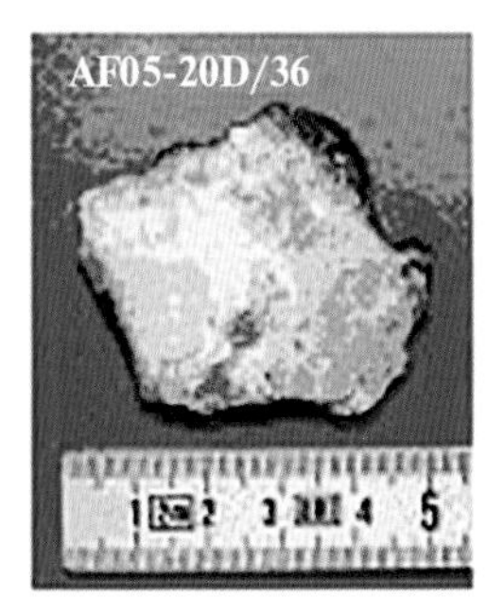

图 6.36　底部岩石形态分类

1—铁化砂岩；2—双向层理的云母状石英砂岩；3—石英砂岩；4—层状泥质岩；5—钙质粉砂岩；6—泥质岩（粉砂泥质岩）；7—页岩；8—砾岩；9—石灰岩；10—花岗岩

陆源岩大部分为细粒径砂岩（图6.37-1~6.37-2），常为浅色，次生深色粉砂岩。90%~95%碎屑砂岩为磨圆度好的石英砂。其胶结物为再生石英边缘交代和气孔填充。从岩石切片显示来看，由于再生作用碎屑原始形状常遭到破坏，被自生石英胶结后生成花岗变晶状或类似结构（图6.37-3）。小部分胶结物由丝云母、黏土硅质物、铁氢氧化物和白钛石混合组成。

粉砂岩偶见。褐色，胶结物含量高，有时占岩石的1/3（图6.37-4）。富含高变黑云母，外观上和变质黏土岩很像。粉砂岩中胶结物大多由黑云母变质物转变成黏土组成。其中含有残留的原生矿物常饱含铁氢氧化物和白钛石。

4）碳酸盐岩

白云岩灰色，少见深灰色，质厚，很少再结晶，构造单一。与微生物活动无关（图6.37-5）。

石灰岩较少出现，小而浅色碎屑。有3个样品在显微镜下可见不太清晰的有机质残迹（图6.37-6）。

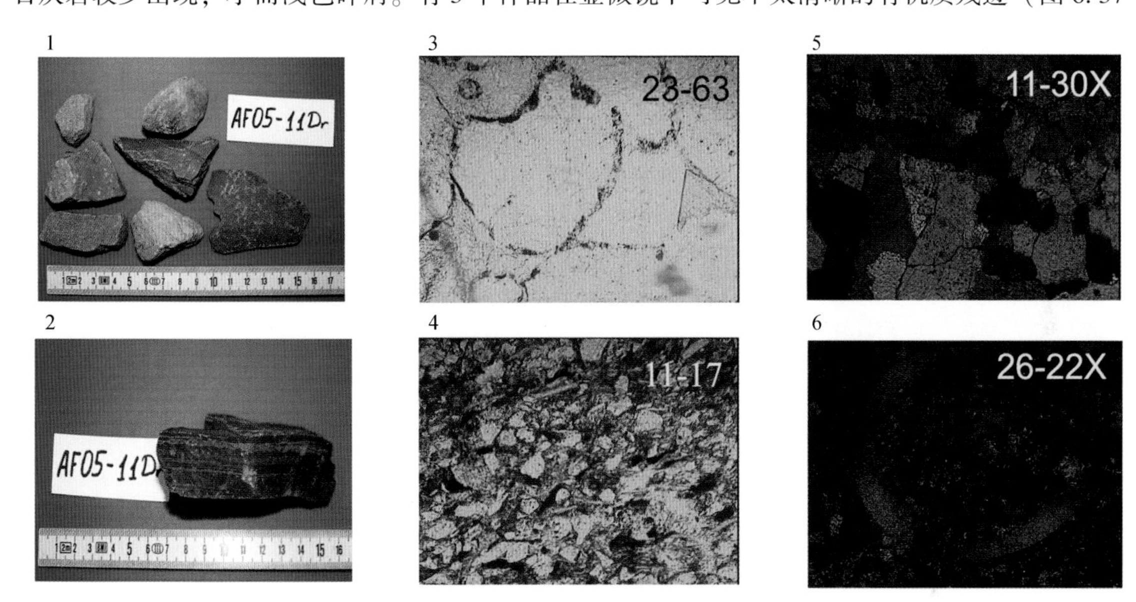

图6.37 门捷列夫海岭中部地质岩石碎屑形态类型（1和2）；
薄片：3—石英砂岩；4—粉砂岩；5—白云岩；6—含有残余有机质的石灰岩

5）火成岩

火成岩多以结晶颗粒辉绿岩为主，含量多变，辉绿结构。

门捷列夫沉积调查结果表明其南部和中部的粗碎屑物质与北部不同。北部岩石碎屑中含有动物遗迹，成岩转化率低，胶结物含有高岭石。这是由于北部和南部硬质岩石来源不同。北部是一套中—晚古生代的插层砂岩、白云岩和灰岩地层；南部为石英砂岩和不含有古生物遗迹的白云岩，根据放射性元素测年和地质资料，大多认为是里菲期产物。

有关确认为门捷列夫海岭底部的硬质岩石的来源结论，以及其他因素都与通过冰筏作用从格陵兰岛北部或加拿大北极群岛搬运过来的概念不一致。这些地区具有明显的褶皱特征，由复理石和笔石片岩构成，而门捷列夫海岭底部硬质岩石由典型的海台产生的碎屑组成。此外，具有不同形态特征的碎屑层序的出现，恰是来源于当地而非似冰筏碎屑物质的平均成分的证据。

6.2.1.4 粗碎屑物质的年龄和来源

对松散沉积物组成和底部硬质岩石岩相学特征的研究分析证明，其来源单一。门捷列夫海岭中部和南部粗碎屑物质的空间分布受底部地形控制。海岭中部和南部底部硬质岩石成分组成相当一致，仅有石英砂岩碎屑、粉砂岩、石英质砂岩和白云岩组成。

因此，海岭中部和南部底部硬质岩石来源于一系列石英岩质砂岩、砂岩和白云岩。其年龄根据现有

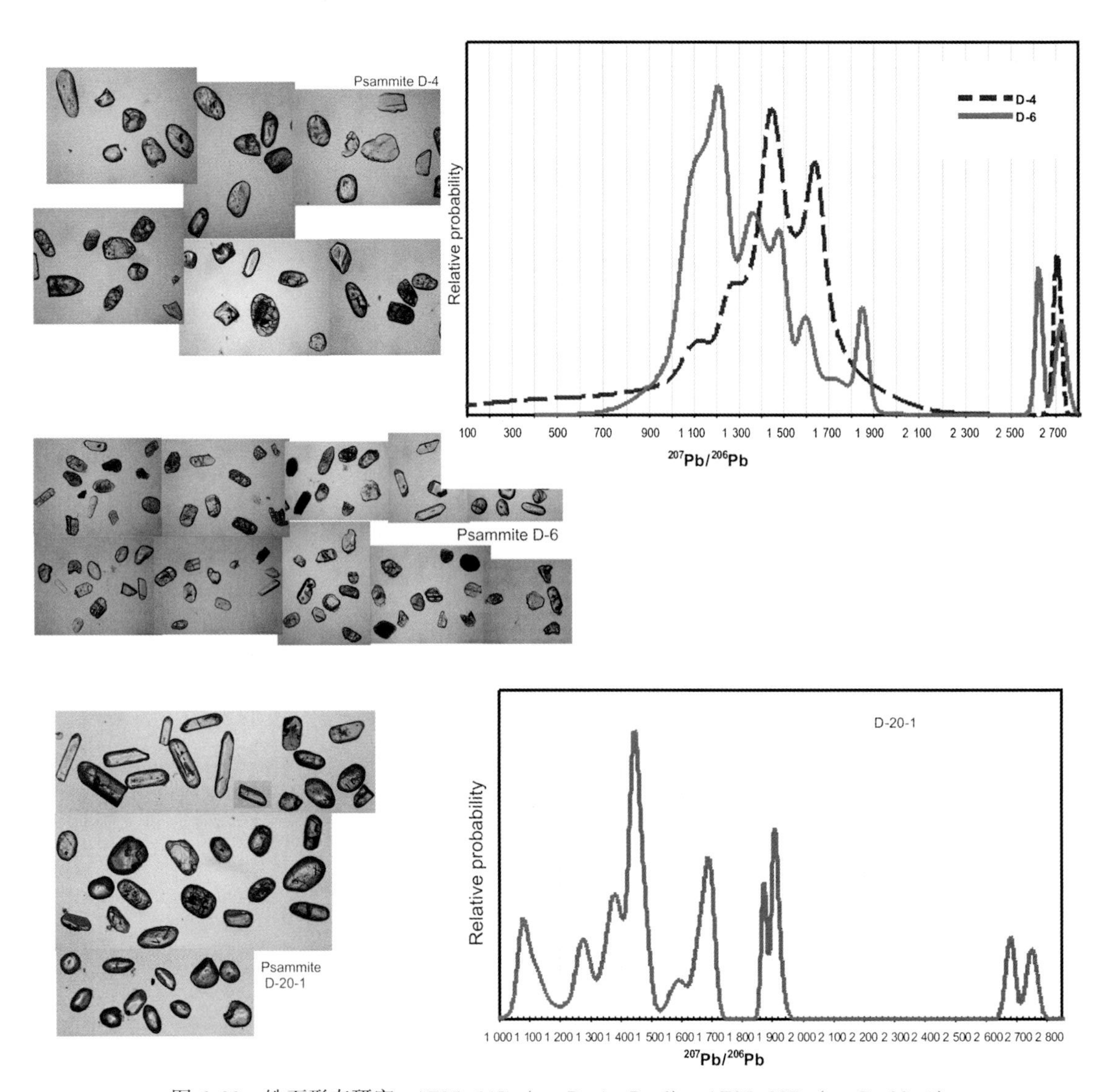

图 6.38　锆石形态研究：AF05-11D（sp. D-4，D-6）；AF05-20D（sp. D-20-1）
锆石同位素年龄变化

的数据资料还不能直接确定。但确有前古生代（里菲期）的特征。推断如下。

（1）海岭北部岩石碎屑中没有古生物遗迹（微体化石），岩性学上底部硬质岩石与含有中—晚古生代生物遗迹的岩石不同。以各种不同陆源沉积中的石英为主，表明岩石受强烈的剥蚀作用，形成于不同的环境。因此，该沉积可能形成于早—中古生代。

（2）石英质砂岩单元中自生石英密集分布，伴有与北冰洋边缘里菲期古地台盖层相似的特殊高密度白云岩。这些里菲期地台岩芯的底部由成熟的沉积物组成，以石英砂岩代表，自生石英胶结形成。上部为白云岩或不明来源物质，上覆晚寒武纪—古生代沉积，与门捷列夫海岭北部相似。因此，虽然没有发现寒武纪沉积，但门捷列夫海岭中部和南部石英质砂岩和白云岩序列的年龄暂时可确定为里菲期。寒武纪沉积的缺失，表明该地区岩石不可能为前古生代。但是，早古生代（寒武纪和奥陶纪）沉积在北文德海岭和具有同样古老性质的北冰洋中央海隆及其他地貌单元中都有发现。因此，我们有充分理由认为早古生代沉积广泛分布。

（3）石英质砂岩中锆石碎屑同位素地球化学分析显示，其年龄晚于格林威尔期。取 3 个样品（样品 D-4、样品 D-6 和样品 D-20-1）进行研究，相对年龄概率曲线可以反映太古代、卡累利安期（Karelian）和格林威尔期锆石和岩石之间的关系（图 6.38）。

前两个时期的概率曲线与北冰洋中央具有如此构造的古地台，如卡瑞里安（karelian）基底的一般年龄完全一致（Kaban'kov et al.，2004a）。格林威尔期活动并没有地质学证据支持，例如太古代或卡累利安期与结晶基地的发育有关，因此形成古老的锆石。我们认为卡累利安期基底在整个古生代都没有遭受结构重组或其他活动的痕迹，因此为单一沉积。总体而言，目前所得到的放射性数据资料与通过地质记录推测而来的门捷列夫中部和南部石英质砂岩和白云岩为里菲期产物的结论并不矛盾。

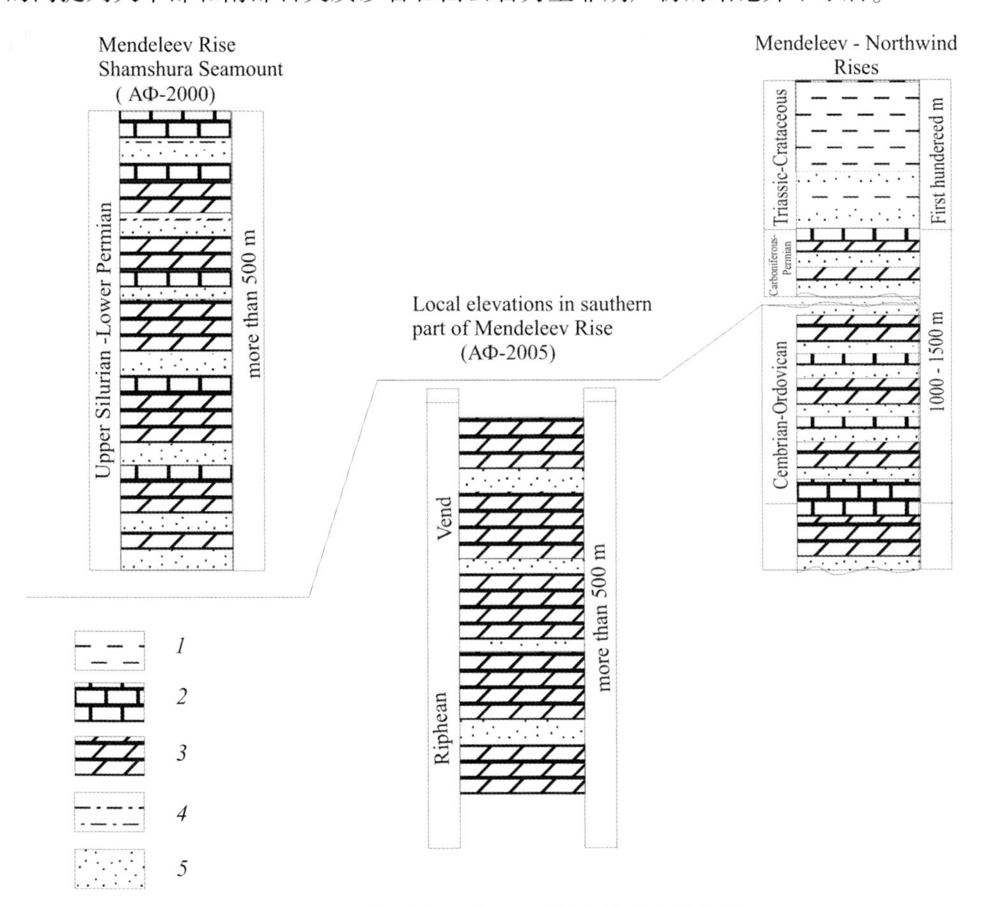

图 6.39　门捷列夫海岭和北文德海岭岩芯关联图

1—硅质黏土岩；2—石灰岩；3—白云岩；4—粉砂岩；5—砂岩

6.2.1.5　门捷列夫海岭大地构造性质

通过沉积成因和形成岩脉群的火成岩的变化程度和组分来研究有以下发现。

海岭基岩由两个序列构成：暂定为里菲期石英质砂岩、砂岩、粉砂岩和白云岩，中—晚古生代砂岩，白云岩和石灰岩。前者厚度至少 600 m，后者厚度至少 500 m（Kaban'kov et al.，2004）。下古生界沉积在门捷列夫海岭缺失，我们原本以为该地层可能出现，因与门捷列夫海岭为同一构造的北文德海岭发现有下和上古生界沉积（Grantz，Clark et al.，1998）。据此，门捷列夫海岭基岩可能为里菲期—古生代沉积序列、总厚度达 2 000~2 500 m（图 6.39）。

本书中研究的沉积为代表古地台区构造的均一高成熟度的浅水陆源和潟湖碳酸盐沉积序列，可归属于 N. S. Shatsky（1935）和 Y. M. Puscharovsky（1960，1976）称之为哈勃波利安（Hyperborean）地台的盖层单元。由磨圆度好的分选石英碎片构成、成分单一的砂岩和粉砂岩建造支持 N. S. Shatsky 和 Y. M. Puscharovsky 的结论，表明浅水高动态沉积环境使初始产物遭受强烈化学衰变且富含稳定矿物。这些对潟湖的形成是十分有利的条件，尤其是碳酸盐沉积物和白云石的形成。这一沉积机理具有构造区域相对稳定，水浅而平坦，与北美洲、亚洲和东欧古老的克拉通地块相似。

通过海底沉积建模，门捷列夫海岭基岩序列为古地台盖层。有关基底的成分和年龄没有直接的证据，这也许只能通过阿尔法海岭获取的数据资料来确定。奥斯滕索（Ostenso）海山附近，在 84°31′N 和 128°27′W 部位显示海底地形变化复杂，美洲漂移冰岛 T-3 上由 FL-380 取芯器采集的岩芯中有千糜岩碎屑（达 3 cm）混杂于石英、钠长石、钠钙长石和钾长石组成的多色砂质粉土沉积物中。（$^{40}Ar/^{39}Ar$）同位素测年沉积物中长石年龄至少为 1 800~1 900 Ma（Clark et al.，2000），但有关多彩沉积物和千糜岩的来源学者们并没有提及。我们认为这是沿加拿大北部坳陷周边褶皱带分布的花岗—片麻岩基底风化壳。在门捷列夫海岭我们也发现有花岗岩和片麻岩碎屑（见上文）。通过同位素测年，基底长石的年龄为卡累利阿期。

6.2.2 通过地震观测获得的沉积盖层断面特征

沿 Arctic-2005 WAR 地质断面的主测线（450 km 长）和辅助测线（60 km 长），通过单道反射地震探测方法采集的数据资料绘制反映沉积盖层结构的时间剖面（图 6.40、图 6.41）。结构上，地质断面的主测线横跨楚科奇海盆陆架和陆坡的北部，沿门捷列夫海岭走向与 NP-26 冰站漂移路径相交（图 6.42）。地学断面的辅助测线与海岭顶部斜交于 78°—79°N。

利用与 NP 冰站漂移路径的交点和组波相关性，我们成功解释了反射剖面的海底面、区域不整合面（剖面上与晚坎帕阶不整合面反射一致）和变质碎屑岩层序表面（图 6.40、图 6.41）。此外，还识别了推测的上地壳顶部（结晶基底）。近区场 WAR 资料得到的速度参数见 6.2.3 节。

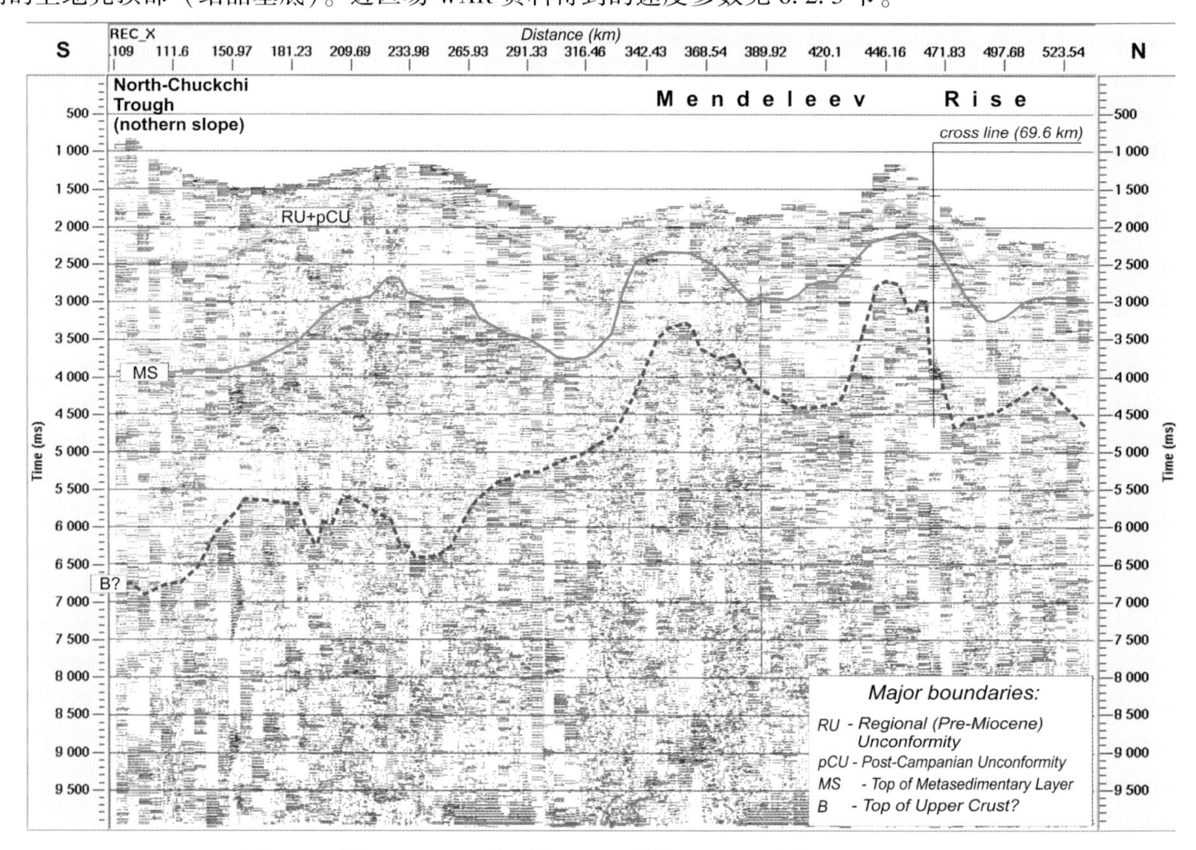

图 6.40 沿 Arctic-2005 主测线的沉积结构（地震反射探测间距 5 km）

6.2.3 地壳速度模型

在准备这本专著的过程中，Arctic-2005 WAR 数据作了更新（总结、加工、解译），基础剖面共 485 km，辅助横测线 130 km（总共 700 个探测点）。

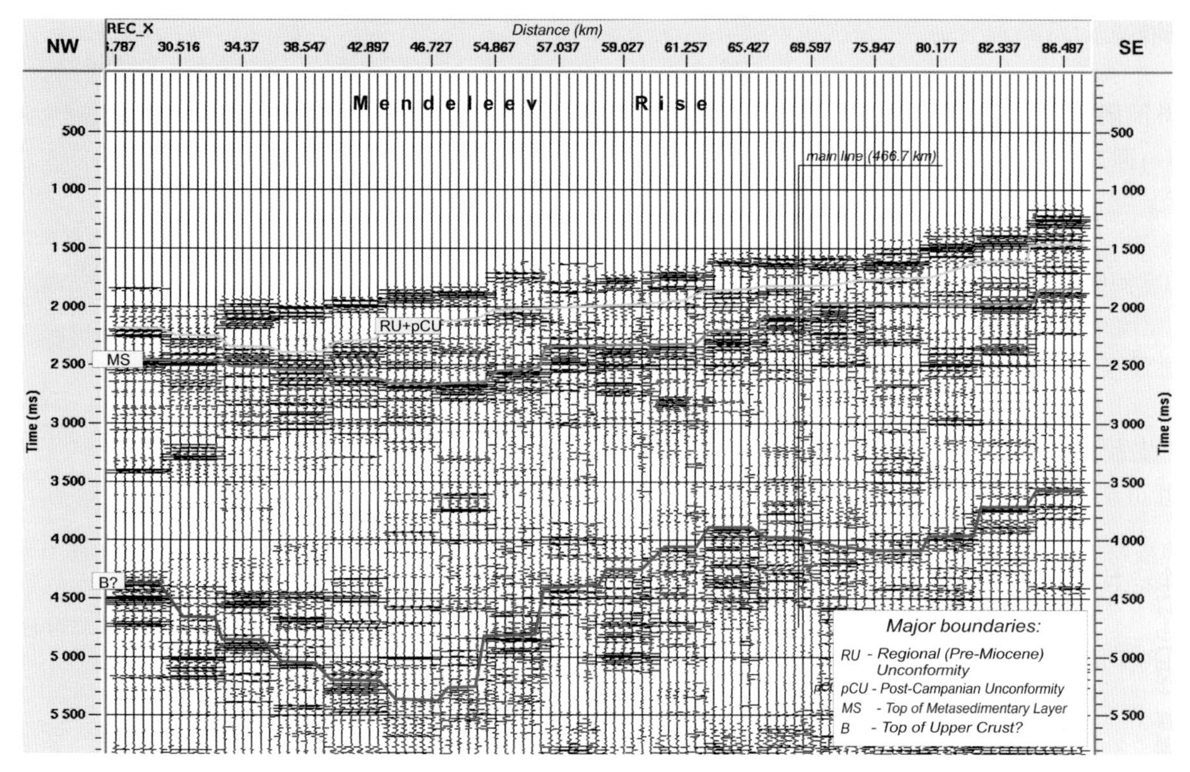

图 6.41　沿 Arctic-2005 辅助测线的沉积结构（反射地震探测间距 2 km）

WAR 数据动力学解译的整个过程中，地壳模型与沉积盖层反射剖面记录都很吻合。

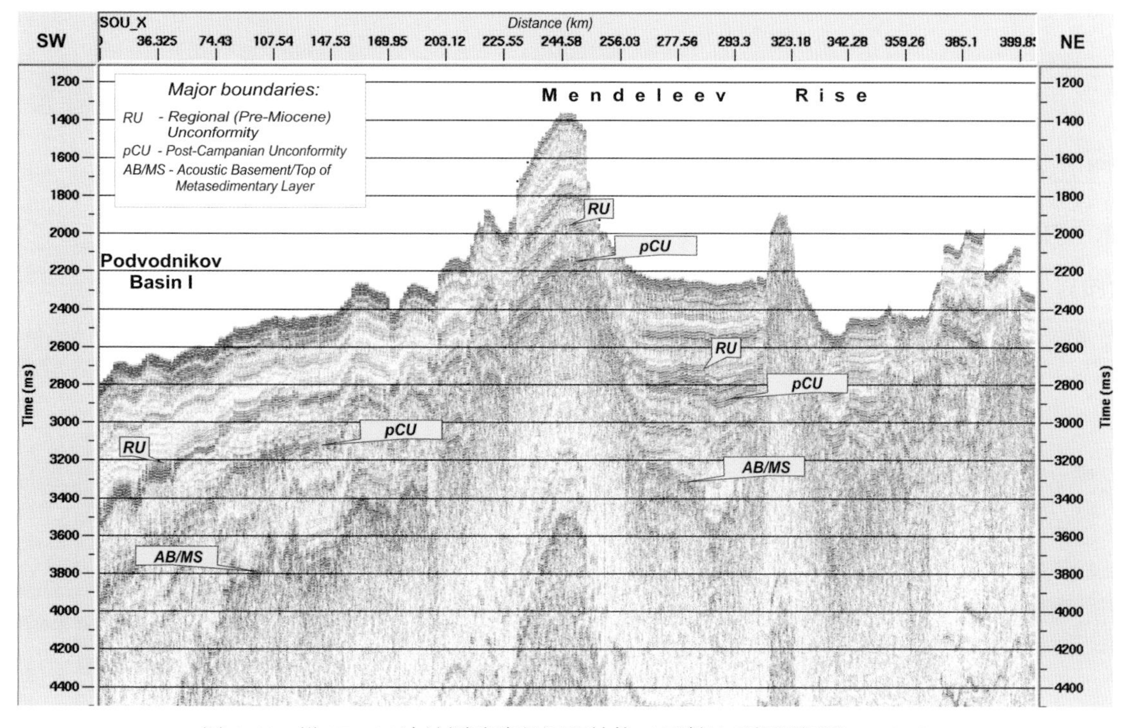

图 6.42　沿 NP-26 冰站漂移路径沉积结构（反射地震探测间距 0.8 km）

图 6.43、图 6.44、图 6.45 展示的是 Arctic-2005 地质断面采集的 WAR 数据的动力学解释：岩石地震波从不同的炮点传播的路径模型，模型最终生成的合成波场，以及由不同的地震记录、反射波和折射波叠加计算得出时距曲线，生成无波场解码的震动图。

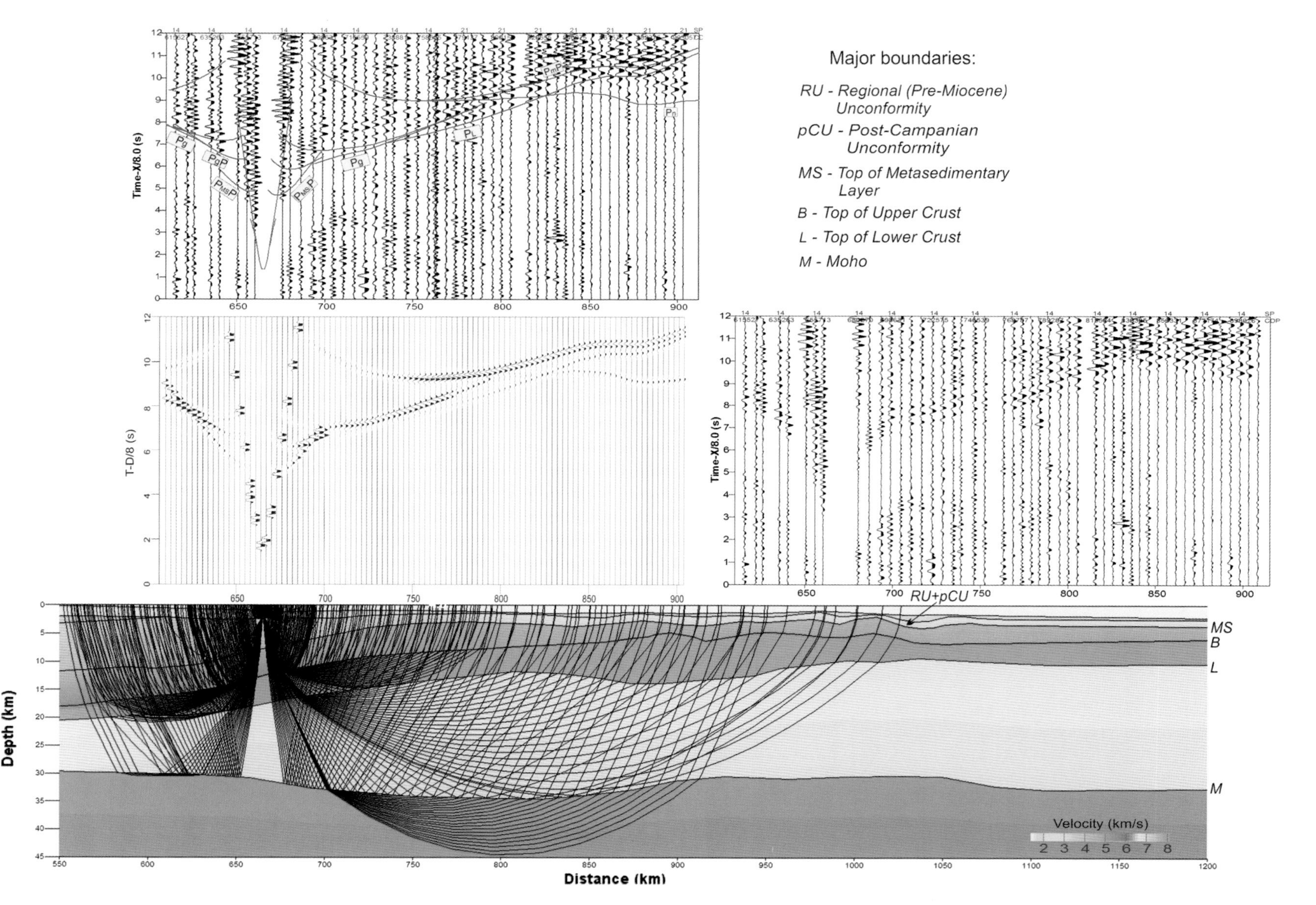

图6.43　Arctic-2005主测线射线跟踪和合成模拟（SP14+21）

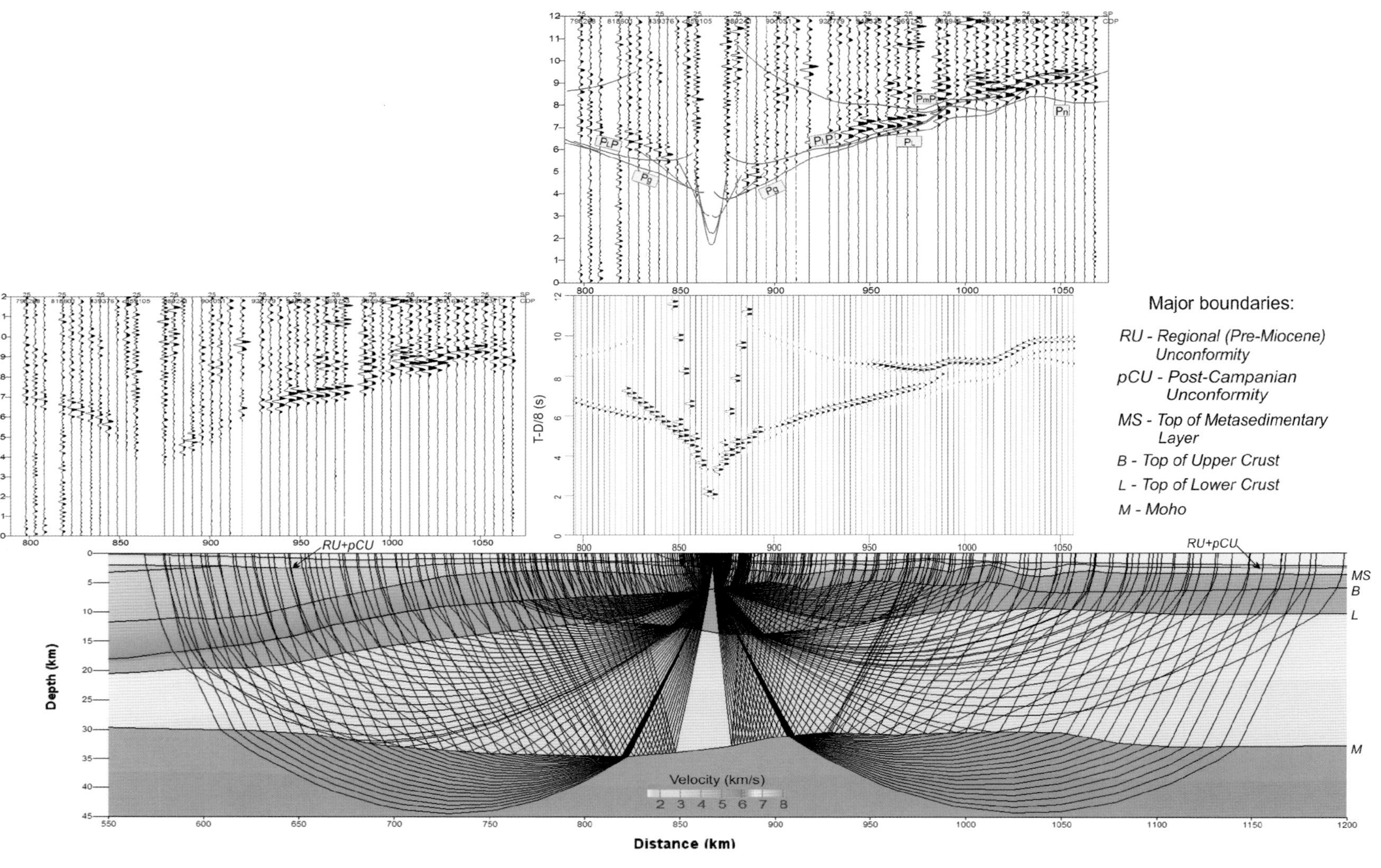

图6.44 Arctic-2005主测线射线跟踪和合成模拟（SP25+32）

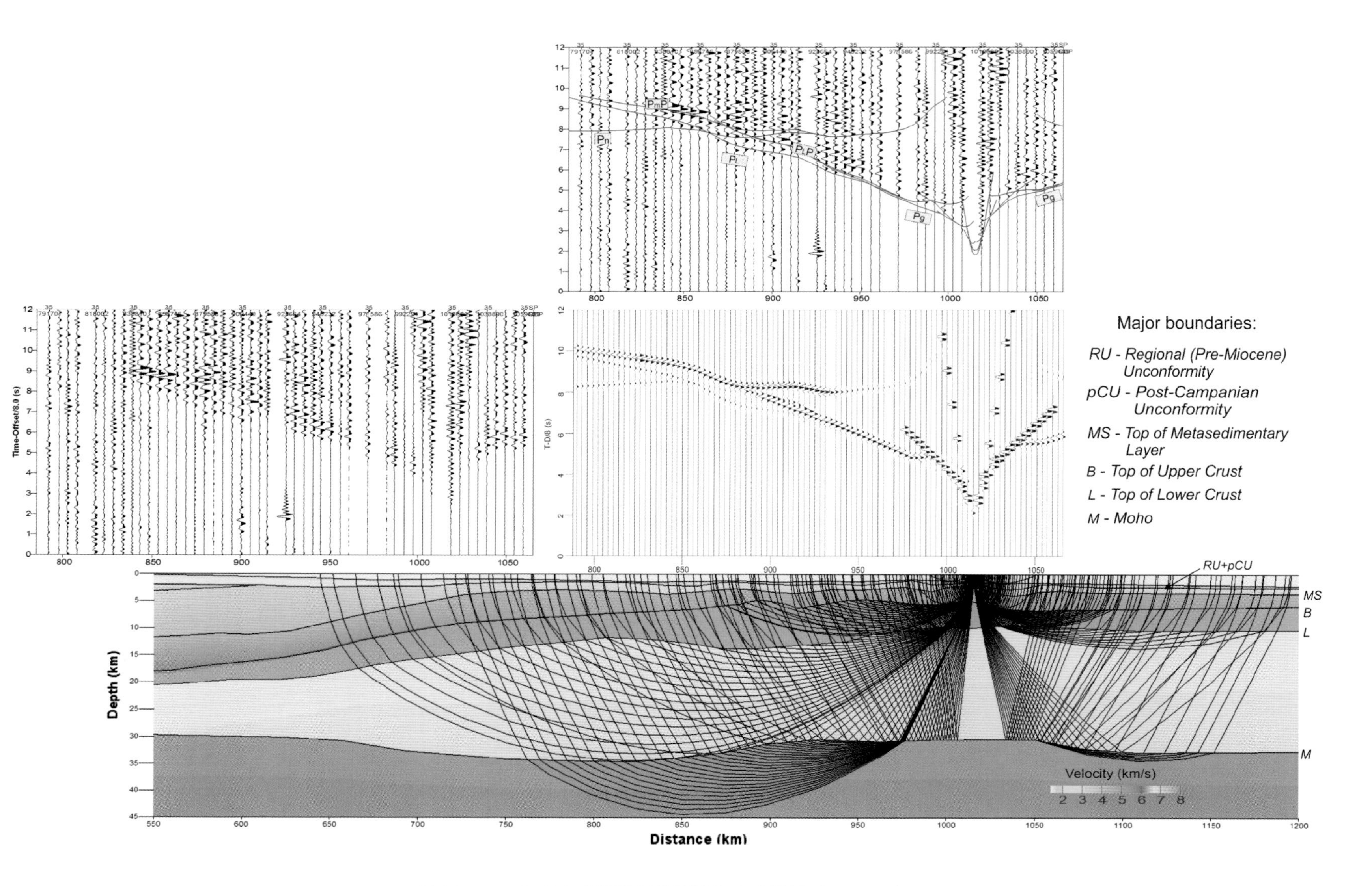

图6.45 Arctic-2005主测线射线跟踪和合成模拟（SP28+35）

WAR 地震记录显示了 P_g、P_L、P_n、$P_{MS}P$、P_BP、P_LP 和 P_mP 的解释。

门捷列夫海岭采集的 WAR 波场的特点为折射波和反射波强度的可比性，其特点是记录到温和梯度中等强度的反射波时，也记录到具有中等强度折射波的初至波。所观察的波和中等强度性质在合成地震波建模过程中得到了证实，可用于测量地壳层中的垂直速度梯度。

外大陆架和大陆坡上所采集的波场，以反射波强度高于折射波为主，外大陆架上反射波有一低梯度中强度和高强度的界面为特点，采集到的折射波初至波为低强度。

沿 Arctic-2005 断面的最终地壳模型见图 6.46。

6.2.3.1 沿 Arctic-2005 断面最终地壳模型

门捷列夫海岭两个沉积层序间存在一区域不整合面（RU+pCU）。地震波速从北楚科奇海盆的 1.8~2.5 km/s 至海岭（上部）的 1.6~1.9 km/s；从北楚科奇海盆 3.9~4.4 km/s 至门捷列夫海岭（下部）的 3.1~3.3 km/s。沉积层序总厚度在北楚科奇海盆沉积中心达到最大值约 12 km，在门捷列夫海岭不超过 2.5 km。此外，北楚科奇海槽中发现第 3 个沉积层序，地震波速 4.7~5.9 km/s，在海槽沉积中心厚度约 4 km。因此北楚科奇海槽沉积中心的沉积层序总厚度约 16 km。

变质碎屑岩层序（MS）从门捷列夫海岭延伸至北楚科奇海槽北部；地震波速 4.8~5.1 km/s，厚 2~3 km。

上地壳：折射波 P_g 初至波出现在距炮点 20~25 km 处并可追踪炮检距达 20~40 km。北楚科奇海盆地震波速 6.1~6.3 km/s，门捷列夫海岭 6.2~6.3 km/s。上地壳在北楚科奇海槽减薄至 2~3 km，门捷列夫海岭为 4~7 km。

下地壳：折射波 P_L 初至波出现在距炮点 70 km 处，可追踪炮检距 50~70 km。北楚科奇海槽地震波速 6.6~6.8 km/s，门捷列夫海岭 6.7~6.9 km/s。下地壳厚度，北楚科奇海槽为 9~10 km，门捷列夫海岭增厚至 20~22 km。

上地幔：有关上地幔的数据资料来源于 P_n 和 P_mP 波：P_n 为炮检距约 200 km 的初至波，单相波波列，可追踪炮检距 60 km。上地幔地震波速约 8.0 km/s。莫霍面深度在北楚科奇海盆下部 28~29 km，至门捷列夫海岭下部 31~34 km；剖面起点的结晶地壳厚约 13 km，剖面端点增厚至 26 km。

因此，分层沉积序列，变质碎屑岩层序和结晶地壳层序都从东西伯利亚—楚科奇海外大陆架延伸至门捷列夫海岭（图 6.46）。

Arctic-2005 地质断面辅助测线采集到的垂直于门捷列夫海岭顶部地壳断面走向（78°—79°N）地震资料动力学解释见图 6.47。图 6.47 为地震射线从中央爆破点的传播模型，每个地震记录与反射波和折射波叠加计算得出时距曲线。变质碎屑岩层序（P_{MS}）折射波的动力学解译结果可用于速度参数，P_g 波和上地壳顶部反射波（P_BP）的可靠测量。

Arctic-2005 地质断面的辅助测线最终上地壳速度模型见图 6.48。

6.2.3.2 沿 Arctic-2005 地质断面的辅助测线最终上地壳速度模型

两个沉积层序中间存在一区域不整合面（RU+pCU）。地震波速 1.6~1.9 km/s（上部）和 3.1~3.3 km/s（下部）；层序总厚度向东北方向增厚，从 1.5 km 增至 2.5 km。

变质碎屑岩层序（MS）：地震波速 4.5~4.7 km/s，层序厚度 1.5~3.5 km。

上地壳：上地壳 P_g 折射波炮检距 10~12 km；单相波初至波出现在 10~12 km 处；地震波速 6.2~6.3 km/s，厚 4~7 km。

下地壳：下地壳边界单相折射初至波出现在 25 km 处，可追踪炮检距 40 km；下地壳地震波速不超过 6.9 km/s。

(a)

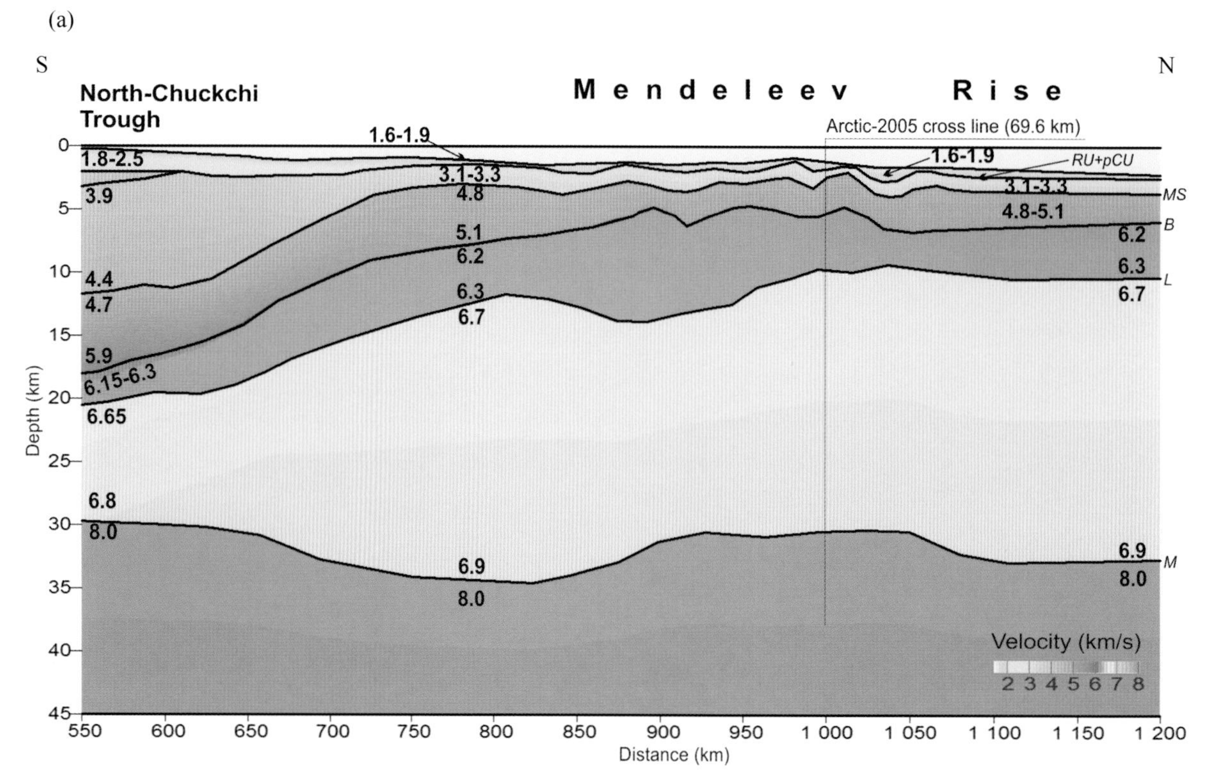

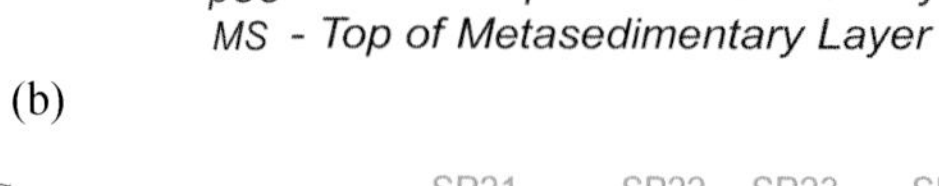

(b)

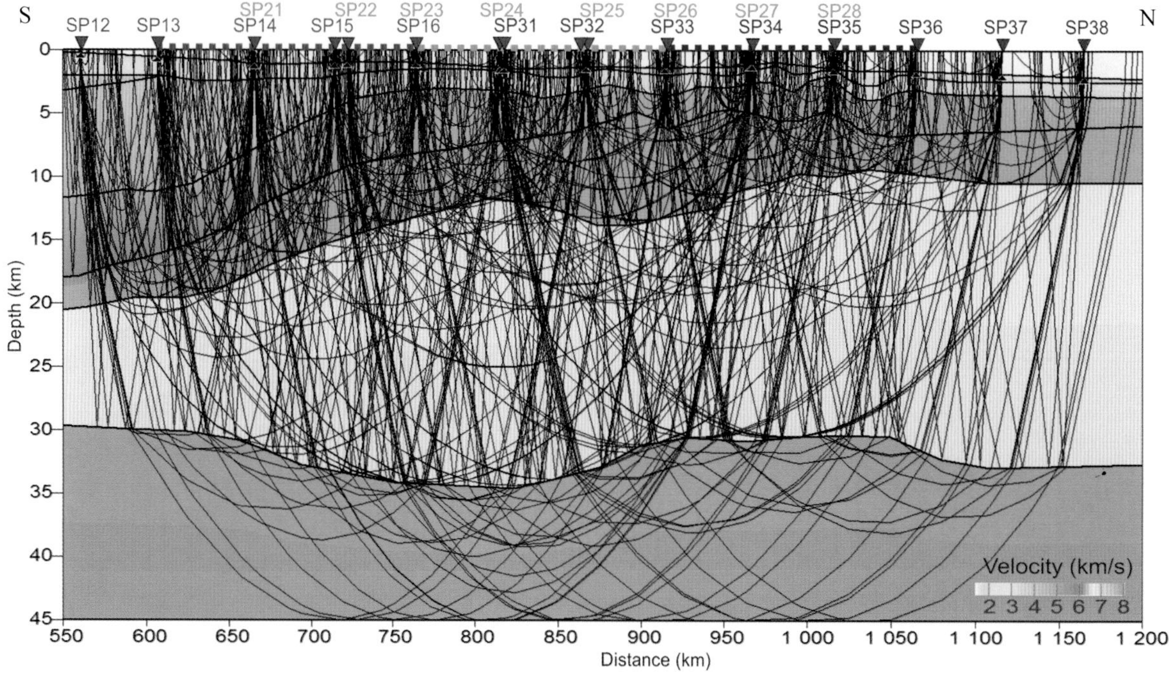

图 6.46 Arctic-2005 主测线地壳速度模型（a）和射线覆盖（b）

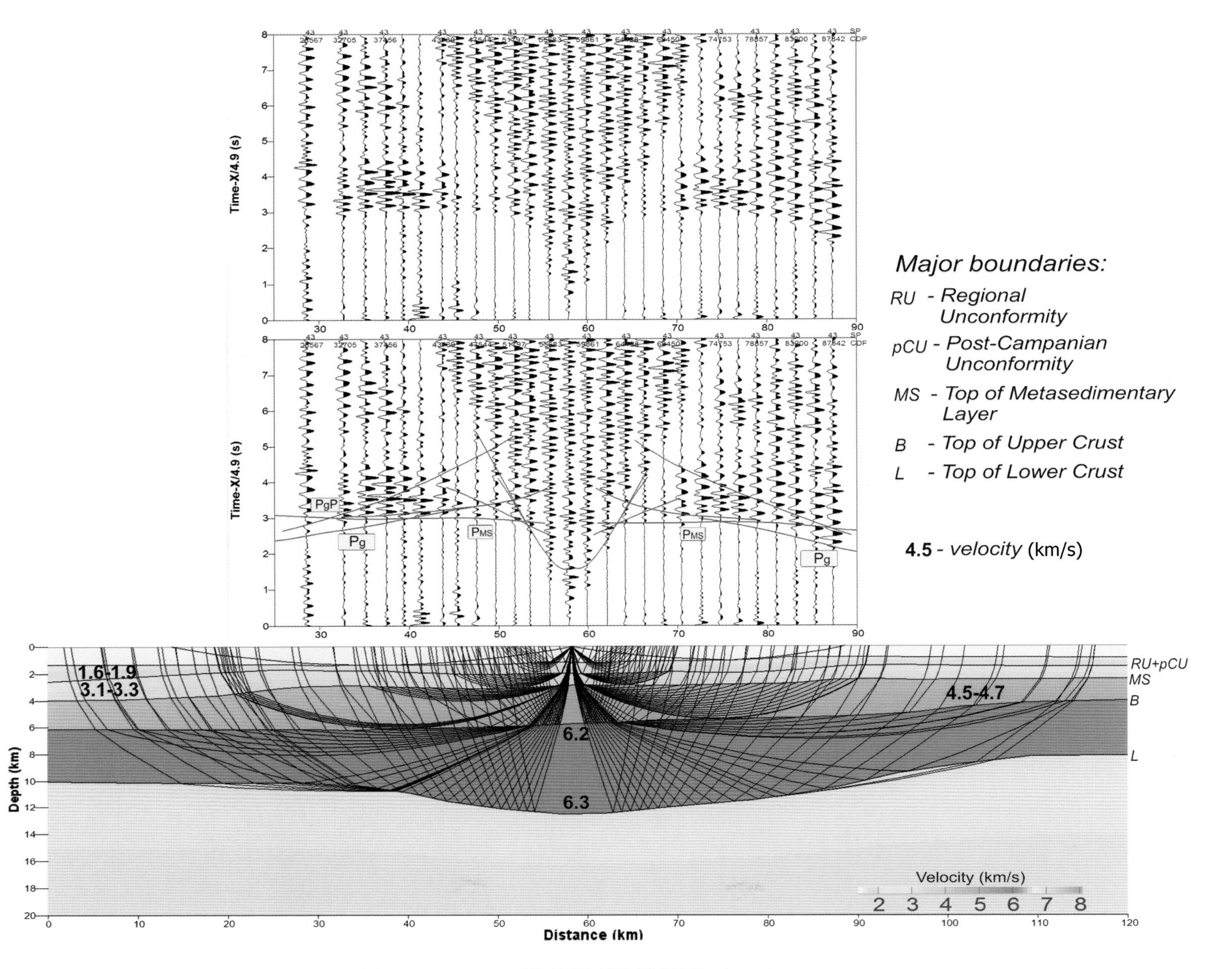

图6.47　Arctic-2005辅助测线射线跟踪模拟（SP43）

(a)

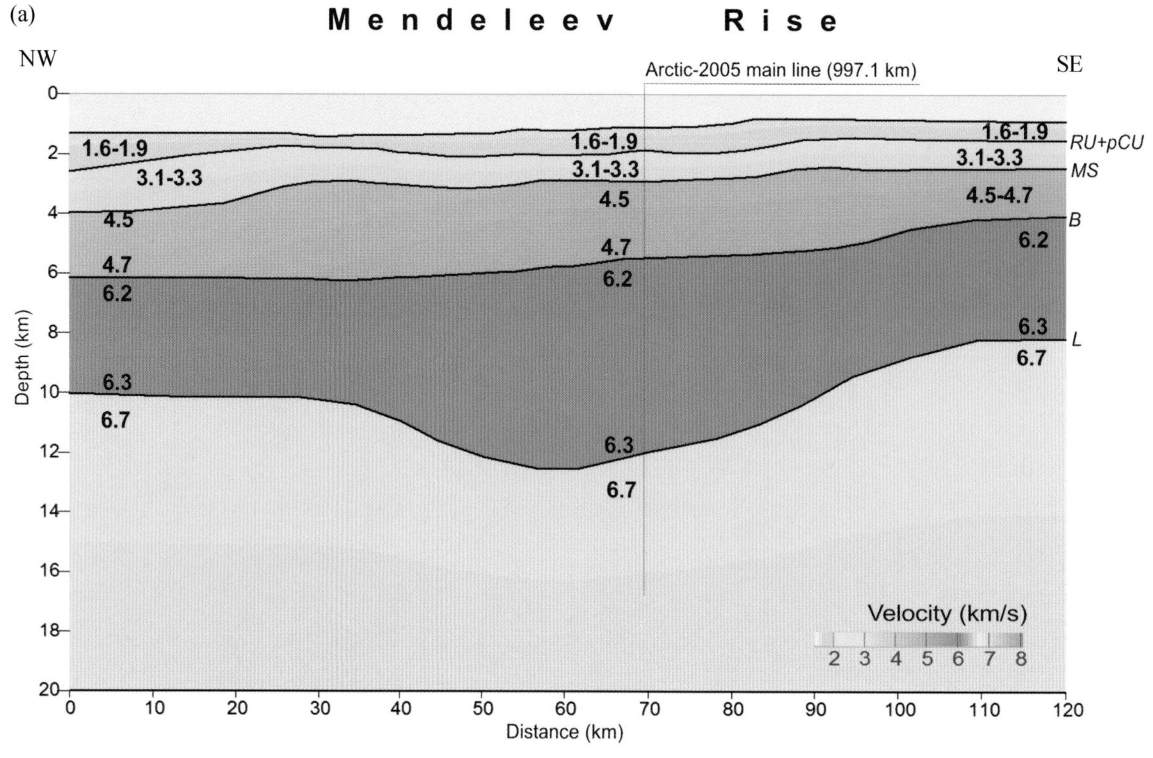

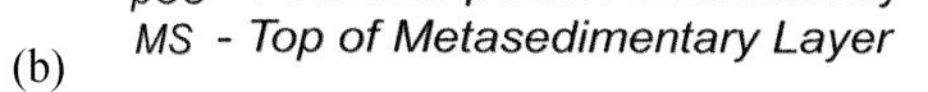

RU - *Regional (Pre-Miocene) Unconformity*
pCU - *Post-Campanian Unconformity*
MS - *Top of Metasedimentary Layer*
B - *Top of Upper Crust*
L - *Top of Lower Crust*
4.5- *velocity* (km/s)

(b)

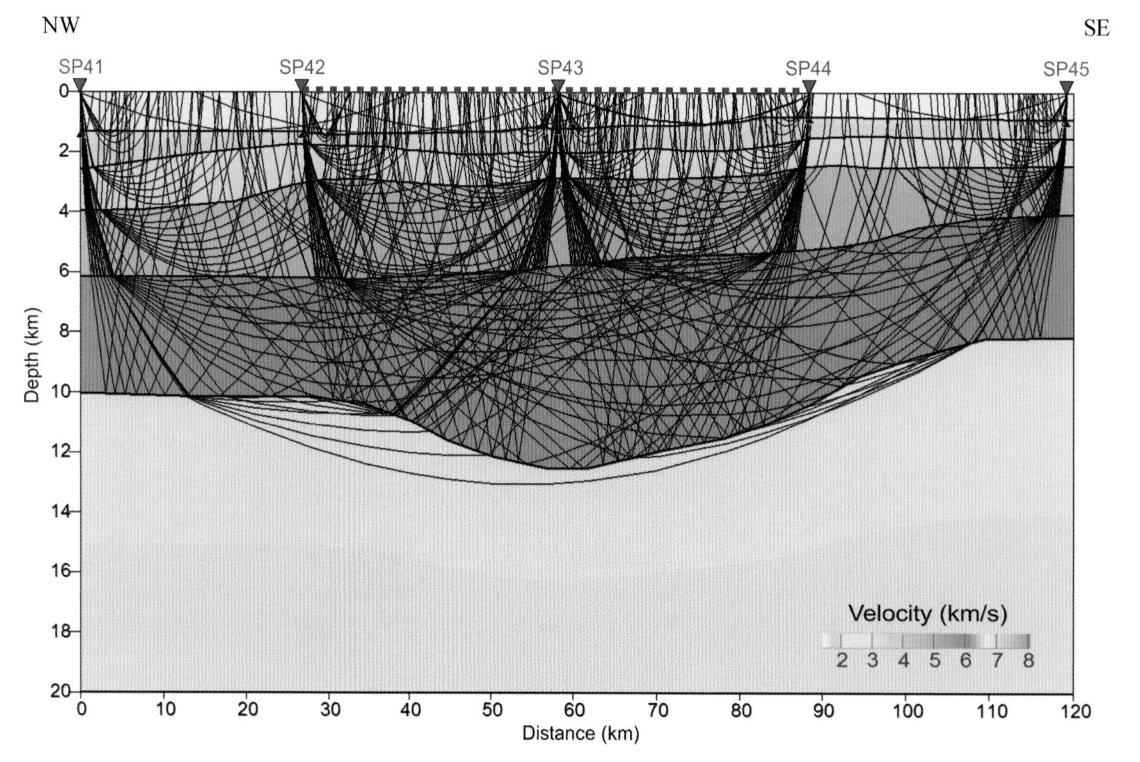

图 6.48 Arctic-2005 辅助测线地壳速度模型（a）和射线覆盖（b）

6.3 本章结论

俄罗斯 Arctic-2000 和 Arctic-2005 综合地质和地球物理调查采集的数据资料，有利于深入研究和认识门捷列夫海岭沿其走向的复杂地质构造和海岭与东北部欧亚大陆边缘之间的结构和起源上的关系。

（1）门捷列夫海岭与东北部欧亚大陆连接带海底地形的分析表明，海岭在地貌上为大陆边缘的自然延伸部分。

（2）门捷列夫海岭采集的岩石碎屑分析结果表明，样品主要以古生代岩石碎屑为主，为陆架单元的代表性产物，由多种石英质岩石、石灰岩和代表潟湖环境的白云岩组成。中生代沉积中黏土质粉砂的出现表明沉积发生于浅水环境。门捷列夫海岭底部沉积没有出现北格陵兰岛和加拿大北极群岛的代表性岩石，这与通常认为沉积物来自这些地区通过浮冰运输至美亚海盆的理论相矛盾。

（3）两个沉积层序之间存在一个区域不整合面，从东西伯利亚—楚科奇海外大陆架延伸至门捷列夫海岭，第 3 个沉积层序仅出现在北楚科奇海槽。沉积层序的总厚度在北楚科奇海槽沉积中心最大值约 16 km，门捷列夫海岭不超过 2.5 km；变质碎屑岩层序达 2~3 km；上地壳厚度变化从门捷列夫海岭 4~7 km 至北楚科奇海槽下部的 2~3 km；下地壳厚度从北楚科奇海槽下部 9~10 km，增至门捷列夫海岭下部的 20~22 km；莫霍面深度北楚科奇海槽下部为 28~29 km，门捷列夫海岭下部为 31~34 km。

（4）北楚科奇海槽近岸研究剖面最大的不足在于其仅延伸至位于陆坡和毗邻半深海平原的威尔凯茨基海槽。

（5）门捷列夫海岭主要的深部构造特征是相对于上地壳下地壳厚度增加明显（多倍），这也是埃尔斯米尔岛和格陵兰岛被看作大陆性的有利证据。

因此，Arctic-2000 和 Arctic-2005 地质断面进行的地质地球物理调查和对采集数据的深入分析和解译，可明确门捷列夫海岭的陆源特征，并证明其在历史上和起源上与东部北极大陆架有关。因此，海岭陆坡延伸至相连的深水盆地可解释为大陆坡，并用于俄罗斯划定美亚海盆的大陆架外部界限。

第 7 章　北冰洋位场主要特征

全俄海洋地质矿产资源研究所参加了挪威地质调查局（NGU）（Gaina et al., 2011）负责的国际环北极地质编图——地球物理编图（CAMP—GM）计划，绘制了北冰洋最新最可靠的磁异常和重力异常图。数字模型分辨率分别为 2 km×2 km（磁异常）和 10 km×10 km（自由空间重力异常），比例尺 1∶5 000 000。在此网格数据基础上，俄罗斯利用为划定北冰洋大陆架外部界限开展的一系列调查所采集的最新位场数据，绘制出 1∶1 000 000 比例尺位场图。

7.1　北冰洋磁异常

根据北冰洋深海磁异常模式，A. M. Karasik（1980）识别出 4 个主要磁省：欧亚海盆、罗蒙诺索夫海岭、美亚海盆和楚科奇海岬（图 7.1），每一个磁省都具有明显的特征，磁场图中很容易分辨。

欧亚海盆磁省由加克尔洋脊、南森海盆和阿蒙森海盆组成，为一套平行加克尔洋脊分布的条带磁异常为特征。其低幅度异常显然是欧亚海盆慢速张开形成的。斑马状磁异常带两侧伴生弱负磁异常带，这些磁异常带可能分别代表海洋地壳和大陆地壳区。

罗蒙诺索夫磁省西部和东部磁场边界清晰，与阿蒙森海盆之间存在一个低幅负磁场异常，与波德福德尼科夫海盆和马卡洛夫海盆之间以一推测与深大断裂带有关的狭窄延伸负异常为界。罗蒙诺索夫磁省南部并未封闭，而是延伸至拉普帖夫海陆架。虽然磁异常走向平行海岭走向，但是磁异场并不标准。沿罗蒙诺索夫海岭的磁异常模式与巴伦支—喀拉海陆架磁异常相关联。正异常和负异常的尖灭，负异常延伸方向与海岭走向垂直，都说明它们为块状结构。

罗蒙诺索夫海岭在莫里斯—杰苏皮海隆和格陵兰岛北部的闭合处以强磁场系统为标志，沿纬度延伸的主负异常推测与显著水平错动的断层有关。

磁源深度估算结果（Karasik et al., 1971, 1980）识别出罗蒙诺索夫海岭磁性层超厚，由 3 个非弥漫性磁层组成。

上述研究结果表明，罗蒙诺索夫海岭为大陆性质，在欧亚海盆扩张之前，该海岭为巴伦支海—喀拉海陆架的一部分。值得注意的是，这一观点得到了绝大多数科学家的支持，包括也主张北极大陆架国家的科学家。

美亚海盆磁省的磁异常场特征有不同的磁异常幅度［振幅变化从几十到上千纳特（nT）］、长度、宽度和特点。根据上述特征，该省可分为两个区域：一个是加拿大次海盆区、阿尔法海岭和门捷列夫海岭及毗邻坳陷；另一个是深海平原区。两者之间以场强明显变化为界。

加拿大次海盆中部磁异常以正负异常交替，振幅不超过 100 nT，沿近纬线 NNE 和 NNW 向延伸的扇形链为特征。磁异常条带在海盆负空间重力异常带轴两侧对称分布。可追踪到海盆边缘的磁异常条带与推断断层走向垂直。磁源深度研究表明，海盆沉积盖层厚达 12 km 或更深，向楚科奇海岬方向尖灭至 8 km。磁异常场的线性结构特征表明其为白垩纪海底扩张的结果。

中央海隆地区正负磁异常强度最大，振幅达数千纳特，其信号和走向特征上（尤其是门捷列夫海岭和阿尔法海岭）为非正常的大洋磁场。这一区域的磁场信号、振幅和频率等特征与玄武岩质沉积这种典

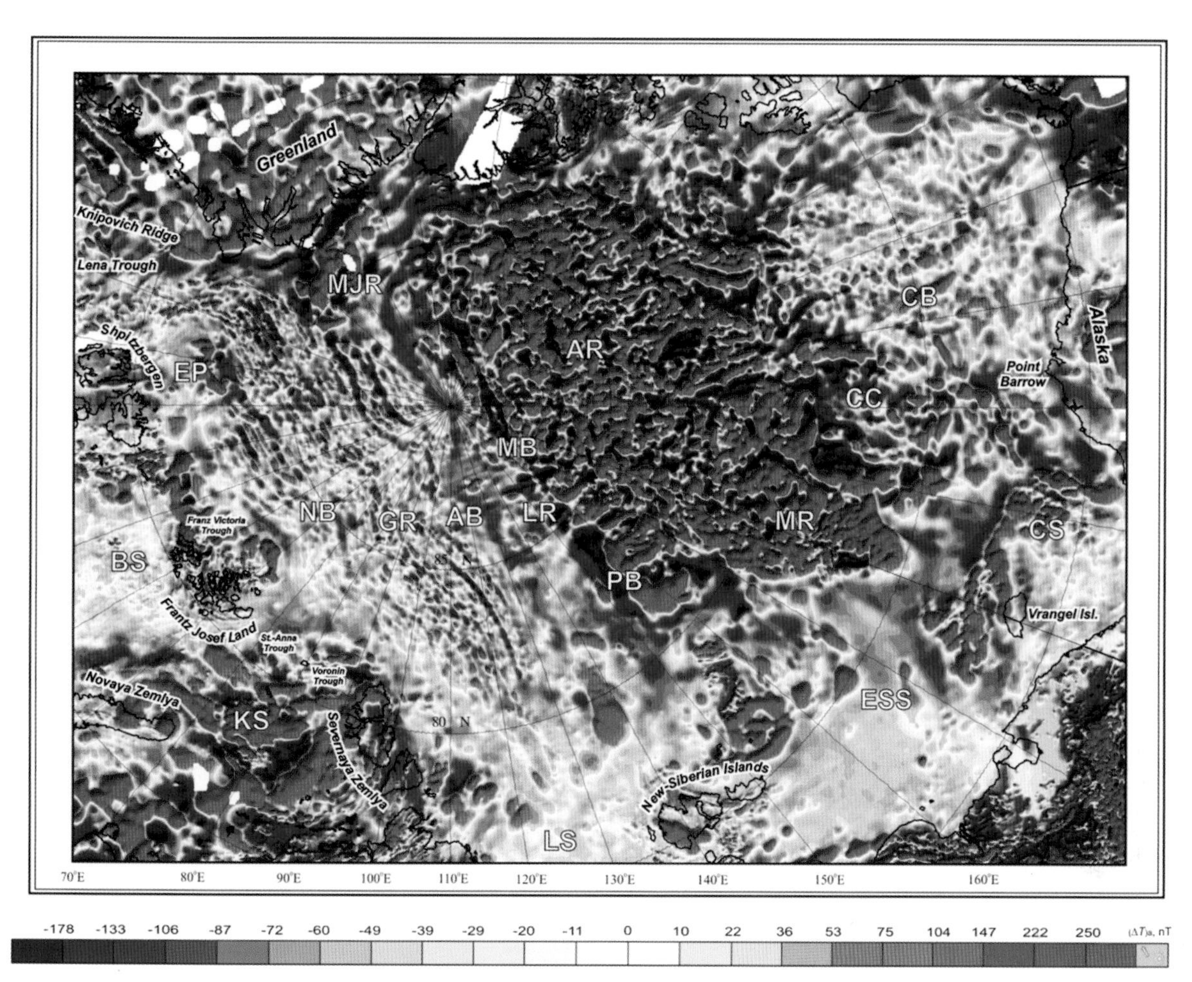

图 7.1　北冰洋磁异常

GR—Gakkel 海岭；NB—南森海盆；AB—阿蒙森海盆；LR—罗蒙诺索夫海岭；PB—波德福德尼科夫海盆；MB—马卡洛夫海盆；MR—门捷列夫海岭；AR—阿尔法海岭；CB—加拿大海盆；CC—楚科奇海岬；EP—埃马克海台；MJR—莫里斯杰苏皮海隆；BS—巴伦支海陆架；KS—喀拉海陆架；LS—拉普帖夫海陆架；ESS—东西伯利亚陆架；CS—楚科奇海陆架

型的大陆地区相似。另一与中央海隆地区特征相似的区域是格陵兰—冰岛—法罗海岭。这一海岭是受现在处于冰岛之下的热点影响下海底扩张形成的。但是，必须注意，即使美亚磁省的中央海隆地区和格陵兰—冰岛—法罗海岭磁异常具有相似的振幅和频率，但两者还是展现出有本质的差别。

尽管格陵兰—冰岛—法罗海岭磁异常场由于受地幔柱的影响（在冰岛尤其强烈），但海岭仍然具有海洋性质特征。这一结论通过磁异常条带走向和轴部水平断错等细节研究得以印证。该海岭的磁异常场呈现和保留了所有扩张海岭的关键特征：条带状、极性反转、两边对称、磁异常轴水平断错与海盆扩张方向一致。

如前文所述，美亚海盆中央海隆地区仅有少数磁异常段呈明显条带状特征，缺少该地区为海洋型的足够证据。即使是多阶段板块扩张史的最忠诚支持者，也是没有人能够在这一地区找到连续可靠扩张磁异常的原因。

A. M. Karasik 等（1980）研究解释了美亚海盆磁层的起伏变化，在阿尔法海岭和门捷列夫海岭方向磁层埋藏深度浅，磁场强度高，比通常深度浅 4 km。该高值两侧与深水盆地相联系的凹陷磁层深度下降 4~7 km。

一个宽的负低值异常带将美亚磁省与东西伯利亚和楚科奇海陆架分隔开来。在北美大陆边缘的连接带，磁异常场主要为负异常和复杂多走向的正异常。

楚科奇磁区在磁异常中非常特别，以一近乎连续、横向弯曲延伸至陆架（74°N）的正异常与美亚海盆坳陷为界，海盆条带磁异常被近乎平行于阿拉斯加海岸的磁异常切断。在楚科奇磁区中部，磁异常场结构、振幅/频率特征与罗蒙诺索夫海岭相似，与其他地质和地球物理资料一起表明，楚科奇海岬应具有大陆地壳性质。

7.2　北冰洋重力异常

北冰洋磁异常讨论的重要地质构造特征在图 7.2 重力异常图中也有体现。与水深图对比可看到自由空间重力异常和海底地形有着直接关系。

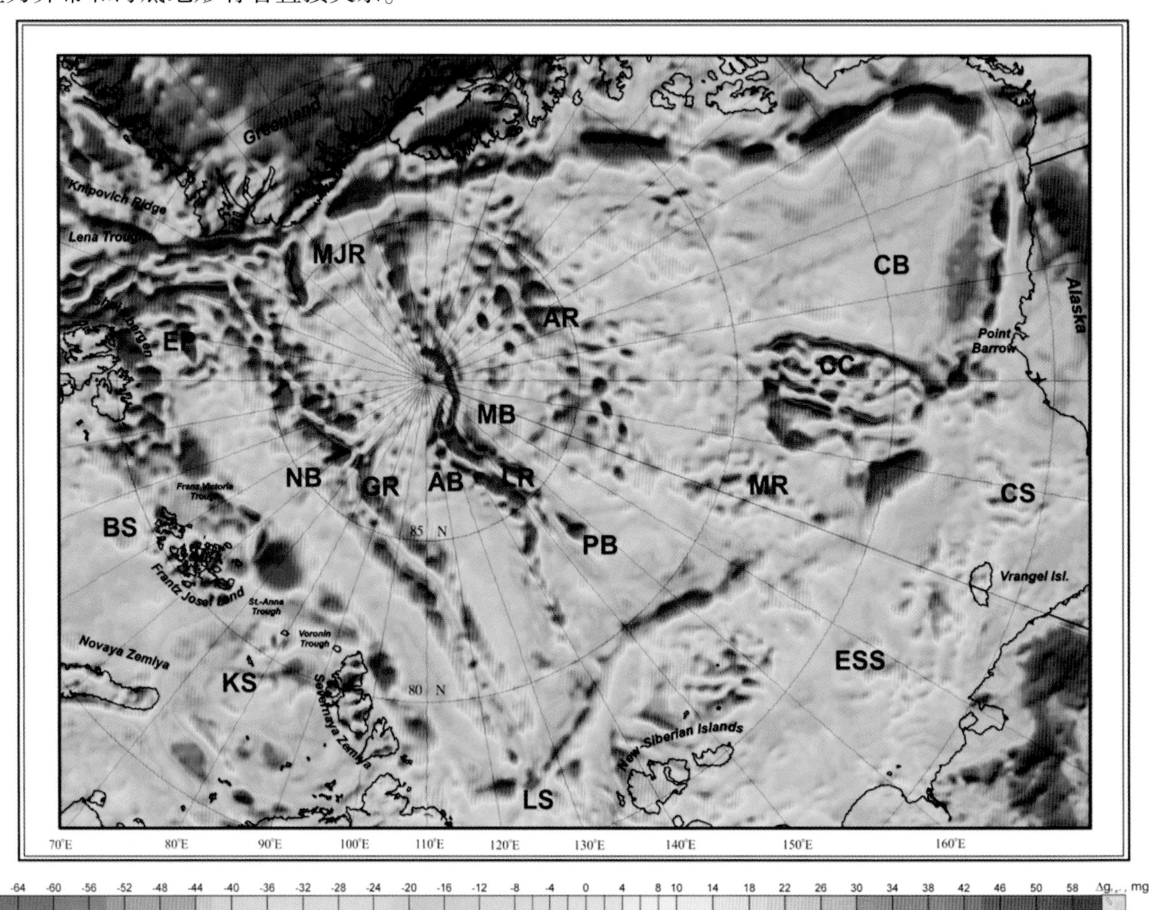

图 7.2　北冰洋自由空间重力异常

GR—加克尔海岭；NB—南森海盆；AB—阿蒙森海盆；LR—罗蒙诺索夫海岭；PB—波德福德尼科夫海盆；MB—马卡洛夫海盆；MR—门捷列夫海岭；AR—阿尔法海岭；CB—加拿大海盆；CC—楚科奇海岬；EP—埃尔马克高原；MJR—莫里斯杰苏皮海隆；BS—巴伦支海陆架；KS—喀拉海陆架；LS—拉普帖夫海陆架；ESS—东西伯利亚海陆架；CS—楚科奇海陆架

重力异常图中最显著的特征是沿北极边缘海外部边界出现密集边缘正异常。边缘重力异常在丹麦、加拿大和美国陆架区，从耶马克高原到巴劳海岬大部分相连，仅在北冰洋与俄罗斯边缘海之边界——东西伯利亚海、拉普帖夫海、喀拉海和巴伦支海的边缘重力异常有所中断，最长的间断位于门捷列夫海岭南部，在南段靠近 180°E 附近被一个低幅狭窄自由空间重力异常带圈闭。在门捷列夫海岭西坡也发现类似情况。这些条带很可能是由于海岭南部和西部的断裂带所致。在西北部，沿东西伯利亚海陆架外缘，边缘异常强度由不明显，至波德福德尼科夫海盆增强，与西部边缘海相当，后再至罗蒙诺索夫海岭南部再次减弱。

沿欧亚海盆拉普帖夫海和巴伦支—喀拉海边缘，边缘重力异常也可追踪。北地群岛东部，重力异常沿大陆坡延伸，西部则时不时向海方向偏移 2~15 km。

多数科学家认为，重力异常可确定陆洋转换带的位置。因此，Wold 等（1970）、Worezel（1968）和 Sobczak 等（1990）根据沉积厚度资料进行改正后的重力模拟结果证明陆—洋转换带位于边缘异常的外侧（向陆一侧）。转换带的岩石圈厚度从重力异常最大值处的 52~58 km 变化至异常强度低值的 90~130 km。

但也有另一种观点认为，根据重力模拟结果，重力异常主要受陆架裂离时位置的控制（Herlmert 异常），而非陆洋转换带。

根据 V. Verba 等（1988）的分析研究，陆洋转换带位置不仅可以通过重力极值位置来确定，也可以通过毗连海盆沉积物厚度和陆架特殊构造来确定。

因此，重力场强极值与圣沃罗宁—安娜和弗兰兹维多利亚海槽处的陆洋边界相关。与北地群岛相对的弗兰兹—约瑟岛和斯瓦尔巴德群岛出现南北向断层和滑移，边缘重力异常则发生中断和偏移。一次级纬向断裂带则延伸至斯瓦尔巴特地块东北边缘。

从北极深海盆地中具有陆壳性质的海隆到洋壳性质的毗邻海盆的转换带的重力场有着质的区别。

东—西向的罗蒙诺索夫海岭，东—北向的楚科奇地块与海盆分离处出现的重力极小值可能都与断层有关。门捷列夫海岭和阿尔法海岭的重力场轮廓不很清晰，前者在平静负重力场背景下显得明显不同，后者重力场轮廓如同水深图一样模糊不清。

加克尔洋脊重力异常与边缘重力极值一样很突出。其顶部正异常带几乎连续，仅被一与裂谷有关的极小值错断。该重力异常就像海岭的顶部范围从西向东逐渐变窄，清晰展示了加克尔洋脊通过勒拿海槽和斯瓦尔巴德断裂带与克尼波维齐海岭的过渡。

在加克尔洋脊和阿蒙森海盆和南森海盆的转换带，重力场强度减弱，虽然海盆大部分自由空间重力异常仍然为弱正异常。平行于加克尔洋脊的负重力异常窄带和边缘极大值出现在南森海盆东部。负异常区与加克尔洋脊和阿蒙森海盆东南端边缘内（向海）侧的重力极大值伴生。

在重力场图中，罗蒙诺索夫海岭为正异常带，沿轴向平行加克尔洋脊和欧亚大陆边缘等深线延伸。在罗蒙诺索夫海岭和毗邻深海盆（阿蒙森海盆、波德福德尼科夫海盆和马卡洛夫海盆）洼地间以狭窄负异常带为界。

门捷列夫海岭和阿尔法海岭重力场的主要特征是正负异常交替、模式多样地沿其轴向延伸。正负异常交替区并不受限于海底高地水深轮廓，逐渐变平向东延伸至加拿大海盆（80°N 附近）。

加拿大海盆，除了西部靠近楚科奇海岬部分，都呈平滑的负重力异常。在海盆中部，清楚地展现一具有较高强度、纬向延伸的狭窄线状异常带。结合重、磁资料分析，这一特殊带对加拿大海盆扩张起源假说观点的发展至关重要。

楚科奇海岬重力场为一组正、负自由空间重力异常。沿其地貌特征，如海台、海岭和海盆南北向延伸。楚科奇海岬的重力异常振幅与罗蒙诺索夫海岭相当。与门捷列夫海岭一样，楚科奇海岬与其毗邻陆架之间也存在一低值负自由空间重力异常。

通过位场图的综合分析，可探究北冰洋主要地质构造单元的地壳属性。加克尔洋脊与附近南森海盆和阿蒙森海盆，以及加拿大海盆具有大洋性质。罗蒙诺索夫海岭和楚科奇海岬具有大陆地壳性质。根据位场的基本特征（主要是磁异常场）门捷列夫海岭和阿尔法海岭也具有大陆性质。

第 8 章　北冰洋中部海隆区底部沉积物有机质成因和来源

北冰洋深水区——最终沉积盆地的沉积，包括含受新生代气候变化引起的各种沉积流形成的分层序列（Schubert and Stein，1996；Lisitzin，2004；Kassens et al.，1999）。北冰洋是研究全球气候系统形成及不远的将来可能变化的关键区域。研究区未固结岩石盖层中溶解有机质（DOM）的成分构成是这项研究的重要内容。作为洋流标志物的 DOM［包括有机碳（Corg）、腐殖酸（HAs）、似沥青物（BitA）等］，由于受生物生产力和陆源沉积物的控制，因而能反映沉积环境的变化（Bordovski，1964；Romankevich，1977；Organic et al.，1990；Romankevich，Vetrov，2001；Stein，Macdonald，2004）。

通过 DOM 分子水平研究（分子标志物），可获得更为详细的地球化学资料。地层剖面中分子标志物成分的变化可反映成岩过程中 DOM 转化的强度和种类，并便于研究全球碳循环的长期变化，勾画原始有机质的生物前体的转化（Brassell et al.，1987；Saliot et al.，1992；Stojanovic et al.，2001；Duan and Ma，2001；Chakhmakhchev and Vinogradova，2003）。

脂肪族烃，例如带有陆源 DOM 长链（C_{27}-C_{31}）烷烃和水生生物 DOM 短链（C_{17}-C_{19}）烷烃可作为特殊的分子标志物。n-链烷烃奇-偶同源物的相关性，即奇-偶偏好指数（OEP），反映 DOM 转化程度，初始有机质为 3-5，转化后有机质（OM）为 1（Eglinton and Murphy，1969；Brassell et al.，1987；Venkatesan et al.，1982，1987，1988；Yunker et al.，1993）。

残留的循环生物标志物（甾烷、藿烷类化合物、芳香环烷烃），由于其继承了生物前体的烃结构可提供遗传基因和岩相重建的信息，因而可作为特殊的化学化石（Eglinton and Murphy，1969；Peters and Moldowan，1994；Innes et al.，1998；Nytoft et al.，2001；Bastow et al.，2001；Hautevelle et al.，2006；Greenwood et al.，2006）。尤其是藿烷类化合物的生物前体三萜系化合物为细胞膜（藿烷、藿烷类）的组成成分。生物前体（ββ-藿烷）形成于沉积物形成和早期成岩阶段。成岩后期有机质成熟阶段，藿烷类化合物的结构转变形成 αβ-和 βα-藿烷（成岩藿烷）。对于 C_{31}-C_{35}藿烷的对映体，R—S 的异构化作用也是其特有的。

欧亚大陆边缘和美亚大陆边缘底部沉积的对比研究，可判断不同来源沉积物（河流径流、浊流、斜坡流、水下基岩的侵蚀和再沉积）对北冰洋现代沉积盖层形成的贡献。

我们对沿门捷列夫海岭从大陆坡至 82°N 的 N-S 走向剖面采集的沉积样品进行研究（图 8.1，剖面 1）。使用拉普帖夫海北部陆架—阿蒙森海盆—中央北冰洋剖面（剖面 2）的沉积样品进行对比。

8.1　数据和方法

使用加塑料衬管重力柱采集的底质沉积样品（R/V Akademik Fedorov，2005）放入汉森无菌箱，并保持-18℃。

DOM 分析包括元素（C_{org}、C_{carb}、N_{org}）成分测定和沥青提取，以及获取的烃（HCs）总量族组成和色谱分离、链烷、环烷烃和多环芳烃气相色谱和质谱分析。

底部沉积物种有机碳（C_{org}）和碳酸盐碳（C_{carb}）定量分析使用 Knop 的化学燃烧法。对于 HC 断裂 GC-MS 分析，使用 Hewlett Packard　5973/6850 四极质谱检测仪和和软件完成数据分析。这种方法已通过

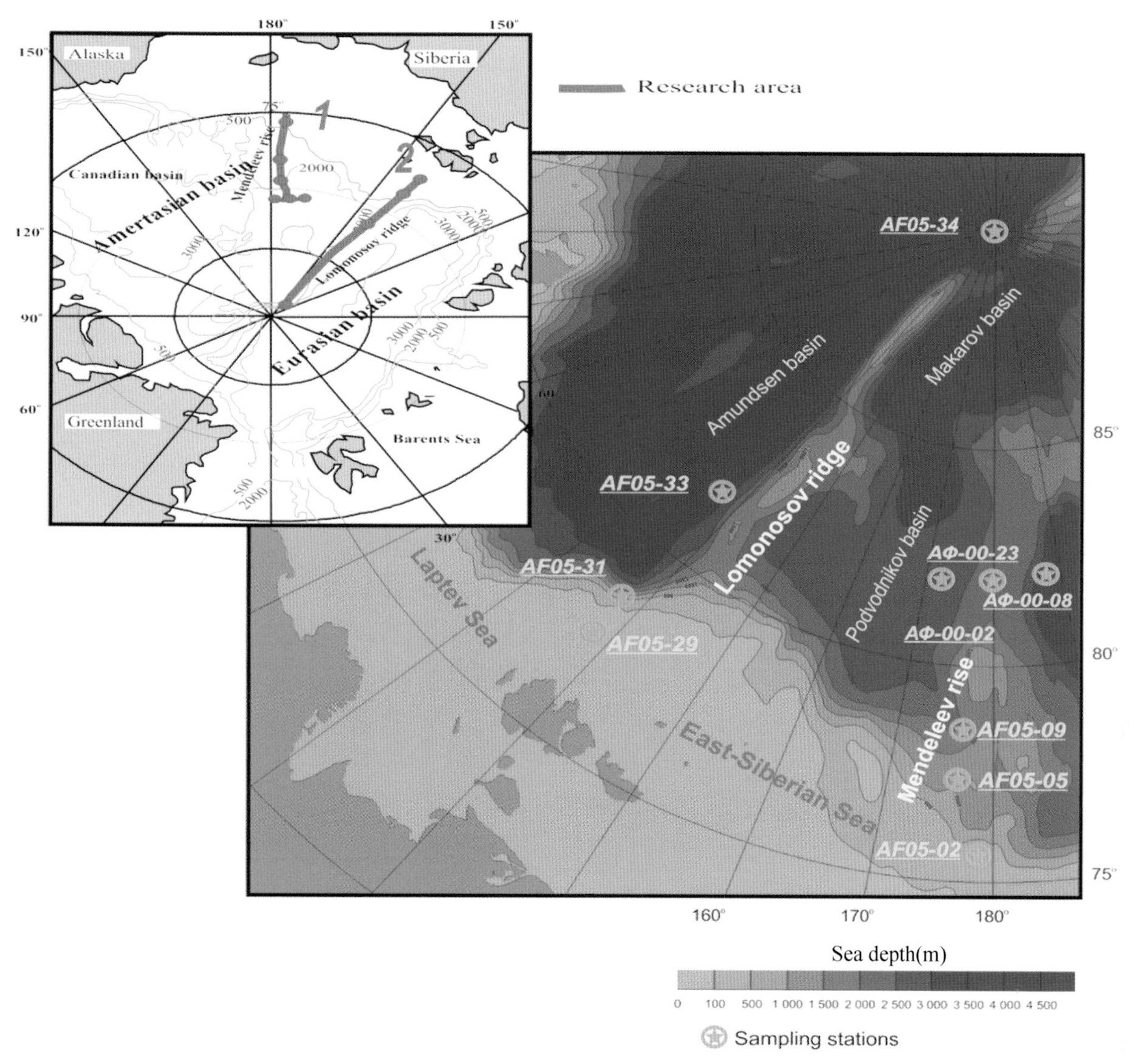

图 8.1　研究区域

1—剖面 1；2—剖面 2

2005 年 AMAP 相互校准运动，并得到 2006 年和 2010 年俄罗斯国家标准认可（NO. POCC RU. 0001. 518725）。

8.2　讨论

剖面 1 起始于大陆架和库齐罗夫海槽之间的边界处，沿地貌学上呈阶梯状下降的门捷列夫海岭（图 8.1）延伸（Kaban'kov et al.，2004）。粒度分析结果显示，沉积主要以泥质岩和粉砂泥质岩为主，也有砂岩和砾石出现，其在子午线北部沉积中分布最广（AF05-09 和 AΦ-00-08 站点）。岩性和岩石动力学研究表明，该区域沉积可能是悬浮物的沉积和本地物质的再选和再沉积而形成。近期冲积—洪积沉积物主要分布在门捷列夫海岭南部，而北部则经历再选过程以粗颗粒沉积为主。

8.2.1　DOM

DOM 主要成分的分布取决于岩性成分和沉积物性质。门捷列夫海岭沉积粒度、成分较一致，剖面南部（AF05-02）沉积中有机碳和沥青的平均含量是北部（AF05-09 和 AΦ-00-08 站点）的 2 倍（图 8.2），这是由于近期陆架沉积物较陆坡基地沉积物供给更为频繁。沉积中有机碳和沥青含量的变化与沉积岩性成分的变化一致，证明沉积物与 DOM 来源相同，能反映沉积过程中表面条件可能发生的变化。在剖面北部（AF05-09 和 AΦ-00-08 站点），沉积中 DOM 的分布在整个地层剖面中几乎不变。

沉积中碳酸盐碳的含量变化为 0.01%～3.99%，其分布范围和绝对值都超过北极地区东部陆架沉积（Romankevich and Vetrov，2001）。子午线南部不含碳酸盐沉积（C_{carb}<0.05%），被北部富含碳酸盐碎屑物质沉积（1%～4%）所替代。这说明，陆架陆源物质对于疏松沉积物形成的作用有所减弱。

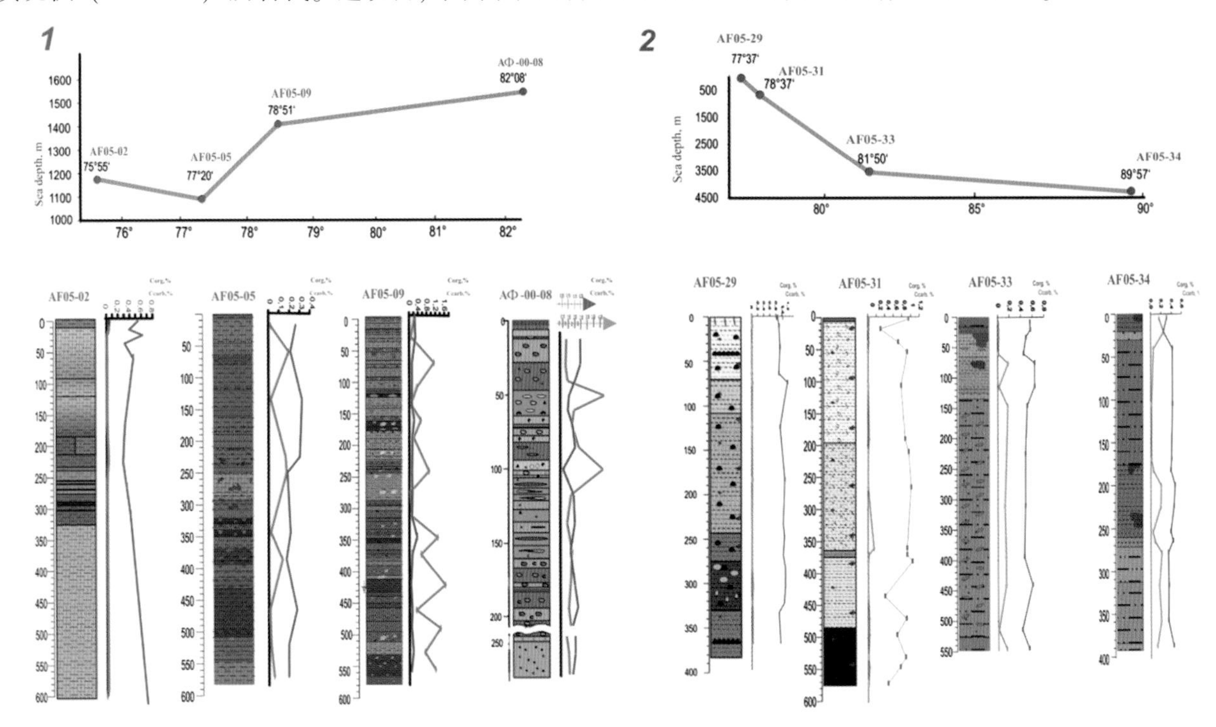

图 8.2　沉积岩芯（横截面 1 和横截面 2）

门捷列夫海岭北部，碳酸盐的最大含量出现在夹层或细脉状粉红和浅肤色钙质泥质岩，有时伴有贝壳碎屑。碳酸盐含量极大值常与沙粒（平均，一个数量级）、浮游生物、有孔虫含量的同步增长相伴，这可能是由于古地理沉积条件的改变造成。岩性、微体古生物和地球化学资料表明为生物碎屑碳酸盐性质。

沉积剖面中有机碳的分布与碳酸盐的分布无关，这说明两者属于不同的来源。子午线剖面北部有机碳含量迅速降低，很明显是由于低沉降率和新鲜有机物质供给较少，和/或深层转换作用。有机碳的含量从上部的 0.25%，迅速降低到下部的微量（0.10%～0.01%）分布。

沉积研究剖面中有机氮（N_{org}）含量不超过 0.10%，平均为 0.05%。如此低的含量为典型的太平洋和大西洋深海沉积（Romankevich，1977），表明原始 DOM 发生了深层转化。研究样品中 C/N 比率变化范围 1.3～5.3，平均 2.1，为非典型的第四纪北冰洋沉积；甚至在马卡洛夫和阿蒙森海盆深水沉积及罗蒙诺索夫海岭（Cranston，1997）沉积的 C/N 最小值也仅为 7.3。

门捷列夫海岭底部沉积的 DOM 特定组分也反映在其族组成上。例如其不溶性成分的含量比东北北极大陆架和深水盆地的沉积要高很多，超过 95%（Organic，1990）。在可溶性成分中，缺少腐殖酸，脂质部分（Achl 沥青）主要由非极性化合物组成。DOM 特殊的地球化学性质可能与沉积物质的深层转化对门捷列夫海岭疏松沉积物形成的巨大影响有关。根据最新文献资料，水生生物的 OM 最小含量可能来源于大西洋和/或太平洋水团的供给（Kosobokova and Hirche，2000；Matul et al.，2007；Stein et al.，1999）。但这种供给并不是决定性因素，因为罗蒙诺索夫海岭是欧亚海盆水团循环的一个屏障（Cranston，1997；Kosobokova and Hirche，2000，2005），太平洋水团无法影响到阿蒙森海盆上述讨论的区域。

DOM另一个可能的来源是水生物生产力（植物和浮游动物），但是2005年水域船载调查（R/V Fedorov号调查船）表明，研究区域叶绿素含量最大值仅为0.1 μg/L，比拉普帖夫海叶绿素含量低一个数量级（Juterzenka et al.，1999）。由于拉普帖夫海域大部分水生生物含有的溶解和悬浮OM在表层水都已耗尽（Peulve et al.，1996），因此自然无法对门捷列夫海岭地区沉积物中OM的形成起到重要的作用。

剖面2（图8.1）起始于新西伯利亚群岛（拉普帖夫海）北部陆架边缘，横跨大陆坡，沿罗蒙诺索夫海岭西部陆坡延伸至阿蒙森海盆中部靠近北极点。主要的沉积物质流受强大的径流和北极贯穿流的控制（Lisitzin，1994，2004；Kassens et al.，1999）。

河流—海洋剖面中DOM成分的改变，反映三角洲—河口沉积向海洋沉积的转变，可用于评估邻近水域陆源影响的强度和范围。有机质（OM）、沥青类、腐殖酸（HAs）和碳氢化合物的含量向海方向逐渐降低（图8.3），且有机质变得更加聚合，这一点从剩余有机质（ROM）部分的增加可以得到印证（Organic，1990）。碳氢化合物中，芳香结构的含量有所增加，而脂肪族（MeNf）结构的含量则减少。

沿剖面2的底部沉积和研究区域特有的岩相沉积条件完全吻合。剖面南部（AF05-29）由典型的富含有机质的陆架沉积构成，形成于陆架边缘还原环境。沉积形成单一的粉砂泥岩单元（灰色至黑色）。无碳酸盐（C_{carb}<0.05%）的沉积中富含有机碳（C_{org}>1%）和沥青成分（007%），说明有大量腐殖质沉积物质供给（图8.2）。

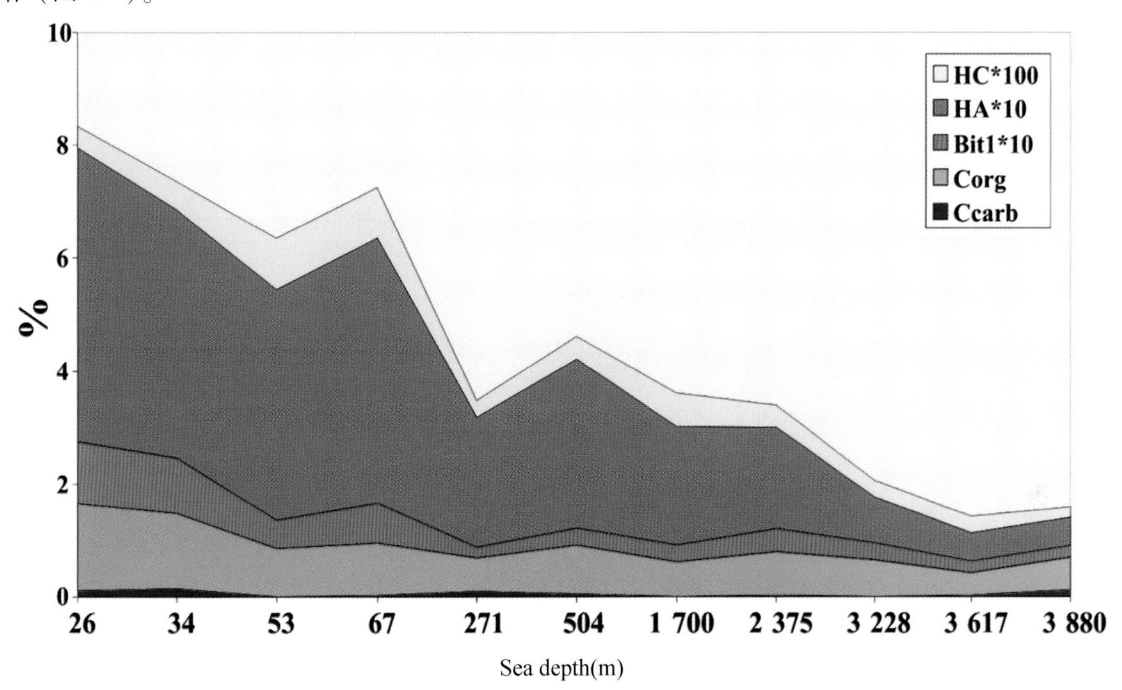

图8.3　勒拿河—阿蒙森海盆剖面底部沉积有机质地球化学特征

在大陆坡（AF05-31）和大陆基（AF05-33）沉积剖面中可以看到陆源物质的重大影响（C_{carb}<0.01，C_{org}=0.50%~0.80%）。仅在阿蒙森海盆中部（AF05-34）沉积中有所减弱，无碳酸盐和低碳酸盐夹层（C_{carb}不超过0.20%）与有机碳层（C_{org}<0.40%）交替出现。这一数据与Belicka等（2002）的研究结果一致，表明北极底部沉积含有混合水生生物陆源有机质（C/N<10）。

8.2.2　底部沉积中的碳氢化合物分子标志物

东北极大陆架底部沉积前期的研究（Petrova et al.，2004）表明，研究区域烃（HCs）主要以甲烷-环烷结构为主（80%~90%），为典型的低有机质转换率的现代沉积。不同岩相区域沉积中HC成分相似，说明其DOM来源相同，而沉积与苔原大型植物的植物碎屑的地球化学特征相似，表明沉积中含有腐殖质。将陆架表层沉积和分解的苔原大型植物夹层的分子标志物成分做对比，发现 DOM 中陆地植物含量很高（$C_{15-19}/C_{25-31}=0.19\sim0.39$；奇性指数 $OEP_{27,29}=2\sim4$）。水生生物标志物仅在大陆坡和大西伯利亚冰湖地区和新西伯利亚群岛北部和西北部沉积中出现。这与这些地区所发现的硅藻和腰鞭毛虫降解产物——脂肪酸［16：1（n-7）和 20：5（n-3）］一致（Fahl and Stein，1997；Stein et al.，1999）。大陆架地区更新世—全新世沉积中发现相同的链烷分布，证明 DOM 主要为腐殖质，且成岩成熟度低，沉积条件稳定［（$n-C_{17/29}<1$，$OEP_{27-31}>2$）］。环烷烃成分确定主要为陆源，DOM 转化率低（藿烷：$Ts/Tm<0.30$，22S/（22R+22S）＝0.17；甾烷：$C_{29/27}=1.5$，20S/（20R+20S）＝0.38）（Peters，Moldowan，1994）。多环芳烃 HCs 以 二萘嵌苯和烷基同系化合物为主，标志着陆源沉积物质的供给。

东北极大陆架沉积中 HC 标志物的地区分布，便于我们正确分析采集到的数据资料。

在剖面 1 中，门捷列夫海岭南部沉积剖面中（AF05-02，AF05-05）正烷烃的双峰分布表明 DOM 成因复杂，有两个主要来源（图 8.4）。高分子（C_{27-31}）成分的奇偶偏好指数较高（$OEP_{27-31}>3$）说明腐殖质沉积物质来源于东西伯利亚海陆架。低分子（C_{17-19}）正烷烃，奇偶偏好指数较低（$OEP_{17-19}<1$）说明沉积过程中有深度转化 DOM 参与。在子午线剖面北部，转化物质部分明显增加。整个剖面近期和转化 DOM 比值的变化，似乎可以反映每个地质时期的沉积条件和陆架来源（$C_{17-19}/C_{27-31}<0.4$）与当地再沉积（$C_{17-19}/C_{27-31}>0.5$）的沉积物质比例的变化。

萜类化合物的分布也表明，向北方向近期陆架腐殖质物质比例的降低和深度转化物质相对含量的增加。例如，剖面南部沉积剖面（AF05-02）OM 成熟度的平均藿烷指数相当于 DOM 转化成岩阶段和成岩后期阶段（图 8.4）。向北方向，DOM 成熟度逐步增加，且对含有转化 OM 的岩石增加至一个特殊的高值（Kashirtsev，2003；Peters and Moldowan，1994）。

剖面（AΦ-00-08）北端沉积是最好的例子，整个地层剖面中正烷烃以低分子成分和低 OEP 值为主（图 8.4）。三萜烷转化系数表明 DOM 退化的成熟度［藿烷：$Ts/Tm=0.73$；22S/（22R+22S）＝0.63；甾烷：20S/（20R+20S）＝0.48］。以腐泥 OM 的菲和烷基化为特征的多环芳烃为主，陆源 DOM 的标志物没有发现。

观察到的 HC 分布为非典型的北极地区深水沉积。在南森海盆、阿蒙森海盆和波德福德尼科夫海盆大陆坡基部及与加克尔洋脊和罗蒙诺索夫海岭连接带的沉积样品中，正烷烃分布表明以低转化 DOM 为主（$n-C_{max}=C_{15-17}$，$OEP>1$）。这一结果与大西洋水团沿陆坡供给至这些地区相吻合。在研究区域的深水沉积中，都发现有陆源物质，尽管含量要比陆架沉积中低很多。

陆源 OM 长距离的水汽和气溶胶运输甚至可到达大洋盆地的深海区，在其他地区也有发现（Organic，1990；Venkatesan，1987；Fahl and Stein，1997；Stein et al.，1999）。陆源成分仅在生物生产力高的地区易被一些水生生物残物所掩盖。由当地表层水的叶绿素含量可知，门捷列夫海岭地区不属于这类区域。因此，门捷列夫海岭沉积中陆源 OM 痕迹的明显缺失很重要。

在剖面 2 中，拉普帖夫海陆架边缘（AF05-29），地层剖面中正烷烃主要以腐殖 OM 的分子标志物为主（$C_{17-1}9/C_{27-31}=0.1\sim0.3$）（图 8.5）。高奇偶偏好指数（OEP>4，某些夹层高至 7.8）表明，DOM 成岩成熟度较低，研究区沉积物质的供给主要与径流有关。这也与所研究的沉积位于拉普帖夫海陆架主要的运输区之一——雅拿河床相吻合。在剖面中某些水平面较低的地方 DOM 转化率明显降低，可能与海退过程中水域和/或陆源区的水动力环境的改变有关。

在陆坡基部（AF05-31），整个地层剖面转化率低，主要以陆源成分为主。水生生物 OM 标识物仅在罗蒙诺索夫海岭西部陆坡的深水沉积夹层中有所发现（AF05-33），且 OM 含量不高（图 8.5）。正烷烃 OEP 呈低值即转换率高，证明其或者经历过长距离运移（可能随大西洋水团）或在海退期间原地发生强烈的生物降解。

剖面北部（北极点地区）（AF05-34）沉积中正烷烃呈双峰模式分布，表明 OM 腐殖成因复杂，陆源成分占多数。腐殖质分子标识物 OEP 高值可能与极地条件下 OM 沉寂后转化强度低有关。同时，也表明晚新生代陆架沉积物质持续运输到深水北极海盆。这一点从多环芳烃的分布也可证明，多环芳烃以二萘

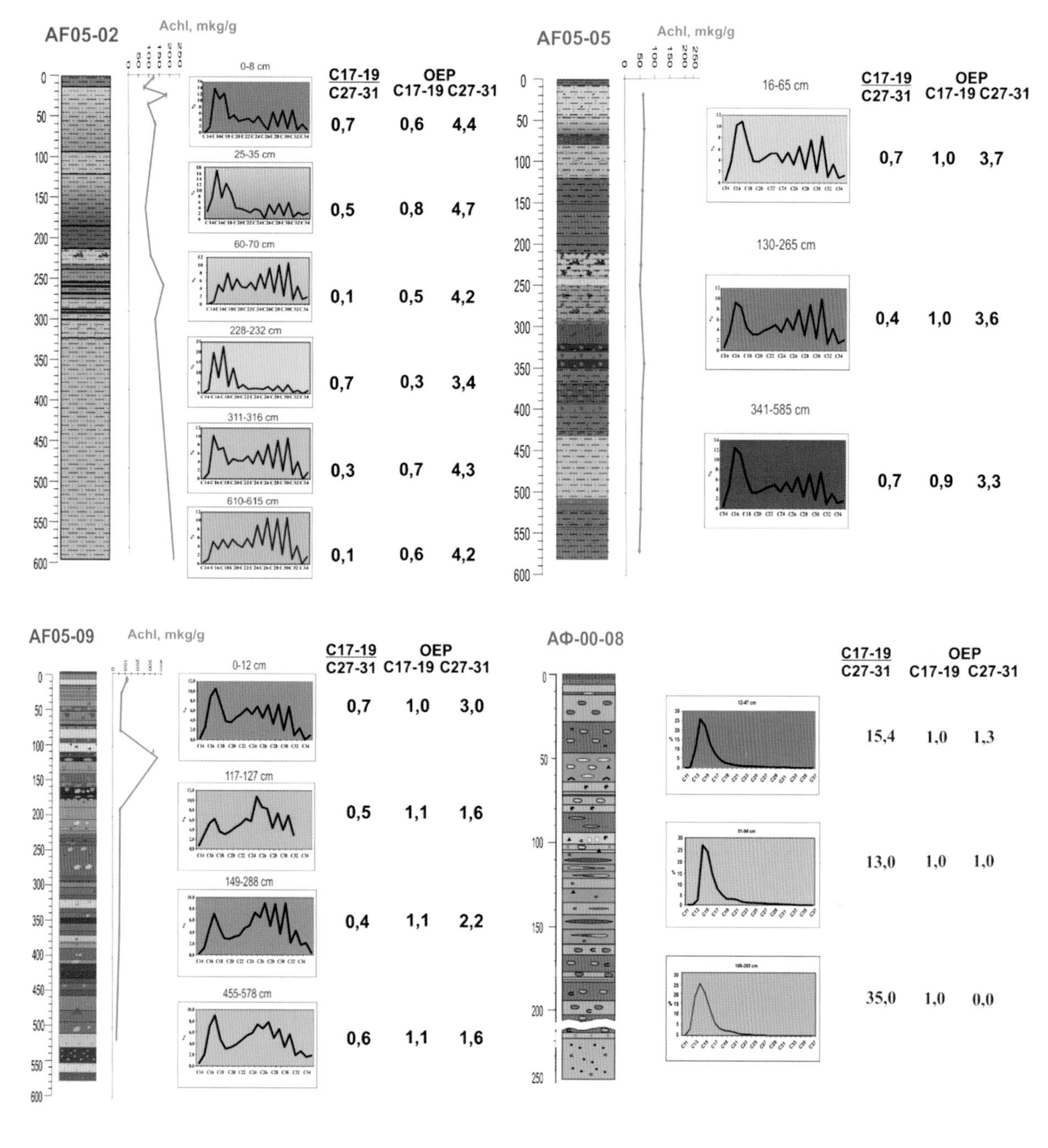

HOPANE FACTOR OF MATURITY DEGREE OF ORGANIC MATTER

	AF05-02	AF05-05	AF05-09	АФ-00-08
Ts/Tm	0,49	0,50	0,54	0,73
22S / 22S+22R	0,50	0,56	0,62	0,63

图 8.4　剖面 1 底部沉积中的分子标志物

嵌苯和标识陆源沉积物质流的烷基同系物为主。

大西洋深水水域底部沉积中腐殖 OM 的重要输入发生在海盆和海隆（Stein et al.，1999）。这证明门捷列夫海岭北部沉积 OM 成分特殊，几乎没有腐殖质成分。

对沉积中何帕烷和藿烷成分和分布的研究表明，OM 转化率低。这也通过生物成因的何帕烷和 ββ-异构体占多数及相较于早期成岩阶段藿烷成熟度指数较低（图 8.5）得以证实。门捷列夫海岭南部成岩期后

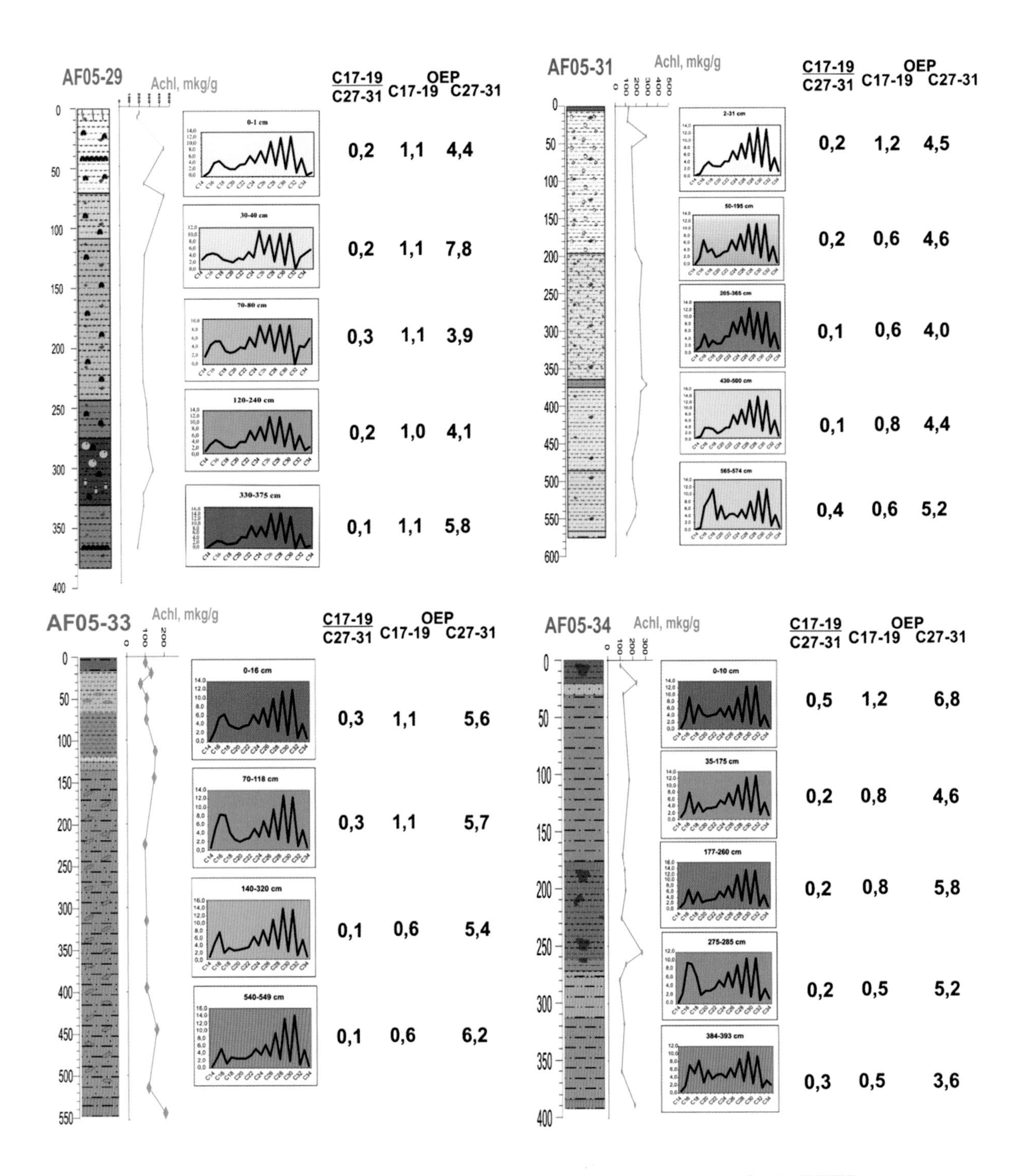

HOPANE FACTOR OF MATURITY DEGREE OF ORGANIC MATTER

	AF05-29	AF05-31	AF05-33	AF05-34
Ts/Tm	0,33	0,33	0,44	0,48
22S / 22S+22R	0,49	0,43	0,54	0,55

图 8.5　剖面 2 底部沉积中的分子标志物

阶段沉积转化典型的 DOM 成熟指数，仅出现在阿蒙森海盆中部（AF05-34）沉积剖面中。含有海退期成熟度的 DOM 的沉积在研究区域没有发现。

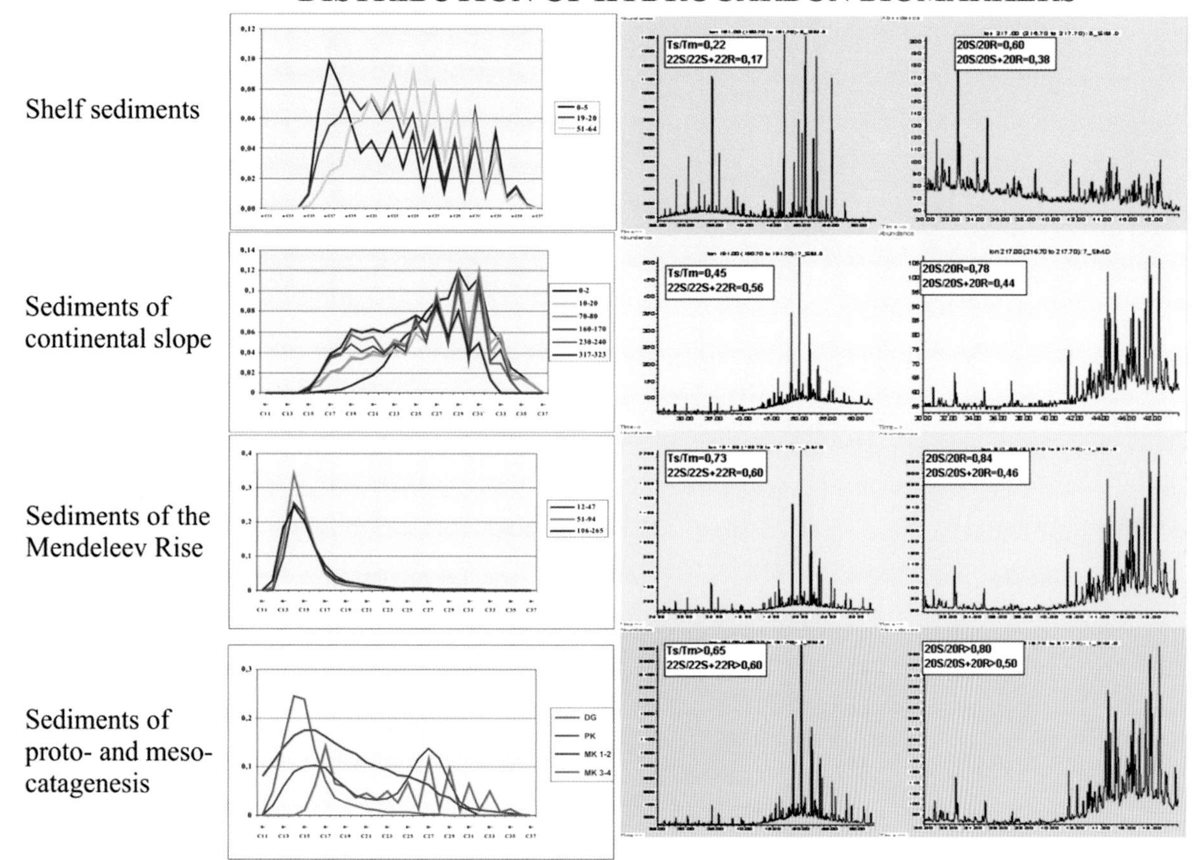

图 8.6　阿蒙森海盆底部沉积和西西伯利亚沉积岩中碳氢化合物标记分布

8.3　本章结论

（1）早前的研究已经表明晚新生代北冰洋东部陆源物质对于碎屑沉积盖层的形成起主导作用。陆源物质的贡献在北极海盆东欧亚海盆部分至北极点区域尤其明显。

（2）通过对比分析发现，东北冰洋大陆边缘和门捷列夫海岭第四纪沉积地球化学参数存在本质差异。后者 DOM 为非典型的近代底部沉积，且很可能是特殊的深度转化沉积岩（图 8.7）。

（3）考虑到决定 DOM 组分的众多因素及相应的地球化学参数的统计学意义，我们只能统计主要特殊成分。采集的数据资料表明古代沉积岩中含有的遗传一致的深度转化 OM（至中生代海退期）在更新世—全新世门捷列夫海岭轴部沉积形成过程中扮演重要的角色（Kashirtsev，2003）。

全书结论

首条广角折射/反射（WAR）地震剖面是极地海洋地质科学考察队（PMGRE）于1989—1992年在北极海盆实施采集的，该项目是跨北极、跨学科的综合地球物理研究计划的一部分。研究的主要目的为确定俄罗斯北冰洋地区大陆架的外部界限（OLCS）。主要采用的观测方法为正、逆向采集时距曲线。跨北极1989—1991年地质断面由总长1 480 km的3个近南北向剖面，从南到北横跨东西伯利亚大陆边缘（德隆高地）陆架、马卡洛夫海盆和波德福德尼科夫海盆。第4条剖面命名为TransArctic-92，长280 km。它与罗蒙诺索夫海岭轴向垂直，西至阿蒙森海盆，东至波德福德尼科夫海盆。

2000年全俄海洋地质矿产资源研究所和国家地质中心参加了PMAGE后续科考项目，对Arctic-2000地质断面进行了分析处理。该断面横跨门捷列夫海岭，西至波德福德尼科夫海盆，东至门捷列夫海盆，长500 km。

2005年和2007年全俄海洋地质矿产资源研究所在国家地质中心和太平洋海洋地质研究所科学家的帮助下完成了北极调查，对Arctic-2005横跨门捷列夫海岭长600 km的地质断面和Arctic-2007沿罗蒙诺索夫海岭走向长650 km的地质断面进行了分析处理。2000年开展的横切门捷列夫海脊、长120~130 km的横断面调查，大大增加了WAR地学剖面。此外，还分析处理了海洋石油公司使用8 km地震拖缆采集的800 km CDP反射地震剖面。

因此，为研究大陆架外部界限难题而开展的大量地质、地球物理调查，横穿北极盆地所有重要地质构造的地质断面共采集宽角折射反射数据3510 km，折射波法勘探370 km。

北极地区所有重要数据都采用西方科学家普遍使用的SeisWide标准软件进行分析。在广角折射/反射和折射数据动力学解译结果的基础上，为每个地质断面建立不同炮点出发的地震射线路径模型，通过最终速度模型和初始地震记录叠加反射和折射波计算时距曲线得到合成波场。

地震记录可解译沉积盖层、变质碎屑岩层序和上地壳、下地壳折射波，来自莫霍面的折射和反射波以及上地壳、下地壳表面的反射波。

北极中央海盆的综合地球科学调查通过开展区域地质断面调查达到以下目标：

（1）弄清北极中央海隆周边所有主要地质构造的地壳性质；

（2）揭示海岭与其邻近陆架之间的结构关系；

（3）已确认层1界面（译者注：声波基底）并可沿WAR和折射地质断面追踪的地层划分为以下几个层序：

（4）沉积层，地震波速1.6~1.9 km/s至3.3~4.0 km/s；

（5）变质碎屑岩层，地震波速4.5~5.1 km/s至4.7~5.9 km/s；

（6）上地壳层（上地壳），地震波速6.0~6.4 km/s；

（7）下地壳层（下地壳），地震波速6.7~6.9 km/s；

（8）上地幔层（地壳底部），地震波速7.8~8.0 km/s；

（9）罗蒙诺索夫海岭、门捷列夫海岭、波德福德尼科夫海盆和马卡洛夫海盆地壳速度模型结合位场和地质样品数据的综合分析；

（10）收集能够证明罗蒙诺索夫海岭和门捷列夫海岭大陆性质及其与邻近大陆架结构关联的证据。

对罗蒙诺索夫海岭与其毗邻陆架间连接带深部断面的分析结果表明沉积层序几乎连续，在岩相和地层地震特征上没有明显的变化。

在罗蒙诺索夫海岭南部，与东西伯利亚海陆架的连接带采集的粗碎屑沉积，对于研究海岭的地质构造特征具有特别的意义。地质分析结果显示，罗蒙诺索夫海岭沉积盖层中有下元古界、里菲期—古生代、侏罗纪—白垩纪、晚白垩世—新生代基岩出现。

因此，罗蒙诺索夫海岭及其与毗邻陆架间连接带采集的数据资料以及地貌分析表明，罗蒙诺索夫海岭为大陆边缘的自然组成部分。

门捷列夫海岭沉积盖层厚 32 km（译者注：应为地壳厚度），其中上地壳厚 4~7 km，下地壳厚度一般达 22 km。

相较于上地壳，门捷列夫海岭下地壳的显著增厚说明，其与埃尔斯米尔群岛和格陵兰岛大陆边缘的性质相同。

北楚科奇海槽的两个上部沉积序列和厚度达 3 km 的上地壳层从东西伯利亚海和楚科奇海陆架一直延伸至门捷列夫海岭。

地质样品分析显示，局部隆起坡脚附近和相对陡峭的斜坡上粗碎屑岩高度集中。沉积物的这种地貌分布主要是因该地为一特殊地区，整个美亚海盆都是如此。粗碎屑物质的高度集中出现在正地形地区，组成成分取决于底部的粗糙度，在海槽中很少出现。这是底部沉积来源于当地，主要为冲积—洪积物的证据。

在松散沉积盖层中，粗碎屑主要为石英砂岩、白云岩和次生粉砂岩、砂岩和灰岩。岩相学研究表明，无论是成因还是岩相上，门捷列夫海岭的沉积岩与北格陵兰岛或加拿大北极群岛的地层都没有任何关联。含有粗碎屑的岩石通过石英砂岩碎屑中的锆石碎屑 U—Pb 分析法测定的年龄为前古生代（里菲期），与北美、亚洲和东欧古克拉通沉积盖层层序的一般地质特征，如成分、成岩改造程度等相似。

在建造方面，门捷列夫海岭中部和南部的岩石碎屑来源于地台。在高度动态环境下，由形成于浅水环境的高度成熟的潟湖沉积构成，是典型的陆源盆地。成分上与海岭北部中—上古生界沉积相近；一起被作为 N. S. Shatsky（1935）和 Y. M. Puscharovsky（1960，1976）首次发现并命名为寒冷（Hyperborean）海台的古克拉通盖层。底部沉积重建，盖层横断面分为两层：下层由里菲期石英砂岩、白云岩组成；上层由古生代砂岩、白云岩和石灰岩组成，总厚度 2 000~2 500 m（Kaban'kov，Andreeva et al.，2008）。

综上，门捷列夫海岭与东西伯利亚海和楚科奇海陆架间连接带的沉积盖层和地壳结构的上述数据资料和地质取样及地貌分析结果表明，门捷列夫海岭历史上、起源上都与欧亚大陆边缘相关。因此，门捷列夫海岭可以作为大陆边缘的自然组成部分。

划分美亚海盆隆起为罗蒙诺索夫海岭和门捷列夫—阿尔法海岭的波德福德尼科夫海盆—马卡洛夫海盆，可大致分为 3 个部分：①波德福德尼科夫Ⅰ海盆位于与东西伯利亚海的连接带；②波德福德尼科夫Ⅱ海盆；③马卡洛夫海盆位于北部。沿 TransArctic-1989—1991 断面的结晶基底厚度从德隆高地的 39 km 减薄至马卡洛夫海盆的 7~8 km。海盆采集的综合地质资料分析结果表明，波德福德尼科夫—马卡洛夫海盆具有裂谷构造，可能在侏罗纪或早白垩世（未发育裂谷）陆壳发生拉张，拉张很可能是由于强烈的火山活动引起的。可设想，波德福德尼科夫Ⅰ海盆和波德福德尼科夫Ⅱ海盆的地壳结构显示了大陆地壳的所有特征。

参考文献

Andreeva I. A. , *Basov V. D.* , *Kupriyanova N. V.* , *Shilov V. V.* Age and deposition environments of bottom sediments near the MendeleyevRidge (Arctic Ocean) // Phanerozoic records for Polar regions and central Mid-Atlantic Ridge. Fauna, flora andbiostratigraphy. Proceedings of NIIGA—VNIIOkeangeologia. V. 211. St. Petersburg, 2007. P. 131-152. (in Russian)

Arctic Atlas. M. : GUGK Publishers, 1985. 204 p. (in Russian)

Avetisov G. P. , *Vinnik A. A.* Arctic seismic data bank // Earth's Physics. 1995. No. 3. P. 78-83. (in Russian)

Avetisov G. P. Arctic seismic zones. St. Petersburg: VNIIOG Publishers, 1996. 183 p. (in Russian)

Avetisov G. P. Earthquakes of the Laptev Sea revisited // Geological and geophysical characteristics of the Arctic lithosphere. St. Petersburg: VNIIOG Publishers, 2000. Issue 3. P. 104-114. (in Russian)

Avetisov G. P. , *Vinnik A. A.* , *Kopylova A. V.* Updated Arctic seismic data bank // Geophysics. 2001. No. 23-24. P. 42-48. (in Russian)

Avetisov G. P. On the lithosphere plate boundary on the Laptev Sea shelf // DAN. 2002. V. 385, No. 6. P. 793-796. (in Russian)

Avetisov G. P. Some parameters of earthquakes in the Mid-Arctic Seismic Belt // geological and geophysical characteristics of the Arctic lithosphere. Issue 6. St. Petersburg: VNIIOG Publishers, 2006. C. 176-187. (in Russian)

Backman J. , *Moran K.* , *McInroy D. B.* , *Mayer L. A.* Sites M0001-M0004. Expedition 302 Scientists // Proceedings of the Integrated Ocean Drilling Program. 2006. V 302. P. 1-115 (www. ecord. org/exp/acex/vol302/exp_ rept/ chapters/302_ 104. pdf).

Barker S. , *Archer D.* , *Booth L.* , *Elderfield H.* , *Henderiks J.* , *Rickaby R. E. M.* Globally increased pelagic carbonate production during the mid-Brunhes dissolution interval and the CO_2 paradox of MIS 11 // Quat. Sci. Rev. 2006. 25. P. 3278-3293.

Bastow T. P. , *Singh R. K.* , *van Aarssen Ben J. K.* , *Alexander R. I.* 2-Methilretene in sedimentary material: a new higher plant biomarker// Org. Geochem. 2001. V 32. P. 1211-1217.

Behrends M. , *Hoops E. and Peregovich B.* Distribution patterns of heavy minerals in Siberian Rivers, the Laptev Sea and the easternArctic Ocean // An approach to identify sources, transport and pathways of terrigenous matter, in Land-ocean systemsin the Siberian Arctic: dynamics and history / edited by H. Kassens et al. Berlin, Springer, 1999. P. 265-286.

Belicka L. , *Macdonald R. W.* , *Harvey H. R.* Sources and transport of organic carbon to shelf, slope and basin surface sediment ofthe Arctic Ocean // Deep-Sea Research. 2002. Part I, 49. P. 1463-1483.

Belov N. A. , *Lapina N. N.* Bottom deposits in the Arctic Basin. L. : Marine Transport, 1961. 150 p. (in Russian)

Bischof J. and D. Darby. Mid-to Late Pleistocene ice drift in the western Arctic Ocean: evidence for a different circulation in the past // Science. 1997. 277. P. 74-78.

Bordovsky O. K Organic matter accumulation and transformation in marine sediments. M. : Nedra, 1964. 128 p. (in Russian) *Bottom* topography of Arctic Ocean. Scale 1 : 5 000 000. St. Petersburg, 1988.

Brassell S. , *Eglinton G.* , *Howell V.* Paleoenvironmental assessment of marine organic-rich sediments using molecular organic geochemistry // Brooks J, Fleet A. Marine Petroleum Source Rocks, Geological Society Special Publication. 1987. N 26. P. 79-98.

Butsenko V. V. Seismostratigraphic dating of main tectonic events in the Arctic Ocean // Geophysical Newsletter. 2006. No. 11. P. 8-16. (in Russian)

Butsenko V. V. Core tectonic events in the Arctic Ocean history implied from seismic data. Extended abstract of the doctoral dissertation in geological and geophysical science. 2008. 42 p. (http: //vak. ed. gov. ru/ru/ announcements_ 1/geo_ sciences). (in Russian)

Butsenko V. V. , *Poselov V. A.* Regional features of the sedimentary cover configuration in the deepwater Arctic Basin and theireventual paleotectonic interpretation// Geological and geophysical characteristics of the Arctic lithosphere. Issue . St. Petersburg : VNIIOkeangeologia, 2004. P. 141-159. (in Russian)

Butsenko V. V. , *Poselov V. A. et al.* Lithosphere structure and evolutionary model of the Arctic Basin in terms of the problem regarding the Russian outer continental shelf boundary in the Arctic Ocean // Mineral wealth prospecting and protection. 2005.
No. 6. P. 14-23. (in Russian)

Butsenko V. V. & Poselov V. A. Regional paleotectonic interpretation of seismic data from the deep-water Central Arctic, Proceedings of the Fourth International conference on Arctic margins // R. A. Scott and D. K. Thurston (eds.) / OCS study MMS 2006-003. U. S. Department of the Interior. 2006. P. 125-131.

Central Arctic Basin (bottom topography map) . Scale 1 : 2 500 000. HDNO MO RF, 2002. (in Russian)

Chekhmachev V. A. , *Vinogradova T. L.* Gepchemical indications of facial and genetic types of original organic matter // Geochemistry. 2003. No. 5. P. 554-560. . (in Russian)

Clark D. L. , *Whitman R. R.* , *Morgan K. A.* , *Mackey S. D.* Stratigraphy and glacio-marine sediments of the Amerasian Basin, central Arctic Ocean // Geol. Soc. Am. Spec. Paper. 1980. V 181. P. 1-57.

Clark D. L. , *Kowallis B.* , *Medaris L.* , *Daino A.* Orphan Arctic Ocean metasediment clasts; Local derivation from Alpha Ridge or pre-2, 6 Ma rafting? // Geology. 2000. V 28, No. 12. P. 1143-1146.

Cranston R. E. Organic carbon burial rates across the Arctic Ocean from the 1994 Arctic Ocean Section expedition // Deep-Sea Research II. 1997. V 44, N 8. P. 1705-1723.

Cronin T. M. , *Smith S. A.* , *Eynaud F.* , *O'Regan M.* , *King J.* Quaternary paleoceanography of the central Arctic based on Integrated, Ocean Drilling Program Arctic Coring Expedition 302 foraminiferal assemblages // Paleoceanography. 2008. N 23. PA1S18, doi : 10. 1029/2007PA001484.

Daniel E. Morphometric patterns and geodynamics of the Lomonosov Ridge and adjacent basins // IUGG 99, Birmingham, abstracts, week A, JSA09/E/10-A2. 1999.

Darby D. A. The Arctic perennial ice cover over the last 14 million years // Paleoceanography. 2008. N 23, PA1S07, doi : 10. 1029/2007PA001479.

Derevyanko L. G. , *Gusev E. A.* , *Krylov A. A.* Palynological characteristics of cretaceous deposits on the Lomonosov Ridge // Arctic and Antarctic issues. 2009. No. 2 (82) . P. 78-84. (in Russian)

Duan Yi, *Ma L.* Lipid geochemistry in a sediment core from Ruoergai Marsh deposit (Eastern Qinghai-Tibet plateau, China) // Org. Geochem. 2001. V 32. P. 1429-1442.

Eglinton G. , *Murphy M. T. J.* Organic Geochemistry: method and results. Berlin, Springer, 1969. 828 p.

Fahl K. , *Stein R.* Modern organic carbon deposition in the Laptev sea and the adjacent continental slope: surface-water productivity vs terrigenous input // Org. Geochemistry. 1997. V. 26. P. 379-390.

Feiling-Hanssen R. , *Funder S.* , *Petersen K.* The Lodin Elv Formation; a Plio-Pleistocene jccurence in Greenland // Bull. Geol. Soc. Denmark. 1983. V 31. P. 81-106.

Franke D, *Hinz K.* , *Oncken O.* The Laptev Sea Rift // Marine and Petroleum Geology. 2001. V. 18. P. 1083-1127.

Franke D. , *Hinz*, *K.* , *Reichert C.* Geology of the East Siberian Sea, Russian Arctic, from seismic images: Structures, evolution and implications for the evolution of the Arctic Ocean Basin // J. Geophys. Res. 2004. V. 109. 19 p.

Funck T. , *Jackson H. R.* , *Dehler S. A. and Reid I. D.* A Refraction Seismic Transect from Greenland to Ellesmere Island, Canada: The Crustal Structure in Southern Nares Strait // Polarforschung. 2004. 74 (1-3) . P. 97-112.

Gaina, *C.* , *S. Werner* , *R. Saltus*, *S.* Maus and the CAMP-GM Group (2011) . Circum-Arctic Mapping Project: New Magnetic and Gravity Anomaly Maps of the Arctic, in Arctic Petroleum Geology (Eds. Spencer, A. M, Gautier, D. , Stoupakova, A. , Embry, A. , and Sorensen, K.) , Geol. Soc. London Memoirs, 2011.

Geological map of the Arctic at 5M scale. Harrison, J C; St-Onge, M R; Petrov, O; Strelnikov, S; Lopatin, B; Wilson, F; Tella, S; Paul, D; Lynds, T; Shokalsky, S; Hults, C; Bergman, S; Jepsen, H F; Solli // Geological Survey of Canada, Open File, 5816, 2009.

Geology and mineral resources of Russia. Arctic Seas. V. 5. Book 1. St. Petersburg: VSEGEI Publishers, 2004. 468 p. (in Russian).

Grain-size analysis of bottom sediments from the World's Ocean. Guidelines. No. 144. M. : NSOM-MI, 2001. 38 p. (in Russian).

Gramberg I. S. , *Naryshkin G. D.* Bottom topography features of the deepwater Arctic Basin in the Arctic Ocean // Geology and geomorphology of the Arctic Ocean in terms of the problem regarding the outer continental shelf boundary of the Russian Federation in the Arctic Basin. St. Petersburg: VNIIOkeangeologia, 2000. P. 53-72. (in Russian).

Grantz A. , Clark D. L. , Phillips R. L. et al. Fanerozoic Stratigraphy of Nortwind Rigl, Magnetic anomalies in the Canada basin, and the geometry of rifting in the Amerisia basin, Arctic Ocean // Geological Society of America Bulletin, Iuni 1998. V. 110. N 6. P. 801-820.

Grantz A. , Pease V. L. , Willard D. A. , Phillips R. , Clark D. Bedrock cores from 89° North: Implication of the geologic framework and Neogene paleoceanolograhy of Lomonosov Ridge and a tie to the Barents shelf // Geol. Soc. Amer. Bull. 2001. V. 113, N 10. P. 1272-1281.

Greenwood P. F. , Leenheer J. A. , McIntyre C. , Berwick L. , Franzmann P. D. Bacterial biomarkers thermally released from dissolved organic matter // Org. Geochem. 2006. V. 37. P. 597-609.

Gribanov Yu. I. , Mal'kov V. L. Spectral analysis of random processes. M. : Energy, 1974. 239 p. (in Russian).

Hautevelle Y. , Michels R. , Malartre F. , Trouiller A. Vascular plant biomarkers as proxies for paleoflora and paleoclimatic changes at the Dogger/Malm transition of the Paris Basin (France) // Org. Geochem. 2006. V. 37. P. 610-625.

Innes H. E. , Bishop A. N. , Fox P. A. , Head I. M. , Farrimond P. Early diagenesis of bacteriohopanoids in recent sediments of Lake Pollen, Norway // Org. Geochem. 1998. V. 29. P. 1285-1295.

Jakobsson M. , Levlie R. , Arnold E. M. , Backman J. , Polyak L. , Knutsen J. -O. and Musatov E. Pleistocene stratigraphy and paleoenvironment variation from Lomonosov Ridge sediments, central Arctic Ocean // Global Planet. Change. 2001, 31. P. 1-22.

Juterzenka K. V. and Knicmeier K. Chlorophyll distribution in water column and sea ice during the Laptev Sea freeze—up study autumn 1995 // Land-Ocean Systems in the Siberian Arctic: dynamic and history / H. Kassens (ed.) . Berlin, Heidelberg, New York: Springer, 1999. P. 153-160.

Kaban'kov V. Ya, Andreeva I. A. , Ivanov V. N. and Petrova V. I. The geotectonic nature of the Central Arctic morphostructures and geological implications of bottom sediments for its interpretation // Geotectonics. 2004. V. 38. N 6. P. 430-442. (in Russian)

Kaban'kov V. Ya. , Andreeva I. A. , Ivanov V. N. , Petrova V. I. On geotectonic nature of the Central Arctic features and geological implication of bottom sediments in its definition// Geotectonics. 2004a. No. 6. P. 33-48. (in Russian)

Kaban'kov V. Ya. , Andreeva I. A. , Ivanov V. N. On the origin of bottom sediments recovered on the Arctic-2000 Geotransect in the Arctic Ocean (near the Mendeleyev Ridge) // DAN. 2004. V. 399, No. 2. P. 224-226. (in Russian)

Kaban'kov V. Ya. , Andreeva I. A. On geotectonic structure of the Polar Basin and geological criteria for identifying its offshore areas // Geological and geophysical characteristics of the lithosphere in the Arctic region. Proceedings of VNIIOkeangeologia. V. 210, Issue 6. St. Petersburg, 2006. P. 121-130. (in Russian)

Kaban'kov V. Ya. , Andreeva I. A. , Крупская V. V. , Kaminsky D. V. , Razuvaev E. I. New data on the composition and origin of bottom sediments on the southern the Mendeleyev Ridge (Arctic Ocean) // RAS Proceedings. 2008. V. 419, No. 5. P. 653-655. (in Russian)

Kaminsky V. D.. , Palamarchuk V. K. , Poselov V. A. , Avetisov G. P. , Glinskaya N. V. Aeromagnetic survey in the Arctic (methodological featurss) // 60 years in the Arctic, Antarctic and World's Ocean. St. Petersburg: VNIIOkeangeologia, 2008. P. 505-517. (in Russian)

Kaminsky V. D. , Poselov V. A. , Glebov V. B. , Avetisov G. P. , et al. Comprehenisve geological and geophysical studies in the Arctic Oceanc onboard nuclear icebreaker Rossia (Arctic-2007) // Field works performed by VNIIOkeangeologia in 2007. St. Petersburg : VNIIOkeangeologia, 2008. P. 5-20. (in Russian)

Kaminsky V. D. , Poselov V. A. , Avetisov G. P. Deep seismic studies conducted by VNIIOkeangeologia and PMGRE in the deepsea Arctic Ocean // 60 years in the Arctic, Antarctic and World's Ocean. St. Petersburg: VNIIOkeangeologia, 2008. P. 518-523. (in Russian)

Kaminsky V. D. , Poselov V. A. , Avetisov G. P. , Butsenko V. V. , Rekant P. V. Large-scale geological and geophysical operations performed by VNIIOkeangeologia onboard nuclear icebreaker Rossia Basin in terms of the problem regarding the Russian outer continental shelf boundary in the Arctic Ocean // Issues of Arctic and Antarctic. 2009. No. 2 (82) . P. -19. (in Russian)

Karasik A. M. , Gurevich N. I. , Masolov V. N. , Schelovanov V. G. Certain features of deep structure and origin of the Lomonosov Ridge implied from aeromagnetic data // Geophysical prospecting methods in the Arctic. Issue 6. L. : NIIGA, 1971. P. 9-19. (in Russian)

Karasik A. M. Basic features of the Arctic Basin development history and bottom structure implied from aeromagnetic data // Marine geology, sedimentology, sedimentary petrography and oceanic geology. L. : Nedra, 1980. P. 178-193. (in Russian)

Kashirtwev V. A. Organic geochemistry of naftides from the eastern Siberian Platform . Executive editor A. E. Kontorovich. Yakutsk :

YF Publishing House CO RAS, 2003. 160 p. (in Russian)

Kassens H., *Bauch H. A.*, *Dmitrienko I. . A.*, *Eicken H.*, *Hubberten H. -W.*, *Melles M.*, *Thide J.*, *Timokhov L. A.* (Eds.) Land-Ocean System in the Siberian Arctic: dynamics and history. Berlin, Heidelberg, New York: Springer, 1999. 711 p.

Kosheleva V. A., *Yashin D. S.* Bottom sediments from the Arctic seas of Russia. St. Petersburg: VNIIOkeangeologia, 1999. 286 p. (in Russian)

Kosobokova K. N., *Hirche H-J.* Zooplankton distribution across the Lomonosov Ridge, Arctic Ocean: species inventory, biomass and vertical structure // Deep-Sea Research. 2000. V. I 47. P. 2029-2060.

Kosobokova K. N., *Hirche H. -J.* Distribution of Calanus species in the western Arctic Ocean // Abstracts of the ASLO summer meeting, June 19-24 2005 Santiago de Compostella, Spain. 2005. P. 82.

Krylov A. A., *Andreeva I. A.*, *Vogt C.*, *Backman J.*, *Krupskaya V. V.*, *Grikurov G. E.*, *Moran K. and Shoji H.* A shift in heavy and clay mineral provenance indicates a middle Miocene onset of a perennial sea ice cover in the Arctic Ocean // Paleoceanography. 2008. V. 23. PA1S06, doi: 10.1029/2007PA001497.

Lapina N. N. Climatic impact on alteration of the sediment mineral composition in the Arctic Ocean // Geology of the sea. 1973. Issue 2. P. 34-37. (in Russian)

Lastochkin A. N. Systematic morphological grounds for geoscience. St. Petersburg: St. Petersburg State University, 2002. 762 p. (in Russian)

Leontiev O. K. Marine geology. M.: Vyshaya Shkola, 1982. 273 p. (in Russian)

Lisitsyn A. P. Glacial sedimentation in the World's Ocean. M.: Nauka, 1994. 448 p. (in Russian)

Lisitsyn A. P. Sedimentary matter flow, natural filters and sedimentary systems of the 'live ocean' // Geology and geophysics, 2004. No. 1. P. 15-48. (in Russian)

Lozinskaya A. M. Airborne gravity measurements. Series: regional, prospecting and applied geophysics. M.: VIEMS Publishers, 1978. 71 p. (in Russian)

Matul A. G., *Khusid T. A.*, *Mukhina V. V.*, *Chekhovskaya M. P.*, *Safarova S. A.* Modern and later Holocene natural environments offshore southeastern Laptev Sea implied from microfossils // Odeanology. 2007. V. 47, No. 1. P. 90-101.

Nytoft H. P., *Bojesen-Koefoed J. A.* 17a, 21a (H) -hopanes: natural and synthetic // Org. Geochem. 2001. V 32. P. 841-856.

O'Regan M., *King J.*, *Backman J.*, *Jakobsson M.*, *Palike H.*, *Moran K.*, *Heil C.*, *Sakamoto T.*, *Cronin T. M. and Jordan R. W.* Constraints on the Pleistocene chronology of sediments from the Lomonosov Ridge // Paleoceanography. 2008. V. 23. PA1S19, doi: 10.1029/2007PA001551.

Organic matter of bottom sediments in polar zones of the World's Ocean. L.: Nedra, 1990. 280 p. (in Russian)

Peters K., *Moldowan J.* The biomarker guide. Interpreting Molecular Fossils in petroleum and ancient sediments. New Jersy. 1994. 364 p.

Petrova V. I., *Batova G. I.*, *Zinchenko A. G.*, *Kursheva A. V.*, *Narkevskiy E. V.* The East Siberian Sea: Distribution, sources, and burial of organic carbon // Organic Carbon in Arctic Ocean sediments: sources, variability, burial and paleoenvironmental significance (eds. R. Stein, R. V. Macdonald). Berlin, Heidelberg, New-York: Springer, 2004. P. 204-212.

Peulve S., *Sicre M. -A.*, *Saliot A.*, *DeLeeuw J. W.*, *Baas M.* Molecular characterization of suspended and sedimentary organic matter in an Arctic Delta // Limnol. Oceanogr. 1996. V. 41, No. 3. P. 488-497.

Pfirman S., *Haxby W. F.*, *Colony R. and Rigor I.* Variability in Arctic sea ice drift // Geophys. Res. Lett. 2004. V. 31, L16402, doi: 10.1029/2004GL020063.

Pogrebitsky Yu. E. Geological nature of the Arctic // Arctic on the edge of the third millennium. St. Petersburg: Nauka, 2001. P. 91-104. (in Russian)

Polyak L., *Curry W. B.*, *Darby D. A. et al.* Contrasting glacial/interglacial regimes in the western Arctic Ocean as exemplified record from Mendeleev Ridge // Paleogeog., Paleoclim., Paleoec. 2004. 203. P. 73-93.

Poselov V. A., *Butsenko V. V.*, *Verba V. V.*, *Zholondz S. M.*, *and Trukhalev A. I.* Amerasia Subbasin highs in the Arctic Ocean and their eventual analogues in the Atlantic Ocean // 60 years in the Arctic, Antarctic and World's Ocean. St. Petersburg: VNIIOkeangeologia, 2008. 651 p. (in Russian)

Poselov V. A., *Verba V. V. and Zholondz S. M.* Typification of the Earth's Crust of Central Arctic Uplifts in the Arctic Ocean // Geotectonics. 2007. V. 41, No. 4. P. 48-59. (in Russian)

Poselov V. A., *Kaminsky V. D.*, *Murzin R. R.*, *Butsenko V. V.*, *and Komaritsyn A. A.* Experience in Applying the Geological Criteria of

Article 76 to the Definition of the Outer Limit of the Extended Continental Shelf of the Russian Federation in the Arctic Ocean // Proceedings of the Fourth International conference on Arctic margins (ICAM IV) / R. A. Scott and D. K. Thurston (eds.) . OCS study MMS 2006-003, U. S. Department of the Interior, 2006. P. 199-205.

Poselov V. A. , *Verba V. V. and Zholondz S. M.* Typification of the Earth's Crust of Central Arctic Uplifts in the Arctic Ocean // Geotectonics. 2007. V. 41, No. 4. P. 296-305. (in Russian)

Puscharovsky Yu. M. Some common problems of the Arctic tectonics // Transactions of the USSR Academy of Sciences. Geological Series. 1960. No. 9. P. 15-28. (in Russian)

Puscharovsky Yu. M. Tectonics of the Arctic Ocean // Geotectonics. 1976. No. 2. P. 3-14. (in Russian)

Romankevich E. A. Ocean organic matter geochemistry. M. : Nauka, 1977. 256 p. (in Russian)

Romankevich E. A. , *Vetrov A. A.* Carbon cycle in the Arctic seas of Russia. M. : Nauka, 2001. 302 p. (in Russian)

Romankevich E. A. , *Danyushevskaya A. I.* , *Belyaeva A. N.* , *Rusanov V. N.* Biogeochemistry of organic matter from the Arctic seas. M. : Nauka, 1982. 239 p. (in Russian)

Saidova Kh. M. Benthic foraminifera in the upper Quaternary and Quaternary deposits of the Island Basin and some paleogeographic conclusions // Geology of the World's Ocean floor. . Atlantic. Biostratigrpahy and tectonics (drilling results of Leg 38 by GLOMAR Challenger M. : Nauka, 1982. P. 43-46. (in Russian)

Saliot A. , *Laureillard J.* , *Scribe P.* , *Sicre M. A.* Evolutionary trends in the lipid biomarker approach for investigating the biogeochemistry of organic matter in the marine environment // Mar. Chemistry. 1992. No. 39. P. 235-248.

Shatsky N. S. On tectonics of the Arctic // Geology and mineral resources of the northern USSR. V. 1. Geology. L. : Galsevmorput, 1935. P. 149-168. (in Russian)

Schoster F. , *Behrends M.* , *Muller C.* , *Stein R. and Wahsner M.* Modern river discharge and pathways of supplied material in the Eurasian Arctic Ocean: evidence from mineral assemblages and major and minor element distribution // Int. J. Earth Sci. 2000. 89. P. 486-495.

Schubert C. , *Stein R.* Deposition of organic carbon in Arctic Ocean sediments: terrigenous supply vs. marine production // Org. Geochem. 1996. V. 24, No. 4. P. 421-436.

Schwartzaher V. , *Hankins K.* Pebbles recovered by dredging from the central Arctic Ocean // Geology of the Arctic. M. : Mir, 1964. P. 419-430.

Slobodin V. Ya. Variations of the World's Ocean level in late Cenozoic and their implications for the shelf stratigraphy // Stratigraphy and facies of the oceanic sedimentary cover. Collection of scientific articles. L. : IGO Sevmorgeologia, 1985. P. 89-96. (in Russian)

Sobczak L. W. , *Hearty D. B.* , *Forsberg R.* , *Kristoffersen Y.* , *Eldholm O.* , *May S. D.* Gravity from 64° N to the north pole // Grantz A. Johnson L. , Sweeney J. F. (eds.) . The Arctic Ocean Region, The Geology of North America. Boulder. CO, GSA, L. 1990. P. 101-118.

Spielhagen R. F. , *Baumann K. -H.* , *Erlenkeuser H. et al.* Arctic Ocean deep-sea record of northern Eurasian ice sheet history // Quaternary Science Reviews. 2004. V. 23. P. 1455-1483.

Stein R. , *Fhal K.* , *Niessen F.* , *Siebold M.* Late quaternary organic carbon and biomarker records from Laptev Sea continental margin (Arctic Ocean): implication for organic carbon flux and composition // Land-ocean systems in the Siberian Arctic: dynamics and history / H. Kassens (ed.) . Berlin, Heidelbeg: Springer, 1999. P. 635-655.

Stein R. . , *Macdonald R. W.* The organic carbon cycle in the Arctic Ocean. Berlin, Heidelbeg, New-York: Springer, 2004. 363 p.

Stojanovic K. , *Jovancicevic B.* , *Pevneva G. S.* , *Golovko J. A.* , *Golovko A. K.* , *Pfendt P.* Maturity assessment of oils from the Sakhalin oil fields in Russia: phenanthrene content as a toll // Org. Geochem. 2001. V. 32. P. 721-731.

The Arctic ocean region / edited by A. Grants, L. Johnson and J. F. Sweeney // The geology of North America. 1990. V. 1. 644 p.

Udintsev G. B. , *Arntz V.* , *Udintsev V. G.* , *Schenke G.* , *Lindner K.* , *Cruse I.* New data on Discovery High structure in the Scotia *Sea*, *western* Antarctic // DAN. 2003. V. 388, No. 3. P. 399-404. (in Russian).

Venkatesan M. , *Kaplan I.* Distribution and transport of hydrocarbons in surface sediments of the Alaskan Outer Continental Shelf // Geochim. Cosmochim. Acta. 1982. V. 46. P. 2135-2149.

Venkatesan M. , *Kaplan I.* The lipid geochemistry of Antarctic marine sediments: Bransfild strait // Marine Chemistry. 1987. V. 21, N 4. P. 347-375.

Venkatesan M. Occurrence and possible sources of perylene in marine sediments // Marine Chemistry. 1988. V. 25, N 1. P. 1-27.

Verba V. V. , *Volk V. E. et al.* The Arctic Amerasian Subbasin and its structural correlation with the Arctic Shelf of the USSR //Geology of the seas and oceans. Reports of Soviet Geologists submitted at the IGC XXVIII Session (Washington D. C. , June, 1989) . L. , PGO "Sevmorgeologia" . 1988. P. 162-172.

Wold R. J. , *Woodzick T. L.* , *Ostenso N. A.* Structure of the Beaufort Sea Continental Margin // Geophysics. 1970. V. 35, N 5. P. 849-861.

Wollenburg J. E. , *Kuhnt W.* The response of benthic foraminifers to carbon flux and primary production in the Arctic Ocean // Mar. Micropaleontol. 2000. V. 40. P. 189-231.

Worzel J. L. Advances in marine geophysical research of continental margins // Canadian Journal of Earth Sciences. 1968. V. 5, N 4. P. 458-469.

Yunker M. B. , *Macdonald R. W. et al.* Alkane, terpene and polycyclyc aromatic hydrocarbon geochemistry of the Mackenzie Riverand Mackenzie shelf: Riverine contributions to Beaufort Sea coastal sediment // Geochim. Cosmochim. Acta. 1993. V. 57. P. 3041-3061.

Zelt C. A. Modeling strategies and model assessment for wide-angle seismic traveltime data // Geophys. J. Int. 1999. V. 39. P. 183-204.